Automotive SPICE® – Capability Level 2 und 3 in der Praxis

Dr. Pierre Metz leitet den konzernweiten Aufbau der Funktionalen Sicherheit bei der Brose Fahrzeugteile GmbH & Co. KG als Teil der Unternehmensstandardprozesse für sicherheitsrelevante Mechatronikentwicklung und betreut selbst aktiv Projekte. Er ist intacs™-zertifizierter SPICE und Automotive SPICE® Principal Assessor und leitete auch international Assessmentteams in den Domänen Automotive, Telekommunikation und Medizintechnik. Als intacs™-akkreditierter Ausbilder für Provisional und Competent Assessoren bildet er Assessoren aus. Er ist Mitbegründer und Mitglied des intacs™-Fachbeirats und war bis 2015 Leiter der intacs™-Arbeitsgruppe für die Erarbeitung und Pflege der standardisierten, international verwendeten Kursmaterialen für die Assessorenausbildung beider Stufen.

Pierre Metz begleitete als Mitglied des VDA/QMA AK 13 die Entwicklung des in 2015 veröffentlichten Automotive SPICE® v3.0-Modells und beteiligt sich in den deutschen Normungsgremien für funktionale Sicherheit NA 052-00-32-08-01 »Allgemeine Anforderungen an Fahrzeuge« sowie NA 052-00-32-08-02 »Software und Prozesse«. Hierüber ist er zudem Mitglied der deutschen Delegation für die internationale Arbeitsgruppe der ISO 26262 (ISO TC22/SC32/WG8).

Zu diesem Buch – sowie zu vielen weiteren dpunkt.büchern – können Sie auch das entsprechende E-Book im PDF-Format herunterladen. Werden Sie dazu einfach Mitglied bei dpunkt.plus⁺:

www.dpunkt.de/plus

Pierre Metz

Automotive SPICE® – Capability Level 2 und 3 in der Praxis

Prozessspezifische Interpretationsvorschläge

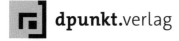

Dr. Pierre Metz
pierre.metz@intacs.info

Lektorat: Christa Preisendanz
Copy-Editing: Ursula Zimpfer, Herrenberg
Satz und Herstellung: Birgit Bäuerlein
Umschlaggestaltung: Helmut Kraus, www.exclam.de
Druck und Bindung: M.P. Media-Print Informationstechnologie GmbH, 33100 Paderborn

Bibliografische Information der Deutschen Nationalbibliothek
Die Deutsche Nationalbibliothek verzeichnet diese Publikation in der Deutschen Nationalbibliografie;
detaillierte bibliografische Daten sind im Internet über http://dnb.d-nb.de abrufbar.

ISBN:
Print   978-3-86490-360-1
PDF   978-3-96088-009-7
ePub   978-3-96088-010-3
mobi   978-3-96088-011-0

Copyright © 2016 dpunkt.verlag GmbH
Wieblinger Weg 17
69123 Heidelberg

Automotive SPICE® ist ein eingetragenes Warenzeichen des Verbands der Automobilindustrie e.V. (VDA).
Für weitere Informationen über Automotive SPICE® siehe www.automotivespice.com.

Die vorliegende Publikation ist urheberrechtlich geschützt. Alle Rechte vorbehalten. Die Verwendung der Texte und Abbildungen, auch auszugsweise, ist ohne die schriftliche Zustimmung des Verlags urheberrechtswidrig und daher strafbar. Dies gilt insbesondere für die Vervielfältigung, Übersetzung oder die Verwendung in elektronischen Systemen.
Es wird darauf hingewiesen, dass die im Buch verwendeten Soft- und Hardware-Bezeichnungen sowie Markennamen und Produktbezeichnungen der jeweiligen Firmen im Allgemeinen warenzeichen-, marken- oder patentrechtlichem Schutz unterliegen.
Alle Angaben und Programme in diesem Buch wurden mit größter Sorgfalt kontrolliert. Weder Autor noch Verlag können jedoch für Schäden haftbar gemacht werden, die in Zusammenhang mit der Verwendung dieses Buches stehen.

5 4 3 2 1 0

Vorwort

Die Entstehung dieses Buchs geht zurück auf das Jahr 2009, als ich auf der damaligen Konferenz »SPICE Days« in Stuttgart ein Tutorial zum Thema hielt, wie die generischen Praktiken der Capability Level 2 und 3 erklärt und praktisch interpretiert werden können [Metz 09]. Der Grund war, dass Automotive SPICE für diese generischen Praktiken um ein Vielfaches weniger an Erklärung bietet als für die Basispraktiken auf Capability Level 1.

Nicht lange danach riefen wir im Fachbeirat des intacs^{TM}, dem in 2006 neu gegründeten internationalen Zertifizierungsschema für Assessoren aller SPICE-Modelle, eine neue Arbeitsgruppe ins Leben, die ich damals übernahm. Diese Arbeitsgruppe hat im Schulterschluss mit der Arbeitsgruppe für die Prüfungsfragen für die Certification Bodies das komplette Ausbildungsmaterial für die Stufen des Provisional und Competent Assessors erarbeitet, was seitdem international in drei Sprachen verwendet wird. Das war der erste maßgebliche Meilenstein hin zu einem fachlichen Konsens, den es vorher in dieser Form nicht gegeben hatte. Diesen Meilenstein habe ich persönlich deshalb nicht als etwas Selbstverständliches, sondern als etwas Besonderes empfunden, weil an dessen Erstellung letztendlich mehrere konkurrierende Firmen beteiligt waren, die bis dahin ihre eigenen Ziele, Strategien und Kursmaterialien besaßen. Trotz dieser Verschiedenheiten und Konkurrenz sind die Experten dieser Häuser immer noch freundschaftlich verbunden und teilen bis heute das Ideal, gemeinsam bei und für intacs^{TM} unser gemeinsames Fach durch Zusammenarbeit und Austausch zu verbessern und fortzuentwickeln. Es gibt meiner Überzeugung nach keine alternative Verbesserungsmöglichkeit als die des fachlichen Auseinandersetzens und Arbeitens an gemeinsam genutzten Ergebnissen. Seitdem sind viele weitere Unternehmen und Häuser zur intacs^{TM}-Arbeitsgruppe »Kursmaterialien« hinzugekommen, deren Leitung ich 2015 abgegeben habe, um den VDA/QMA-Arbeitskreis 13 sowie die nationalen und internationalen Normungsgremien der funktionalen Sicherheit (NA 052-00-32-08-0,1 NA 052-00-32-08-02, ISO TC22/SC32/WG8) unterstützen zu können.

Das damalige Tutorial ist von Anfang an in diese Ausbildungsunterlagen eingeflossen. Nun ist dennoch in den jeweils fünftägigen, intensiven Ausbildungen für SPICE-Assessoren natürlich nicht genug Zeit, um jedes noch so kleine fachliche Detail unterzubringen, was die praktische Erfahrung mit dem Modell ausmacht. Daher sind unter anderem Fachbücher notwendig, die die Möglichkeiten des Dazulernens erweitern. Auch bei mir entstand deshalb, nachdem die Fachkollegen bereits ihre Bücher über SPICE und Automotive SPICE auf den Weg gebracht hatten, seit 2009 der Wunsch, mein Tutorial weiterzuentwickeln und als Buch anzubieten. Dies passte meiner Beobachtung nach auch deswegen sehr gut, da die bisher vorhandene Fachliteratur den maßgeblichen Schwerpunkt auf die Praxis des Capability Level 1 legt und meine Erfahrung deshalb, so hoffe ich, ein ergänzendes Angebot darstellt. Letztendlich enthält der Inhalt dieses Buchs meine persönlichen Erfahrungen, Lösungen in der Praxis und fachliche Meinung, die man im Detail natürlich auch immer anders sehen kann. Gerade aber im Hinblick auf die oben beschriebene Philosophie des offenen Austauschs und der stetigen Weiterentwicklung des Fachs freue ich mich jederzeit sehr über Kritik und Feedback über *pierre.metz@intacs.info*.

Der VDA/QMA-Arbeitskreis 13 arbeitet seit der Veröffentlichung von Automotive SPICE v3.0 im Juli 2015 an einem Blau-Gold-Band, der Interpretationsrichtlinien für das Modell beinhalten wird, um den fachlichen Gleichklang unter den Assessoren und damit die Qualität der Assessmentergebnisse weiter zu erhöhen. Obgleich dieser Blau-Gold-Band für Capability Level 2 und 3 nicht den Umfang eines solchen Buchs haben kann, u.a. auch deshalb, weil er zusätzlich die Basispraktiken des Capability Level 1 bespricht, hoffe ich, einen Beitrag dazu zu leisten, indem ich dem Arbeitskreis auf Wunsch einen Entwurfsstand dieses Buchs in Abstimmung mit dem dpunkt.verlag zur Verfügung gestellt habe.

Mein herzlicher Dank für fachliches Sparring und Review der Buchinhalte geht an Dr. Joachim Fleckner, Dr. Jürgen Schmied, Dr. Wanja Hofer, Dr. Dirk Hamann, Markus Langhirt, Marcus Zörner, Thorsten Fuchs, Manfred Dornseiff, Hans-Leo Ross, Matthias Maihöfer, Matthias Bühler, Marco Semineth, Albrecht Wlokka, Thomas Bauer, Nadine Pfeiffer und Bhaskar Vanamali.

Nicht zuletzt aber möchte ich dem Team des dpunkt.verlags danken, hier besonders Christa Preisendanz, Ursula Zimpfer und Frank Heidt, die mich als »Neuling« beim dpunkt.verlag mit viel Geduld in jeder Weise tatkräftig unterstützt haben!

Pierre Metz
Bamberg, im Mai 2016

Inhaltsübersicht

1	Wie ist dieses Buch zu lesen?	1
2	Erläuterung im Buch referenzierter Konzepte	5
3	Verstehen der Capability Level 0 bis 5	15
4	Capability Level 2 – praktisches Verständnis der generischen Praktiken	27
5	Capability Level 2 – prozessspezifische Interpretation	95
6	Capability Level 3 – praktisches Verständnis der generischen Praktiken	195
7	Bewertungshilfen für CL1	239

Anhang

A	Abkürzungen und Glossar	253
B	Referenzen	263
	Index	265

Inhaltsverzeichnis

1	**Wie ist dieses Buch zu lesen?**	**1**
2	**Erläuterung im Buch referenzierter Konzepte**	**5**
2.1	Produktlinie	5
2.2	Standardsoftwarekomponente	7
2.3	Baukasten	8
2.4	Übernahmeprojekt/Übernahmeentwicklung	8
2.5	Systemingenieur	8
2.6	Quality Gate/Stage Gate Review	10
2.7	Use Case/Anwendungsfall	10
3	**Verstehen der Capability Level 0 bis 5**	**15**
3.1	Motivation und Kurzabriss der Historie	15
3.2	Drei Abstraktionsebenen des Begriffs »Prozess«	15
3.3	Die Capability Level 1 bis 5	17
	3.3.1 Capability Level 0 – Incomplete (Unvollständig)	17
	3.3.2 Capability Level 1 – Performed (Durchgeführt)	17
	3.3.3 Capability Level 2 – Managed (Gesteuerte Durchführung)	18
	3.3.4 Capability Level 3 – Established (Standardisiert und qualitativ verbessernd)	19
	3.3.5 Capability Level 4 – Predictable (Quantitativ vorhersagbar)	20
	3.3.6 Capability Level 5 – Optimizing (Optimierend)	21

3.4	Erkenntnis		22
	3.4.1	CL1 bis CL5 bilden eine Kausalkette »von unten nach oben«	22
	3.4.2	CL5 bis CL1 bilden eine Kausalkette »von oben nach unten«	23
	3.4.3	Capability Level sind ein Bedingungsgefüge und ein Messsystem	23
3.5	Zum Streitpunkt »SPICE vs. Agile«		25

4 Capability Level 2 – praktisches Verständnis der generischen Praktiken — **27**

4.1	PA 2.1 – Management der Prozessdurchführung		28
	4.1.1	GP 2.1.1, GP 2.1.2 – Prozessziele und deren Planung	29
	4.1.2	GP 2.1.6 – Ressourcen	40
	4.1.3	GP 2.1.7 – Stakeholder-Management	42
	4.1.4	GP 2.1.5 – Verantwortlichkeiten und Befugnisse	46
	4.1.5	GP 2.1.3 – Überwachung der Prozessdurchführung	49
	4.1.6	GP 2.1.4 – Anpassung der Prozessdurchführung	51
4.2	PA 2.2 – Management der Arbeitsprodukte		55
	4.2.1	GP 2.2.1 – Anforderungen an die Arbeitsprodukte	56
		4.2.1.1 Strukturelle Vorgaben (strukturelle Qualitätskriterien)	56
		4.2.1.2 Inhaltliche Qualitätskriterien	58
		4.2.1.3 Checklisten	63
		4.2.1.4 Prüfmethoden, Prüfabdeckung, Prüffrequenz und Prüfparteien	63
	4.2.2	GP 2.2.2 – Anforderungen an die Dokumentation und Kontrolle	66
	4.2.3	GP 2.2.3 – Dokumentation und Kontrolle	74
	4.2.4	GP 2.2.4 – Überprüfung und Anpassung der Arbeitsprodukte	74
4.3	Bewertungshilfen aus Sicht von Capability Level 2		76
	4.3.1	Zwischen CL2 und CL1 anderer Prozesse	76
		4.3.1.1 Allgemein	77
		4.3.1.2 GP 2.1.1 Prozessziele (Performance Objectives)	77
		4.3.1.3 GP 2.1.2 Planung	78
		4.3.1.4 GP 2.1.3 Überwachung	78
		4.3.1.5 GP 2.1.4 Anpassung	79
		4.3.1.6 GP 2.1.5 Verantwortlichkeiten und Befugnisse	79
		4.3.1.7 GP 2.1.6-Ressourcen	80
		4.3.1.8 GP 2.1.7 Stakeholder-Management	80
		4.3.1.9 GP 2.2.1 Anforderungen an die Arbeitsprodukte	80

		4.3.1.10	GP 2.2.2, GP 2.2.3 Handhabung der Arbeitsprodukte	81

                4.3.1.11 GP 2.2.4 Prüfung der Arbeitsprodukte 81
      4.3.2   Innerhalb CL 2 82
              4.3.2.1 GP 2.1.1 Prozessziele (Performance Objectives) .. 82
              4.3.2.2 GP 2.1.2 Planung 83
              4.3.2.3 GP 2.1.3 Überwachung 84
              4.3.2.4 GP 2.1.4 Anpassung 86
              4.3.2.5 GP 2.1.5: Verantwortlichkeiten und Befugnisse .. 88
              4.3.2.6 GP 2.1.6 Ressourcen 90
              4.3.2.7 GP 2.2.1 Anforderungen an die Arbeitsprodukte . 91
              4.3.2.8 GP 2.2.2 und GP 2.2.3 Anforderungen an Arbeitsprodukte 93
              4.3.2.9 GP 2.2.4 Prüfung der Arbeitsprodukte 93

5 Capability Level 2 – prozessspezifische Interpretation   95

5.1   Spezifisches für alle Prozesse 95

      5.1.1   GP 2.1.1 – Prozessziele (Performance Objectives) 95
      5.1.2   GP 2.1.2, GP 2.1.3, GP 2.1.4 – Planung, Überwachung und Anpassung 96
      5.1.3   GP 2.1.5 – Verantwortlichkeiten und Befugnisse 96
      5.1.4   GP 2.1.6-Ressourcen 97

5.2   SYS.2 – Systemanforderungsanalyse 97

      5.2.1   GP 2.1.1 – Prozessziele (Performance Objectives) 97
      5.2.2   GP 2.1.6 – Ressourcen 101
      5.2.3   GP 2.1.5 – Verantwortlichkeiten und Befugnisse 101
      5.2.4   GP 2.1.7 – Stakeholder-Management 102
      5.2.5   GP 2.1.2, GP 2.1.3, GP 2.1.4 – Planung, Überwachung und Anpassung 103
      5.2.6   GP 2.2.1 – Anforderungen an die Arbeitsprodukte 103
      5.2.7   GP 2.2.4 – Prüfung der Arbeitsprodukte 105
      5.2.8   GP 2.2.2, GP 2.2.3 – Handhabung der Arbeitsprodukte .. 106

5.3   SYS.3 – Systemarchitekturdesign 108

      5.3.1   GP 2.1.1 – Prozessziele (Performance Objectives) 109
      5.3.2   GP 2.1.5, GP 2.1.6, GP 2.1.7 – Verantwortlichkeiten und Befugnisse, Ressourcen, Stakeholder-Management ... 109
      5.3.3   GP 2.1.2, GP 2.1.3, GP 2.1.4 – Planung, Überwachung und Anpassung 113
      5.3.4   GP 2.2.1 – Anforderungen an die Arbeitsprodukte 113
      5.3.5   GP 2.2.4 – Prüfung der Arbeitsprodukte 114
      5.3.6   GP 2.2.2, GP 2.2.3 – Handhabung der Arbeitsprodukte .. 114

5.4		SWE.1 – Softwareanforderungsanalyse	115
	5.4.1	GP 2.1.1 – Prozessziele (Performance Objectives)	115
	5.4.2	GP 2.1.6 – Ressourcen	115
	5.4.3	GP 2.1.5 – Verantwortlichkeiten und Befugnisse	115
	5.4.4	GP 2.1.7 – Stakeholder-Management	116
	5.4.5	GP 2.1.2, GP 2.1.3, GP 2.1.4 – Planung, Überwachung und Anpassung.................................	117
	5.4.6	GP 2.2.1 – Anforderungen an die Arbeitsprodukte	117
	5.4.7	GP 2.2.4 – Prüfung der Arbeitsprodukte	117
	5.4.8	GP 2.2.2, GP 2.2.3 – Handhabung der Arbeitsprodukte ..	118
5.5		SWE.2 – Softwarearchitekturdesign	119
	5.5.1	GP 2.1.1 – Prozessziele (Performance Objectives)	119
	5.5.2	GP 2.1.5, GP 2.1.6, GP 2.1.7 – Verantwortlichkeiten und Befugnisse, Ressourcen, Stakeholder	120
	5.5.3	GP 2.1.2, GP 2.1.3, GP 2.1.4 – Planung, Überwachung und Anpassung.................................	121
	5.5.4	GP 2.2.1 – Anforderungen an die Arbeitsprodukte	121
	5.5.5	GP 2.2.4 – Prüfung der Arbeitsprodukte	123
	5.5.6	GP 2.2.2, GP 2.2.3 – Handhabung der Arbeitsprodukte ..	124
5.6		SWE.3 – Softwarefeindesign und Codierung	124
	5.6.1	GP 2.1.1 – Prozessziele (Performance Objectives)	126
	5.6.2	GP 2.1.5, GP 2.1.6, GP 2.1.7 – Verantwortlichkeiten und Befugnisse, Ressourcen, Stakeholder	129
	5.6.3	GP 2.1.2, GP 2.1.3, GP 2.1.4 – Planung, Überwachung und Anpassung.................................	130
	5.6.4	GP 2.2.1 – Anforderungen an die Arbeitsprodukte	130
	5.6.5	GP 2.2.4 – Prüfung der Arbeitsprodukte	132
	5.6.6	GP 2.2.2, GP 2.2.3 – Handhabung der Arbeitsprodukte ..	133
5.7		SWE.4 – Software-Unit-Verifikation	136
	5.7.1	GP 2.1.1 – Prozessziele (Performance Objectives)	136
	5.7.2	GP 2.1.5, GP 2.1.6, GP 2.1.7 – Verantwortlichkeiten und Befugnisse, Ressourcen, Stakeholder	137
	5.7.3	GP 2.1.2, GP 2.1.3, GP 2.1.4 – Planung, Überwachung und Anpassung.................................	138
	5.7.4	GP 2.2.1 – Anforderungen an die Arbeitsprodukte	138
	5.7.5	GP 2.2.2, GP 2.2.3, GP 2.2.4 – Handhabung und Prüfung der Arbeitsprodukte	139

5.8 SWE.5 – Softwareintegration und Softwareintegrationstest 141

- 5.8.1 GP 2.1.1 – Prozessziele (Performance Objectives) 141
- 5.8.2 GP 2.1.5, GP 2.1.6, GP 2.1.7 – Verantwortlichkeiten und Befugnisse, Ressourcen, Stakeholder 142
- 5.8.3 GP 2.1.2, GP 2.1.3, GP 2.1.4 – Planung, Überwachung und Anpassung 143
- 5.8.4 GP 2.2.1 – Anforderungen an die Arbeitsprodukte 143
- 5.8.5 GP 2.2.2, GP 2.2.3, GP 2.2.4 – Handhabung und Prüfung der Arbeitsprodukte 143

5.9 SWE.6 – Softwarequalifizierungstest 144

- 5.9.1 GP 2.1.1 – Prozessziele (Performance Objective) 144
- 5.9.2 GP 2.1.5, GP 2.1.6, GP 2.1.7 – Verantwortlichkeiten und Befugnisse, Ressourcen, Stakeholder-Management ... 145
- 5.9.3 GP 2.1.2, GP 2.1.3, GP 2.1.4 – Planung, Überwachung und Anpassung 147
- 5.9.4 GP 2.2.1 – Anforderungen an die Arbeitsprodukte 147
- 5.9.5 GP 2.2.2, GP 2.2.3, GP 2.2.4 – Handhabung und Prüfung der Arbeitsprodukte 148

5.10 SYS.4 – Systemintegration und Systemintegrationstest 149

- 5.10.1 GP 2.1.1 – Prozessziele (Performance Objective) 149
- 5.10.2 GP 2.1.5, GP 2.1.6, GP 2.1.7 – Verantwortlichkeiten und Befugnisse, Ressourcen, Stakeholder-Management ... 150
- 5.10.3 GP 2.1.2, GP 2.1.3, GP 2.1.4 – Planung, Überwachung und Anpassung 152
- 5.10.4 GP 2.2.1 – Anforderungen an die Arbeitsprodukte 153
- 5.10.5 GP 2.2.2, GP 2.2.3, GP 2.2.4 – Handhabung und Prüfung der Arbeitsprodukte 153

5.11 SYS.5 – Systemqualifizierungstest 155

- 5.11.1 GP 2.1.1 – Prozessziele (Performance Objective) 155
- 5.11.2 GP 2.1.5, GP 2.1.6, GP 2.1.7 – Verantwortlichkeiten und Befugnisse, Ressourcen, Stakeholder-Management ... 155
- 5.11.3 GP 2.1.2, GP 2.1.3, GP 2.1.4 – Planung, Überwachung und Anpassung 158
- 5.11.4 GP 2.2.1 – Anforderungen an die Arbeitsprodukte 158
- 5.11.5 GP 2.2.2, GP 2.2.3, GP 2.2.4 – Handhabung und Prüfung der Arbeitsprodukte 158

5.12 MAN.3 – Projektmanagement 160
    5.12.1 GP 2.1.1 – Prozessziele (Performance Objectives) 160
    5.12.2 GP 2.1.2, GP 2.1.3, GP 2.1.4 – Planung, Überwachung und Anpassung 161
    5.12.3 GP 2.1.6 – Ressourcen 162
    5.12.4 GP 2.1.5 – Verantwortlichkeiten und Befugnisse 163
    5.12.5 GP 2.1.7 – Stakeholder-Management 164
    5.12.6 GP 2.2.1, GP 2.2.4 – Anforderungen an die Arbeitsprodukte und Prüfung 164
    5.12.7 GP 2.2.2, 2.2.3 – Handhabung der Arbeitsprodukte 165
5.13 ACQ.4 – Zuliefererüberwachung 166
    5.13.1 GP 2.1.1 bis GP 2.1.4 – Prozessziele, Planung, Überwachung und Anpassung 166
    5.13.2 GP 2.1.5, GP 2.1.6, GP 2.1.7 – Verantwortlichkeiten und Befugnisse, Ressourcen, Stakeholder 167
    5.13.3 GP 2.2.1, GP 2.2.4 – Anforderungen an die Arbeitsprodukte und Prüfungen 167
    5.13.4 GP 2.2.2, GP 2.2.3 – Handhabung der Arbeitsprodukte .. 168
5.14 SUP.1 – Qualitätssicherung 168
    5.14.1 GP 2.1.1 – Prozessziele (Performance Objectives) 169
    5.14.2 GP 2.1.2, GP 2.1.3, GP 2.1.4 – Planung, Überwachung und Anpassung 170
    5.14.3 GP 2.1.6 – Ressourcen 171
    5.14.4 GP 2.1.5 – Verantwortlichkeiten und Befugnisse 171
    5.14.5 GP 2.1.7 – Stakeholder-Management 171
    5.14.6 GP 2.2.1, GP 2.2.4 – Anforderungen an die Arbeitsprodukte und Prüfung 172
    5.14.7 GP 2.2.2, GP 2.2.3 – Handhabung der Arbeitsprodukte .. 173
5.15 Gemeinsame Interpretation für SUP.8, SUP.9, SUP.10 174
    5.15.1 GP 2.1.1 – Prozessziele (Performance Objectives) 174
    5.15.2 GP 2.1.2, GP 2.1.3 – Planung und Überwachung 176
    5.15.3 GP 2.1.4 – Anpassung 176
    5.15.4 GP 2.1.5 – Verantwortlichkeiten und Befugnisse 176
    5.15.5 GP 2.1.6 – Ressourcen 177
    5.15.6 GP 2.1.7 – Stakeholder-Management 178
    5.15.7 GP 2.2.1, GP 2.2.4 – Anforderungen an die Arbeitsprodukte und Prüfung 179
    5.15.8 GP 2.2.2, 2.2.3 – Handhabung der Arbeitsprodukte 180

5.16	SUP.8 – Konfigurationsmanagement		180
	5.16.1	GP 2.1.1 – Prozessziele (Performance Objectives)	180
	5.16.2	GP 2.1.2, GP 2.1.3 – Planung und Überwachung	182
	5.16.3	GP 2.1.4 – Anpassung	182
	5.16.4	GP 2.1.5 – Verantwortlichkeiten und Befugnisse	182
	5.16.5	GP 2.1.6 – Ressourcen	183
	5.16.6	GP 2.1.7 – Stakeholder-Management	183
	5.16.7	GP 2.2.1 – Anforderungen an die Arbeitsprodukte	185
	5.16.8	GP 2.2.2, GP 2.2.3 – Handhabung der Arbeitsprodukte	185
	5.16.9	GP 2.2.4 – Prüfung der Arbeitsprodukte	186
5.17	SUP.9 – Problemlösungsmanagement		187
	5.17.1	GP 2.1.1 – Prozessziele (Performance Objectives)	187
	5.17.2	GP 2.1.2, GP 2.1.3 – Planung und Überwachung	188
	5.17.3	GP 2.1.4 – Anpassung	188
	5.17.4	GP 2.1.6 – Ressourcen	188
	5.17.5	GP 2.1.7 – Stakeholder-Management	189
	5.17.6	GP 2.1.5 – Verantwortlichkeiten und Befugnisse	189
	5.17.7	GP 2.2.1 – Anforderungen an die Arbeitsprodukte	190
	5.17.8	GP 2.2.2, GP 2.2.3 – Handhabung der Arbeitsprodukte	190
	5.17.9	GP 2.2.4 – Prüfung von Arbeitsprodukten	191
5.18	SUP.10 – Änderungsmanagement		191
	5.18.1	GP 2.1.1 – Prozessziele (Performance Objectives)	191
	5.18.2	GP 2.1.2, GP 2.1.3 – Planung und Überwachung	192
	5.18.3	GP 2.1.4 – Anpassung	192
	5.18.4	GP 2.1.5 – Verantwortlichkeiten und Befugnisse	192
	5.18.5	GP 2.1.6 – Ressourcen	193
	5.18.6	GP 2.1.7 – Stakeholder-Management	193
	5.18.7	GP 2.2.1 – Anforderungen an die Arbeitsprodukte	194
	5.18.8	GP 2.2.2, GP 2.2.3 – Handhabung der Arbeitsprodukte	194
	5.18.9	GP 2.2.4 – Prüfung der Arbeitsprodukte	194
6	**Capability Level 3 – praktisches Verständnis der generischen Praktiken**		**195**
6.1	PA 3.1 und PA 3.2		196
	6.1.1	GP 3.1.1 bis GP 3.1.4 – Beschreibung von Prozessen	196
	6.1.2	GP 3.1.1, GP 3.2.1 – Maßschneidern von Standardprozessen (Tailoring)	217
	6.1.3	Notwendige Vorgaben für Multiprojektmanagement	221
	6.1.4	GP 3.1.5, GP 3.2.6 – Feststellen der Effektivität und Eignung der Standards	222

	6.1.5	GP 3.2.2, GP 3.2.3, GP 3.2.4 – Sicherstellen der verlangten Kompetenzen der ausgewählten Personen 230
	6.1.6	GP 3.2.5 – Sicherstellen der Nutzung aller verlangten Infrastruktur 231
6.2	Bewertungshilfen aus Sicht von CL3 232	
	6.2.1	Zwischen CL3 und CL1 anderer Prozesse 232
	6.2.2	Zwischen CL3 und CL2 234
	6.2.3	Innerhalb CL 3 235

7 Bewertungshilfen für CL1   239

7.1	Die CL1-Bewertung eines Prozesses ist nicht abhängig von der eines »Vorgängerprozesses« 239
7.2	SYS.2, SWE.1 – Anforderungsanalyse auf System- und Softwareebene 242
7.3	SYS.3, SWE.2 – Architektur auf System- und Softwareebene 242
7.4	SWE.3 – Softwarefeindesign und Codierung 242
7.5	Strategie-BPs (SWE.4, SWE.5, SWE.6, SYS.4, SYS.5, SUP.1, SUP.8, SUP.9, SUP.10) 243
7.6	SWE.4 – Software-Unit-Verifikation 243
7.7	SYS.4, SWE.5 – Integrationstesten auf System- und Softwareebene 244
7.8	SYS.5, SWE.6 – System- und Softwaretest 244
7.9	MAN.3 – Projektmanagement 244
7.10	ACQ.4 – Zuliefererüberwachung 246
7.11	SUP.1 – Qualitätssicherung 246
7.12	SUP.8 – Konfigurationsmanagement 247
7.13	SUP.9 – Problemlösungsmanagement 248
7.14	SUP.10 – Änderungsmanagement 249

Anhang

A	**Abkürzungen und Glossar**	**253**
B	**Referenzen**	**263**
	Index	**265**

1 Wie ist dieses Buch zu lesen?

Folgende Lesereihenfolge ist ideal:

In Kapitel 2 ...

... werden außerhalb des Glossars (Anhang A) bestimmte Begriffe und Konzepte erläutert, die für Erklärungen sehr oft herangezogen werden.

Kapitel 3 ...

... ist insbesondere für den Einsteiger in Automotive SPICE gedacht, für Erfahrene dient es nochmals zur Erinnerung. Es beschreibt die klare Abstraktionsebene von Automotive SPICE als ein Prozessbewertungsmodell. Es erläutert jeden einzelnen der Capability Level (CL) 0 bis 5 und beschreibt, wie diese aus welchem Grund aufeinander aufbauen. Außerdem wird kurz begründet, warum Automotive SPICE und agile Praktiken und Methoden sich nicht widersprechen. sondern im Gegenteil ergänzen.

Für Kapitel 4 ...

... sind damit die Voraussetzungen (für eine grundlegende Interpretation des CL2) geschaffen, es sollte vor Kapitel 5 (prozessspezifische Interpretation des CL2) gelesen werden. Warum?

Kapitel 4 liefert erst einmal über die sehr begrenzten Erklärungen in Automotive SPICE hinaus ein ausführliches Verständnis und Beispiele dafür, was die einzelnen Generic Practices (GP) wollen und wie sie fachlich zusammenspielen. Dies interpretiert Kapitel 4 aber *allgemein*, das heißt noch nicht spezifisch für einen bestimmten Prozess. Dies geschieht dann in Kapitel 5 für die Prozesse des HIS Scope. Kapitel 4 ist also die Basis, um die spezifischen Anleitungen in Kapitel 5 zu verstehen.

Für Kapitel 5 ...

... habe ich kein durchgängiges Praxisszenario gewählt. Szenarien können immer nur bestimmte Aspekte und Umsetzungslösungen zeigen, andere wichtige Alternativen bleiben dabei auf der Strecke. Ziel ist es hier aber, möglichst breitgefächerte Möglichkeiten aufzuzeigen.

Die Reihenfolge der Prozesse in Kapitel 5 orientiert sich entlang des V-Modell-Prinzips von links oben nach rechts unten. Innerhalb der Prozesse folgen die Erklärungen der GP einer anderen Reihenfolge als deren Nummerierung, weil dies didaktisch vorteilhafter ist (z.B. wird erst erklärt, welche die möglichen Ressourcen sind, um danach für die personellen Ressourcen angeben zu können, welche Verantwortlichkeiten sie haben). Für manche Prozesse werden auch mehrere GPs in einem Unterkapitel zusammengefasst und im Zusammenwirken erläutert, damit hier der Lesefluss und das Verständnis nicht künstlich unterbrochen wird (z.B. Ressourcen, Verantwortlichkeiten & Befugnisse und Stakeholder bei SYS.3 Systemarchitektur).

Da das Buch primär ein Nachschlagewerk sein soll, wiederholen sich in Kapitel 5 über die Prozesse hinweg viele Aussagen (z.B. welche Arbeitsprodukte bei Testprozessen wie zu prüfen sind), um »zerfleddernde« Verweise und damit zu viel Hin- und Herblättern zu reduzieren. Um auf der anderen Seite aber auch zu große Redundanz zu vermeiden, sind bestimmte Diskussionen, die für mehrere Prozesse gleichzeitig gelten, in eigene Kapitel ausgelagert (z.B. Voraussetzungen an Ausbildung für den Umgang mit Werkzeugen oder Gemeinsames für SUP.8, SUP.9 und SUP.10).

Kapitel 6 liefert ...

... praktische Erklärungen und Beispiele, wie die Generic Practices des Capability Level 3 in der Praxis für alle Prozesse interpretiert werden können. Man sollte Kapitel 4 vorher gelesen haben, Kapitel 5 ist jedoch nicht notwendig.

Bei CL3 wird nicht die Disziplin des Process Change Management oder Methodiken für programmatische, organisationsweite Prozessverbesserungsprojekte behandelt. Kapitel 6 braucht als Voraussetzung bzw. zum Verständnis Kapitel 2.

Der Capability Level 3 ist abstrakter und hat eine andere Zielsetzung als Capability Level 2. Daher finden sich hier anders als bei CL2 keine durchgehenden, direkten prozessspezifischen Beispiele. Dies käme einem beliebigen konkreten Prozesssystem und damit nur einem von vielen Szenarien gleich und würde bedeuten, dass einschlägige Literatur über Methoden wiederholt werden müsste.

1 Wie ist dieses Buch zu lesen?

Bewertungsregeln für Assessments

Automotive SPICE ist voller expliziter oder impliziter fachlicher Querbezüge über Prozesse und Capability Level. Um ein Assessmentergebnis in sich konsistent zu halten, werden Querbezüge für CL2 am Schluss von Kapitel 4 zum direkten Nachschlagen für den Assessor aufgezeigt, und zwar in Form von:

- Abwertungsgründen
- Nicht-Abwertungsgründen
- Konsistenzwarnern
  Dies sind Hinweise, von denen man nicht pauschal sagen kann, dass sie Abwertungsgründe darstellen. Das hängt von der konkreten Situation ab:
    - Ob z. B. das Reagieren auf Abweichungen bei GP 2.1.4 *Anpassen der Prozessdurchführung* über SUP.9 *Problemlösungsmanagement* laufen muss oder nicht, hängt davon ab, welche Typen von Phänomenen für die Problemlösungsstrategie nach SUP.9 definiert wurden.
    - Zum Beispiel besorgen GP 2.1.2, GP 2.1.3 und GP 2.1.4 das Steuern eines Prozesses gegen seine individuellen Prozessziele, daher korrelieren diese GPs mit allen BPs bei MAN.3 Projektmanagement, die »*Definiere, überwache und passe an …*« im Namen tragen. Die Ziele des gesamten Projekts sind aber nicht immer nur die Summe aller individuellen Prozessziele.

Bewertungshilfen gibt es für CL3 am Ende des Kapitels 6 und zusätzlich (über den eigentlichen Zweck des Buchs hinaus) für CL1 in Kapitel 7.

Es existieren zudem auch innerhalb von Kapitel 5 verschiedene prozessspezifische Bewertungshilfen.

Was für alle Kapitel gilt

Dieses Buch ist als ein Nachschlagewerk für Praktiker, aber auch Assessoren gedacht. Der Fokus dieses Buchs liegt auf Capability Level 2 und 3, manchmal aber lässt sich etwas nicht ohne Bezug zu Capability Level 1 erklären. Solche Bezüge und Hintergründe sind deshalb als *Exkurse* grau unterlegt. Ebenfalls in grauer Umrahmung finden sich *Hinweise für Assessoren*. Diese sind für Praktiker interessant, aber nicht unbedingt notwendig.

Auf generische Ressourcen gehe ich nicht ein, weil diese weniger Verständnis bieten als die generischen Praktiken und weil sie erfahrungsgemäß kaum praktische Relevanz haben.

Da Automotive SPICE v3.0 sich durch das *Plug-in*-Konzept bewusst von der Softwarezentrierung weg in Richtung mechatronischer Gesamtsysteme geöffnet hat, nutze ich als Standardbeispiele eine automatische Heckklappe und einen Fensterheber, um dies zu illustrieren.

Dieses Buch bietet keine Sammlung von konkreten prozessspezifischen Methodenbeschreibungen. Es wird auch nicht die einschlägige Fachliteratur wiederholt. Einzelne Ausnahmen sind der Use-Case-Ansatz für die Anforderungsanalyse oder eine selbst vorgeschlagene Methode zum Analysieren von Abhängigkeiten von Funktionalitäten.

Es enthält auch weder für CL2 noch für CL3 Diskussionen über Eignung oder Vor- und Nachteile konkreter am Markt befindlicher Softwarewerkzeuge (Tools). Werkzeuge sind immer »Diener« von Prozessauslegungen, sie sind nicht die Voraussetzungen dafür. Auch ist die Werkzeugwahl kontextabhängig und durchaus auch subjektiv getrieben. Ich beschränke mich daher darauf, Eigenschaften und Möglichkeiten von Softwarewerkzeugen zu nennen, um zu illustrieren, welcher Vorschlag sich nur lohnt, wenn er automatisiert werden kann.

Dementsprechend werden im Buch keinerlei Inhalte von ISO, IEC, IEEE-Standards etc. zitiert oder referenziert. Diese sind ähnlich abstrakt wie Automotive SPICE und bieten daher keinen zusätzlichen Mehrwert für ein Detailverständnis.

Automotive SPICE ist ein Derivat der ISO/IEC 15504-5:2006. Zum Veröffentlichungszeitpunkt dieses Buchs ist die ISO/IEC 15504 noch nicht vollständig durch ihre Revision, ISO/IEC 330xx, ersetzt. Bei Hinweisen für Assessoren und Exkursen wird daher auf Teile sowohl der ISO/IEC 330xx als auch der ISO/IEC 15504 referenziert.

Die Inhalte dieses Buchs gehen auf ein Tutorial der Konferenz »SPICE Days« in 2009 zurück [Metz 09]. In 2016, also während der Finalisierung dieses Buchs, begann der VDA/QMA Arbeitskreis (AK) 13 an Interpretationsrichtlinien für Automotive SPICE 3.0 zu arbeiten [VDA_BG]. Durch meine Mitarbeit dort lag ein Entwurf des Buchs dem AK 13 zur Kenntnis vor. Dort, wo im AK 13 Inhalte ohne oder vor dem Blick in den Entwurf entstanden sind, aber Buchinhalte berührt werden oder überlappen, habe ich den zukünftigen Blau-Gold-Band (BGB) des VDA referenziert.

2 Erläuterung im Buch referenzierter Konzepte

Wegen ihrer durchgehenden Benutzung in Kapiteln 4, 5 und 6 werden hier bereits vorab wichtige Konzepte und Begriffe beschrieben. Weitere Begriffe sind im Glossar am Ende des Buchs erklärt.

2.1 Produktlinie

Dieser Begriff wird international nicht unbedingt einheitlich verstanden. In diesem Buch steht er für eine Produktkategorie, für die vorgefertigte Standardproduktdokumentation unter Traceability auf allen Ebenen des V-Modell-Prinzips existiert. Eine Produktlinie kann dabei sowohl auf der Ebene eines ganzen Systems wie auch nur für Software existieren (s.u. *Standard-SW-Komponente*). Diese Standardproduktdokumentation beinhaltet auf Systemebene, Hardwareebene und Softwareebene Folgendes:

- Anforderungen und Testfälle und dazugehörige Prüfnachweise (im Sinne von Review, Inspektion etc.)
- Architektur und Integrationstestfälle und dazugehörige Prüfnachweise
- Komponentendesign und Testfälle sowie dazugehörige Prüfnachweise

Auf Systemebene kommen noch zusätzlich hinzu:

- Produkt-FMEAs mit vormodellierten Fehlernetzen sowie Entdeckungs- und Vermeidungsmaßnahmen

Auf Softwareebene zusätzlich noch:

- Quellcode und dazugehörige Prüfnachweise
- Unit-Design und dazugehörige Prüfnachweise
- Software-Unit-Testfälle und dazugehörige Prüfnachweise
- Kriterien für statische Softwareverifikation

Auf Hardwareebene zusätzlich noch:

- Schaltungsentwurf/Stromlaufpläne bzw. Designrichtlinien und dazugehörige Prüfnachweise

Diese Standarddokumentation ist bereits über alle V-Modell-Ebenen hinweg konsistent in Varianten organisiert, die typischen Kundenwünschen oder technischen Notwendigkeiten entsprechen. So kann es für automatische Heckklappen z. B. folgende Varianten geben:

- Zusätzliche Einklemmschutzleisten für die seitlichen Scherbereiche, wenn diese auf Fahrzeugebene mechanisch-baulich hinreichend gefährlich sind (technisch notwendig).
- Technisch: Die Wahl eines Einzel- oder Doppelspindelantriebs. Dies sind motorgetriebene Schubstangen, die die Heckklappe auf- und wieder einfahren (Kundenwunsch).

Varianteninformationen ziehen sich dabei von den Anforderungen durch alle Folgedokumentationen hindurch, d. h. von den Systemanforderungen über Architektur und Design bis hinunter zum Softwarequellcode und zu Hardware-Schaltungsentwürfen. Dies kann folgendermaßen realisiert sein:

- Auf der Ebene von Anforderungen durch Attributierung
- Auf der Ebene des Softwaredesigns z. B. durch SysML-Stereotypen, Tagged Values oder ganzer SysML-Modelle spezifisch für eine Variante
- Auf der Ebene des Quellcodes durch:
    - Präprozessorkommandos wie `#define` und `#ifdef` (im Falle der Programmiersprache C)
    - verschiedene statische Softwarebibliotheken (libraries)
    - Applikationsparameter (calibration parameters), mittels derer über Parameterdateien oder Diagnosejobs Funktionen ein- oder ausgeschaltet oder nichtfunktionale Eigenschaften beeinflusst werden können
- Auf der Ebene der Hardware durch Angaben auf Zeichnungen und Stücklisten

Ein Projekt erweitert eine Produktlinie um ein neues konkretes, kundenspezifisches Produkt, indem

1. zunächst eine Variante gewählt und
2. diese Variante noch spezifisch verändert wird.

Umgekehrt finden sinnvolle und vorteilhafte Veränderungen, die zu einer spezifischen Produktausprägung geführt haben, wieder in die Produktlinie zurück durch Hinzufügen einer Variante oder Änderungen einzelner Anforderungen, Quellcode etc. Dasselbe gilt für Test- und Validierungsergebnisse und Erfahrung aus Feldrückläufern.

Fazit

- Eine Produktlinie bedeutet also die *systematische* und gemeinschaftliche Wiederverwendung von Arbeitsprodukten anstelle einer *opportunistischen* Wiederverwendung durch einfaches Kopieren einzelner Aspekte [Clements & Northrop 02]. Eine solche Form der Wiederverwendung macht die Produkte homogener, und das damit verbundene Lernen von Fehlern oder Erfolgen anderer bedeutet dauernde Qualitätserhöhung. All dies wiederum führt zu wirtschaftlich effizienterer Produktentwicklung.
- Ein Produktlinienansatz erfordert aber auch dedizierte Experten oder eine Gruppe für dessen Pflege, die die Projekte beraten. Ohne solche Verantwortliche fällt es den Projektmitarbeitern in den einzelnen Projekten zeitlich und logistisch schwer, auf alle anderen Projekte gleichzeitig zu schauen, um so kollektiv von allein Produktstandards zu schaffen oder einzuhalten.

2.2 Standardsoftwarekomponente

Unter einer Standardsoftwarekomponente wird hier eine Produktlinie verstanden, die auf eine Softwarekomponente beschränkt ist (zur Unterscheidung zwischen Softwarekomponente und Software-Unit siehe Exkurs 11 auf S. 124).

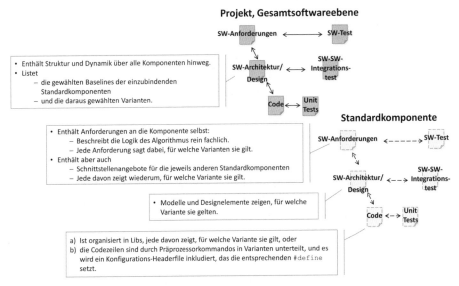

Abb. 2–1 *Gegenüberstellung Standardsoftwarekomponente(n) und Einbindung in die Gesamtsoftwareebene auf Projektseite*

Eine Standardsoftwarekomponente muss neben den Anforderungen an ihre fachlichen Funktionalitäten und ihren fachlichen Algorithmus auch Anforderungen an die Schnittstelle zu anderen SW-Komponenten stellen. Diese Schnittstellenanforderungen sagen aus, wie die jeweilige andere SW-Komponente an- oder eingebunden werden muss, und sie sind auch beim SW-SW-Integrationstests zugrunde zu legen.

Beispiel 1

- Die SW-Komponente *Basis-SW* gibt an, wie die Applikationssoftware zu initialisieren ist.
- Applikations-SW-Komponenten geben umgekehrt für die SW-Komponente *Basis-SW* z. B. an, in welcher Auflösung Signale bereitgestellt werden müssen.
- Die SW-Komponente *Hall-Sensor Auswertung* gibt der Komponente *NVRAM Manager* z. B. an, wie viel Byte letztere mit welchem Timing an welchen Ort speichern bzw. laden muss.

2.3 Baukasten

Ähnlich einer Produktlinie enthält ein Baukasten die darin beschriebenen Varianten, jedoch ist eine gewählte Variante nicht mehr spezifisch veränderbar.

2.4 Übernahmeprojekt/Übernahmeentwicklung

Ein am Markt befindliches Produkt eines Vorgängerprojekts und dessen Produktdokumentation wird übernommen, ohne oder mit geringfügigen Änderungen, z. B. Fehlerkorrektur oder kundenspezifische Anpassung der Bedienschnittstelle (z. B. Kommunikation mit der Fahrzeugumgebung über z. B. LIN, CAN, FlexRay oder MOST). Es liegt hier keine Ausprägung einer Produktlinie oder eines Baukastens vor.

2.5 Systemingenieur

Insbesondere mechatronische Systementwicklung ist mehr als nur das Zusammenbringen von Komponenten, die von den Mechanik-, Hardware- und Softwareabteilungen isoliert voneinander entwickelt worden sind, und die bloße Betrachtung aller Schnittstellen.

Beispiel 2

- Für einen einwandfreien Einklemmschutz eines Fensterhebers ist es notwendig, dass die physikalische Position der Scheibe in der Fahrzeugtür dieselbe ist, die die Software über das Zählen von Motorumdrehungen errechnet. Durch mechanischen Verschleiß, Umweltbedingungen und Nutzerverhalten bei der Scheibenbedienung allerdings wird sich die Position in der Software gegenüber der tatsächlichen Position mit der Zeit verfälschen.

2.5 Systemingenieur

Beispiel 3

- Sollte das Taktsignal auf der Elektronik permanent verschoben sein, dann würde die Motorgeschwindigkeit eines Fensterhebers durch die Software falsch interpretiert werden, was zu einer Fehlinterpretation der tatsächlichen Scheibenkraft in der Fahrzeugtür führte. Dies wiederum resultierte darin, dass der Einklemmschutz im Bedarfsfall zu früh (Qualitätsproblem) oder zu spät (Produktsicherheitsproblem) reagiert.

Um solche Lücken zu verhindern und die (meist durch organisatorische Trennung oder gar Abwesenheit von Projektorganisationen noch verschlimmerte) Isolation der verschiedenen Bereiche aufzubrechen, stellt ein Systemingenieur als ein technischer Projektleiter die Anforderungen aus mechatronischer bzw. elektronischer Sicht gesamtheitlich auf, steht dem Systemdesign vor und sorgt für die technische Erfüllung aus den Einzelergebnissen aus Mechanikkonstruktion, Hardware- und Softwareentwicklung. Er beachtet dabei Produktlinien und Standardkomponenten (s.o.), wenn vorhanden.

Ohne die Experten der Teilbereiche ersetzen zu wollen oder zu können, muss er dazu innerhalb seines fachlichen Produktbereichs bis zu einer gewissen Detailebene auf folgenden Gebieten mechatronisch bzw. elektronisch kompetent sein:

- Aufbau und der Auslegung von Mechanik
- Aufbau von Motoren und Motortypen
- Aufbau und Architekturen von Elektronik und Embedded Software
  - z.B. Halbleiter- vs. Relais-Lösungen
  - Verstehen von EMV-Entstörung und ESD
  - Aufbau- und Verbindungstechnik
  - Softwarefunktionalitäten des Produkts
  - Kenntnis von Applikationsparametern (*calibration parameters*)
  - Kommunikations- und Diagnoseschnittstelle
- Physikalische Schnittstellen
  - Motor gegenüber Mechanik
  - Motor zu Elektronik

2.6 Quality Gate/Stage Gate Review

Unter einem Quality Gate wird hier eine am Ende einer jeden Projektphase eines Produktionsentstehungsprozesses (PEP) stattfindende Gremiumsitzung verstanden, die heterogen u.a. durch folgende Leitungsfunktionen besetzt ist:

- Qualitätsmanagement (hat meist den Vorsitz)
- Versuch
- Entwicklung (Mechanik, Elektronik, Software)
- Fertigungsplanung
- Controlling
- Einkauf
- Management Produktbereich

Im Gegensatz zum Begriff *Quality* stellt ein Quality Gate ein Kontrollgremium für alle zu steuernden Aspekte eines Projekts dar, da der Projektleiter darin seine Bewertung des Projektstatus hinsichtlich Zeitplanung, technischem Fortschritt, Kosten und Risiken vorstellt. Gleichzeitig besitzt der Projektleiter (neben der Linien- und Projekthierarchie) damit einen zusätzlichen Eskalationspunkt.

Das Gremium prüft diese Informationen und genehmigt ggf. als Managementfreigabe formal die Fortführung der Projektaktivitäten in der nächsten PEP-Phase oder lehnt sie formal ab.

2.7 Use Case/Anwendungsfall

Use Cases sind ein Konzept für das

- Ermitteln von Anforderungen an ein System, d.h., es handelt sich nicht um eine Designtätigkeit für das Systems, und
- textuelle Strukturieren der gefundenen Anforderungen, unterstützt von einem Use-Case-Diagramm als Übersicht.

Als Anforderungsermittlungsmethode

Man nimmt die Perspektive eines *Aktors* ein, der sich in der Außenwelt des betrachteten Systems (dem *Systemkontext*) befindet, und fragt, welche in sich abgeschlossenen, zielorientierten Services dieses System dem Aktor anbietet (die *Use Cases*). Die Use Cases liefern Ergebnisse, die den Aktoren einen fachlichen Nutzen bringen müssen. Damit der Use Case sein Ziel erreichen kann, interagiert das System ggf. mit den Aktoren.

Das Konzept von Aktoren hat folgenden Vorteil: Selbst, wenn z.B. jeder ein modernes Textverarbeitungsprogramm kennt, ist es schwerer, schnell vollständige Antworten zu geben auf die erschlagende Frage: »Welche Funktionalitäten muss es können?« Schneller und intuitiver geht es tatsächlich, wenn man nacheinander fragt: »Welche Erwartungen daran hat ein Buchautor, Diplomand, Privatmann, ...?«

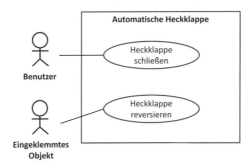

Abb. 2–2   *Zwei Use Cases für eine automatische Heckklappe*

Als Anforderungsstrukturierungsmethode

Ein Use Case (UC) kann innerhalb der Anforderungsspezifikation als Kapitel durch folgende Struktur beschrieben werden:

- **Name:**
Der Use-Case-Name ist ein einfacher Satz, der das fachliche Serviceziel aus der Perspektive des Aktors (nicht aus der des Systems) beschreibt. Beispiel siehe Abbildung 2–2.

- **Auslöser:**
Diejenigen vom System detektierbaren Ereignisse (ein Ereignis hat keine Ausdehnung in der Zeit), die den Use Case auslösen sollen. Diese können vom Aktor stammen oder auch aus dem Innern des Systems kommen, wie z.B. ein Zyklus oder ein bestimmtes Datum und Zeit. Beispiele:
  - UC Heckklappe schließen:
  Nutzeranforderung des Schließens
  - UC Heckklappe reversieren:
  Schwergängigkeit detektiert

- **Vorbedingungen:**
Welche Systemzustände mit Ausdehnung in der Zeit (d.h. nicht ein Zustand eines Aktors oder eines anderen Elements im Systemkontext) müssen vorliegen, wenn ein Auslöser eintrifft, um den Use Case zu starten? Beispiele:
  - UC Heckklappe schließen:
  Heckklappe nicht in Schließposition und es liegt kein Einklemmfall vor.
  - UC Heckklappe reversieren:
  Heckklappe nicht in Schließposition

- **Interaktions-Hauptpfad:**
  Der am häufigsten vorkommende Pfad der Interaktionsschritte, die zum Erreichen des Use-Case-Ziels und damit zum Herstellen der Erfolgsergebnisse (s.u.) führt. Er startet, wenn während des Erfülltseins der Vorbedingungen ein Auslöser eintritt. Beispiele:
    - Bzgl. Heckklappe keine. Ein Beispiel wäre das Einstellen des Ziels in ein Navigationssystem.

- **Interaktions-Nebenpfade:**
  Alternative Interaktionspfade, die entweder auch zum Use-Case-Ziel oder aber zum Fehlschlag des Ziels und damit zum Abbruch des Use Case führen. Im letzteren Fall werden nur die Misserfolgsergebnisse erreicht. Beispiele:
    - Der Use Case *Heckklappe reversieren* bildet gesamthaft einen Nebenpfad für *Heckklappe schließen*.
    - UC Heckklappe reversieren:
      Keine

- **Erfolgsergebnisse:**
  Die fachliche Leistung, die beim erfolgreichen Ausgang des Use-Case-Ziels erreicht ist. Beispiele:
    - UC Heckklappe schließen:
      Heckklappe befindet sich in Endposition und ist verrastet.
    - UC Heckklappe reversieren:
      Heckklappe wurde in x sec. um x cm entgegen der Schließrichtung bewegt, verharrt bewegungslos und befindet sich nicht in Endposition.

- **Misserfolgsergebnisse:**
  Fachliche Leistung, die bei Misserfolg und Abbruch des Use-Case-Ziels erreicht ist. Beispiele:
    - UC Heckklappe schließen:
      Heckklappe wurde um x cm in Schließrichtung bewegt, verharrt bewegungslos und befindet sich nicht in Endposition (… weil z.B. ein detektierter Einklemmfall das weitere Schließen verhindert hat).
    - UC Heckklappe reversieren:
      Keine

Wie in [Umbach & Metz 06] erklärt, werden Use Cases in der Literatur nicht als ein Konzept, sondern oft nur als eine grafische Notation wahrgenommen. Daher werden sie auch oft ungenau von den dahinterliegenden Abläufen im Innern des Systems (z.B. Geschäftsprozesse in Unternehmen oder die Wirkketten über Software- und Hardwareelemente in einem technischen Produkt) abgegrenzt. Use Cases und dahinterliegende Innenabläufe beschreiben jedoch jeweils eine andere Sicht auf das zu modellierende System [Umbach & Metz 06]:

2.7 Use Case/Anwendungsfall

- Use Cases beschreiben, was die Aktoren im Systemkontext vom System erwarten. Use Cases ziehen somit auch die Systemgrenze eindeutig.
- Die dahinterliegenden Innenabläufe repräsentieren die Lösung, wie das Ziel des Use Case erreicht wird.

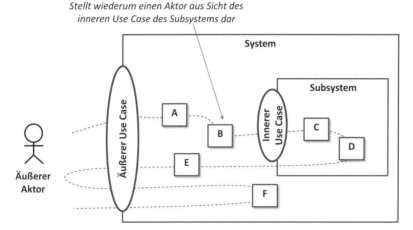

Abb. 2-3 Abgrenzung von Use Cases und Innenabläufen: Die fachliche Leistung des äußeren Use Case wird durch den Innenablauf über die Elemente A bis F und einer Interaktion mit dem anstoßenden, äußeren Aktor erbracht. Element B wiederum stellt einen Aktor für das Subsystem dar, das für ihn den inneren Use Case anbietet.

Diese Abgrenzung gilt auf jeder Systemebene, also unabhängig von der Art des zu modellierenden Systems. Sie ist auch nicht mit der Unterscheidung zwischen Whitebox- und Blackbox-Modellierung gleichzusetzen: Ein Use Case kann eine Whitebox-Aussage enthalten, wenn dies eine fachliche Notwendigkeit für den Aktor darstellt. Zum Beispiel muss ein Onlinekunde erfahren können, dass im Rahmen seiner Bestellung eines Buchs über das Internet das Unternehmen eine Schufa-Abfrage über ihn durchführt.

3 Verstehen der Capability Level 0 bis 5

3.1 Motivation und Kurzabriss der Historie

Produktentwicklung findet heute immer mehr in verteiltem Kontext statt, und es wird auf spezialisierte Zulieferer zurückgegriffen. Als Auftraggeber benötigt man hierzu Auswahlkriterien, die technische, ökonomische, einkaufsstrategische Aspekte sowie Ansprüche an die Prozessreife beinhalten. Prozessreife ist deswegen ein Kriterium, da die Prämisse gilt, dass strukturierte und gesteuerte Abläufe nach Stand der Technik die Wahrscheinlichkeit systematischer Fehler im Produkt reduziert sowie wirtschaftlich und planerisch exaktere Schätzungen ergibt (vgl. z. B. [Etzkorn 11].

Daher wurden in den 1980er-Jahren die Charakteristika und Prinzipien technisch und kommerziell erfolgreicher Projekte in der industriellen Praxis identifiziert und analysiert. Diese Prinzipien wurden abstrahiert und in Prozessbewertungsmodellen zusammengefasst wie z. B. in CMM® bzw. CMMI® (vom Software Engineering Institute der Carnegie Mellon Universität in den USA) und später in ISO/IEC 15504/SPICE (initiiert in Europa) und dessen sektorspezifischen Ableitungen wie u. a. Automotive SPICE.

3.2 Drei Abstraktionsebenen des Begriffs »Prozess«

Um in diesem Zusammenhang den problematischen und teilweise inflationär benutzten Begriff *Prozess* besser fassbar zu machen, kann man sich ihn auf drei Abstraktionsebenen[1] vorstellen (siehe Abb. 3–1):

---

1. Diese drei Abstraktionsebenen haben nicht den Anspruch, eine strenge Schwarz-Weiß-Grenze oder formal-wissenschaftlich korrekte Klassifizierung zu sein. Die Botschaft ist hier, dass für den Begriff »Prozess« tatsächlich Abstraktionsebenen existieren und dass diese drei sich in der Assessorausbildung als verständlich und hilfreich erwiesen haben.

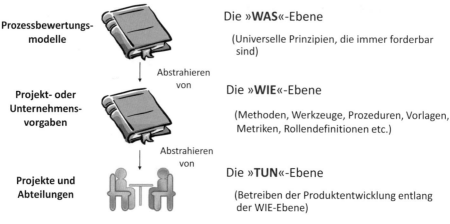

Abb. 3–1 Drei Abstraktionsebenen des Begriffs Prozess (nach [intacsPA], Bild übernommen aus [Besemer et al. 14], das auch für das Automotive SPICE v3.0 PRM- und PAM-Dokument frei zur Verfügung gestellt wurde)

Die operative Produktentwicklung findet auf der TUN-Ebene statt. Das Aufschreiben von Erfahrungen und Anleitungen dafür bedeutet, sich eine WIE-Ebene zu schaffen. Eine bestimmte WIE-Ebene ist jedoch immer nur anwendbar für den spezifischen Kontext der Organisation, für die sie geschaffen wurde: Die WIE-Ebene eines Unternehmens A ist nicht einfach übertragbar auf ein Unternehmen B, weil dort die Abläufe, Werkzeuge und Kultur etc. anders sind. Dennoch ist es möglich, von *beiden* Unternehmen zu erwarten, dass sie z. B. Arbeitsprodukte versionieren und Lieferungen zuordnen, gegen die dann z. B. Change Requests gestellt werden etc. Genau *diese* abstrahierten Erwartungen sind als Prinzipien in der WAS-Ebene dokumentiert und belassen konkrete Umsetzungsentscheidungen einer WIE-Ebene Projekten oder Unternehmensebenen. Auf der WAS-Ebene befinden sich genau diese Prozessbewertungsmodelle. Neben dem »Verständnisgerüst« für das Definieren von WIE-Ebenen können diese Prinzipien zusätzlich auch dafür benutzt werden, Unternehmen oder Projekte zu vergleichen. Vergleichsgründe sind z. B. Zuliefererauswahl oder auch der organisationseigene Wunsch, festzustellen, ob eine interne Prozessverbesserung angeschlagen hat oder nicht.

Um solche Vergleiche detaillierter und damit informativer zu gestalten, ordnen alle SPICE-Modelle, so auch Automotive SPICE, diese Prinzipien in eine zweidimensionale Struktur:

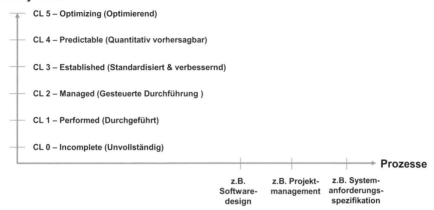

Abb. 3–2   *Die zweidimensionale Struktur der ISO/IEC 33020 und ISO/EC 15504*

▪ **Prozesse**
In Prozessbewertungsmodellen sind die Prozesse in eigene Kapitel nach Fachthemen getrennt, wie z.B. Projektmanagement, Systemanforderungsanalyse, Konfigurationsmanagement, Softwaredesign etc.

▪ **Capability Level** (Fähigkeitsgrade)
Jeder dieser Prozesse kann auf sechs verschiedenen Niveaustufen durchgeführt werden. Da durch ein Assessment überprüft wird, ob eine Produktentwicklung die Prinzipien der WAS-Ebene einhält, kann daraus auch abgeleitet werden, auf welchem Niveau dieser sechs Stufen ein Prozess betrieben wird.

Nähere Erklärungen der Capability Level siehe im folgenden Kapitel.

3.3   Die Capability Level 1 bis 5

3.3.1   Capability Level 0 – Incomplete (Unvollständig)

Der Prozesszweck ist nicht erfüllt. Dies ist der Fall, wenn alle vom individuellen Prozess erwarteten Ergebnisse teilweise oder gar nicht erbracht werden bzw. wenn die Ergebnisse technisch und fachlich-inhaltlich nicht nutzbar sind.

3.3.2   Capability Level 1 – Performed (Durchgeführt)

Kurzverständnis:
Der Prozesszweck wird *irgendwie* erreicht. Das heißt, die für den Prozesszweck notwendigen Ergebnisse sind technisch und fachlich-inhaltlich nutzbar, sie sind aber nicht auf eine strukturierte und gesteuerte Weise entstanden.

Weitere Erklärung:

Die erforderlichen Ergebnisse sind inhaltlich vollständig und inhaltlich nutzbar. Jedoch wird auf dem Weg dorthin z.B. wegen Informationslücken, unklarer Kompetenzen und Zuständigkeiten zu viel Zeit für dauernde Absprachen benötigt. Oft erfolgt die Ausbildung und Qualifizierung auch inhaltlich nicht zielgerichtet auf die Aufgaben der Mitarbeiter und/oder nicht rechtzeitig. Dadurch gelingt der Prozesserfolg meist nur durch »Helden« und »Feuerwehrmänner«, die stets der Gefahr unterliegen, auszubrennen und die Motivation und dadurch langfristig die Loyalität zu verlieren. Der Erfolg ist also stark personenabhängig. Dies bedeutet, dass der Prozesserfolg im Unterschied zu CL2 prinzipiell zufällig ist und unter anderen Bedingungen nicht gesichert wiederholbar ist.

3.3.3 Capability Level 2 – Managed (Gesteuerte Durchführung)

Kurzverständnis:

Sowohl die *Art und Weise der Entstehung* als auch die *Qualität des Inhalts* der Ergebnisse, die den Prozesszweck ausmachen, werden vorgegeben (Soll) und durch Steuern von Ist gegen das Soll erzeugt. All dies geschieht in jedem Projekt aber (noch) methodisch unterschiedlich.

Weitere Erklärung:

Es werden Erwartungen (zeitliche Fertigstellung und/oder Aufwandsgrenzen und/oder dabei zu nutzende Methoden) an (Teil-)Ergebnisse gestellt. Dazu werden Verantwortlichkeiten und Befugnisse unter den Teammitgliedern festgelegt, nichts wird doppelt getan oder vergessen. Es wird nicht längere Zeit für unnötige Aktivitäten (Ansprechpartner, Arbeitsergebnisse oder Informationen suchen, wiederholt gleiche Fehler ausbügeln etc.) verbraucht. Die dazu notwendige Qualifikation von Mitarbeitern geschieht rechtzeitig. Qualitätskriterien für die Ergebnisse und Regeln für Versionierung, Ablage, Konfigurationsmanagement, Zugriffsrechte etc. werden aufgestellt. Die für alle Erwartungen notwendigen Ressourcen (neben den Mitarbeitern auch Werkzeuge sowie logistische, budgetäre und infrastrukturelle Ressourcen etc.) werden bestimmt, beschafft und rechtzeitig zur Verfügung gestellt.

Das Einhalten all dessen wird mit der gelebten Realität verglichen und bei Abweichungen werden Anpassungen vorgenommen, d.h., es wird qualitätsgerichtet *gesteuert*. Die Prozesskultur hat sich also verändert vom Belohnen von »Helden und Feuerwehrmännern« hin zum Belohnen von Mitarbeitern, die unauffällig erfolgreich arbeiten, d.h., die systematisch und strukturiert zusammenarbeiten, und zwar unter großem operativem Druck und Stress.

3.3.4 Capability Level 3 – Established (Standardisiert und qualitativ verbessernd)

Kurzverständnis:

Der Prozesszweck wird nur projekt- und/oder abteilungsübergreifend methodisch gleichartig erreicht. Das heißt, sowohl die Art und Weise der Entstehung als auch die Qualitätsziele der Ergebnisse sind standardisiert, ebenso die Vorgehensweise zum Steuern des Istzustands gegen den Sollzustand. Zudem existiert ein dauerhaft gelebter, qualitativer Regelkreis hinsichtlich Verbesserungsbedarf der Standards.

Weitere Erklärung:

Im Unternehmensbereich existiert nun eine *Menge von* vereinbarten methodischen und technischen Standardvorgehensweisen für den betrachteten Prozess. Der Plural deshalb, da für den betrachteten Prozess verschiedene Standardvorgehensweisen notwendig sein können, abhängig von z. B. der Projektgröße, Kunden oder Produktfamilien, sicherheitsrelevanten wie nicht-sicherheitsrelevanten Entwicklung etc. Diese Standardvorgehensweisen sind projektübergreifend vereinbart, können und sollen jedoch wiederum speziell auf das spezifische Projekt angepasst werden können (*Maßschneidern, Tailoring*) – das trifft zu, da Standards grundsätzlich immer nur eine Abstraktion eines ganz konkreten Falls sein können.

Die Standardvorgehensweisen verbessern sich evolutionär durch eingeforderte und gelebte Rückführung der Erkenntnisse von den Ausführenden in den Entwicklungsprojekten und Organisationseinheiten zu den Prozessautoren. Veränderte Standardvorgehensweisen werden neu ausgerollt. Projekte profitieren so also von institutionalisiert verbreiteten positiven Erfahrungen und dem Vermeiden bereits gemachter Fehler anderer. Sofortiges Zurechtfinden von Mitarbeitern in neuen Projekten und Wiederverwendung von Arbeitsergebnisinhalten (z. B. über Produktlinienansätze) aufgrund gleicher Arbeitsweise ist hier erfolgreich möglich.

Der Prozesserfolg ist nicht mehr allein von Individuen abhängig, es existiert nun Unternehmenswissen (*corporate knowledge*). Es hat sich die Kultur entwickelt, *nutzen*-getriebenen Arbeitsweisen zu folgen. CL3 ist also eine Leistung und Eigenschaft einer Organisation, nicht eines einzelnen Projekts.

3.3.5 Capability Level 4 – Predictable (Quantitativ vorhersagbar)

Kurzverständnis:

Die seit CL3 standardisierte Prozessdurchführung wird nun quantitativ gemessen. Man sieht durch eine analytische Auswertung der so entstehenden Zahlenhistorie, »welche Zahlen normal sind«, um bei aktuellen Ausreißern proaktiv agieren zu können. Dies dient dem Zweck, Geschäftsziele des Unternehmens zu unterstützen.

Weitere Erklärung:

Aufgrund gleichartiger Arbeitsweise seit CL3 ist es auf Organisations- und Managementebene überhaupt erst möglich, Mess-/Kennzahlen von Prozessdurchführungen verschiedener Projekte oder Organisationseinheiten sinnvoll vergleichen zu können.

Das Management stellt nun geschäftszielgetrieben (z.B. wirtschaftliche Effizienzerhöhung) Informationsbedürfnisse an die Prozessdurchführung auf (z.B. wie viel verworfene Ergebnisse maximal, wo wird die meiste Zeit verbraucht). Für diese Informationsbedürfnisse werden nun Metriken (Formeln) aufgestellt. Die Projekte und Organisationseinheiten ermitteln dann die quantitativen (Kenn-)Zahlen nach den Metriken, und diese Zahlen werden historisch archiviert. Dadurch ist es möglich, über diese Historie hinweg durch statistische Analyse Schranken und Grenzwerte zwischen *Normal* und *Inakzeptabel* zu erkennen und festzulegen. Bei Verletzungen der Grenzwerte *jeder individuellen* Prozessdurchführung (*special causes of variation*, siehe Abb. 3–3) werden deren individuelle Gründe kausal analysiert. Um diese Gründe abzustellen, werden individuell zur Prozessdurchführung Maßnahmen ergriffen, damit sie wieder in die erlaubten Schranken kommt (siehe Abb. 3–3).

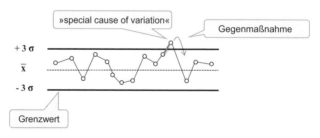

Abb. 3–3   *Special Causes of Variation*

Das bedeutet, CL4 ersetzt durch historisch analysierte, quantitative Kennzahlen das Bauchgefühl, was dem Management erstmals *objektivere* Einsicht in die wirklichen Phänomene liefert und damit objektiviertes und schnelleres Reagieren möglich macht.

3.3.6 Capability Level 5 – Optimizing (Optimierend)

Kurzverständnis:

Durch das quantitative Messen des standardisierten Prozesses seit CL4 entscheidet man nun, warum und wo genau in die Standardprozessverbesserung zu investieren ist. Anstatt also noch auf das Vorliegen schlechter Zahlen proaktiv reagieren zu müssen, werden nun die Ursachen schlechter Zahlen durch gezielte Standardprozessverbesserung im Vorhinein vermieden. Diese Verbesserung wird noch bereichert durch das Evaluieren von Industry Best Practices und neuen Techniken.

Weitere Erklärung:

Um die Geschäftsziele weiter zu unterstützen, werden Abweichungen von Grenzwerten in *allen* Prozessdurchführungen (desselben Prozesses) nun zusätzlich auf *gemeinsame* Ursachen hin überprüft (*common causes of variation*). Können diese gemeinsamen Ursachen durch Abänderung der Standardprozesse zukünftig unterbunden werden, wird dies auch getan (z.B. andere Ressourcen, bessere Qualifikation, andere Methoden, neue Werkzeuge, Wiederverwendung etc.), für andere Ursachen gilt dies jedoch nicht (z.B. eine Reduzierung an Auftragsumfang seitens des Kunden, Änderung in Einkaufs- und Verkaufspreisen). Durch die sich dadurch auch verändernden Messzahlen kann der Erfolg, aber auch die Verschlechterung durch die Standardprozessänderung beobachtet werden.

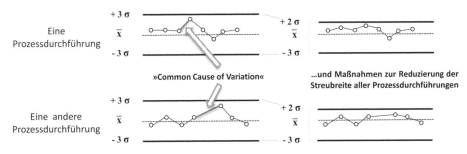

Abb. 3–4   *Common Causes of Variation*

Standardprozessänderungen werden jedoch nicht nur durch quantitative Informationen motiviert, sondern auch gezielt durch Marktbeobachtung von neuen Technologien, Stand der Technik und Industry Best Practices.

3.4 Erkenntnis

3.4.1 CL1 bis CL5 bilden eine Kausalkette »von unten nach oben«

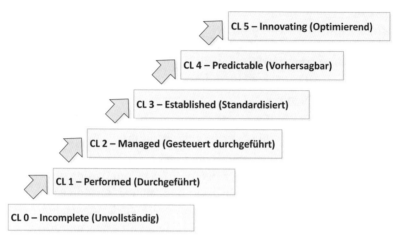

Abb. 3-5   Capability Level bauen aufeinander auf [intacsPA]

Zunächst muss man in der Lage sein, überhaupt erst einmal Ergebnisse zu erzielen (= CL1), bevor man ordnende Planung und Steuerung darüberlegen und die Ergebnisse strukturiert behandeln kann (= CL2). Was würde man sonst steuern und strukturieren wollen?

Wenn man nun qualitätsgerichtete Steuerung der Ergebniserzeugung beherrscht, dann kann man überlegen, sich über Projekte und Organisationseinheiten hinweg auszutauschen mit dem Zweck, voneinander zu lernen (niemand macht alle möglichen positiven und negativen Erfahrungen selbst), und zwar dadurch, dass man eine gemeinsame, gleichartige Auffassung über das genaue WIE entwickelt (= CL3) und gemeinsam pflegt.

Hat man eine gleichartige Arbeitsweise erreicht, dann (erst) sind Kennzahlen und Messergebnisse für die Multiprojekt- und Unternehmenssteuerung überhaupt sinnvoll vergleichbar. Dies kann man sich zunutze machen, indem man Kennzahlen und ihre Entstehungskontexte historisch aufzeichnet und dadurch statistisch Schranken erkennt, die anzeigen, was die heute vorgelegte Kennzahl an Auswirkungen hat (= CL4).

Wenn man so weit ist, Zahlen von heute einschätzen zu können, also zu wissen, ob es eine gute oder schlechte Zahl ist, dann kann man sich dazu hinentwickeln, das Entstehen schlechter Zahlen im Vorhinein zu vermeiden, anstatt nur proaktiv darauf zu reagieren. Dies lässt sich durch gezielte Investition in Veränderung dort erreichen, wo es die schlechten Zahlen andeuten (= CL5).

3.4.2 CL5 bis CL1 bilden eine Kausalkette »von oben nach unten«

Ein ständiger Regelkreis zur Selbstverbesserung (=CL5) sollte objektiv sein und daher auf von Projekten und Organisationseinheiten gelieferten, historisch analysierbaren Zahlenbasen (=CL4) beruhen. Objektivität von Zahlenbasen verlangt jedoch Vergleichbarkeit der Zahlen, daher wird gleichartige Arbeitsweise für Projekte und Organisationseinheiten notwendig (=CL3), was erst einmal ein gelebtes Grundverständnis von Steuerung und Arbeitsproduktadministration erfordert (CL2), dessen Aufbau wiederum nur dann Sinn macht, wenn der Prozess auch Ergebnisse hervorbringen kann (= CL1).

3.4.3 Capability Level sind ein Bedingungsgefüge und ein Messsystem

Wir sollten nun erkannt haben: Eine höhere Stufe ist nur dann gewinnbringend, d.h. wird nur dann operativ bemerkbar, wenn die darunterliegende Stufe vollständig »läuft« und stabil institutionalisiert ist. Und genau als ein solches Bedingungsgefüge sind die Capability Level entworfen worden. Gleichzeitig dienen sie als ein *Maß*, um durch ein Assessment festzustellen, ob eine Stufe evolutionär[2] erreicht worden ist oder nicht[3]. Genau dies ist die Botschaft.

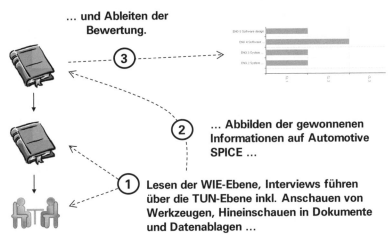

Abb. 3-6   *Die Idee eines Prozessassessments [intacsPA]*

---

2. Evolutionär meint, dass das fachliche Niveau eines CL *erlernt* und konstruktiv *entwickelt* werden muss und *nicht einfach »herbeidefiniert«* werden kann. Beachten Sie, dass dies einen Prozesskulturwandel bedeutet, der bei mangelndem Commitment auch wieder degenerieren kann.
3. Ein Assessment kann dabei immer nur Aussagen zu einem Zeitpunkt liefern und auch nur in der Zeit zurückblicken. Es kann und darf niemals zukünftige Absichten oder Wünsche bewerten.

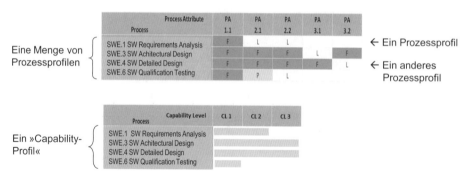

Abb. 3–7   *Die Begriffe des Prozessprofils und des Capability-Profils [intacsPA]*

Bedeutet dies aber, dass sich ein Prozess in der Praxis immer auf *exakt genau einem* Capability Level befindet oder befinden muss? Spontan wird man einwenden, dass diese Stufen nicht der empfundenen Praxis entsprechen, also künstlich erscheinen, denn: Niemand würde ernsthaft anordnen: »*Wir planen und steuern erst einmal nichts, macht wie ihr wollt, sorgt erst einmal nur für Ergebnisse!*« Ein weiterer häufiger Einwand ist, dass man, wenn man sich in Richtung einer CL2-Leistungsfähigkeit entwickeln möchte, doch gleich auch versuchen wird, das sofort zu standardisieren, also auch gleich CL3 anzupeilen. Warum also sind die Capability Level so komisch geschnitten, wenn sie doch eine Wegweisung zu höheren Prozessdurchführungsniveaus und Ebenen des Lernens darstellen sollen?

Die Abgrenzung der CL hat allein die Absicht, rein die *kausal* aufeinander aufbauenden *fachlich-inhaltlichen Voraussetzungen* für den ausschlachtbaren Gewinn einer Stufe aufzuzeigen. Ein Assessment liefert Ihnen genau deswegen auch Rückinformation darüber, welche Eigenschaften welcher Capability Level Sie bereits in welchem Umfang leben und welche Sie nicht leben[4], wobei Letzteres der Grund Ihrer Probleme sein wird, der Grund, weswegen trotz vieler Verbesserungsbemühungen die Dinge nicht wie erwartet klappen. Automotive SPICE zeigt kausale Zusammenhänge von Prozess*prinzipien* auf und liefert *Messkriterien* dafür – Automotive SPICE ist *keine* programmatische Handlungsanleitung für die operative Durchführung von Prozessverbesserungsprojekten oder Organizational Process Change.

---

4. Dies ist der Grund, weswegen in einem Assessment die Bewertung eines höheren CL *nicht* abgebrochen oder ausgelassen werden darf, »nur« weil der darunterliegende CL nicht stabil erreicht ist und der höhere dann »ohnehin nicht erreicht wird«. Neben der Tatsache, dass dies eine Verletzung der Anforderungen der ISO/IEC 15504 und ISO/IEC 33020 darstellt, verliert sich der Wert für die Assessierten: Wenn man bis CLn assessiert werden möchte, dann möchte man auch wissen, bzgl. welcher Anteile bis hin zu CLn man bereits stark ist, auch wenn unterhalb Lücken vorhanden sind.

3.5 Zum Streitpunkt »SPICE vs. Agile«

Seit mehr als 10 Jahren gibt es kontroverse Diskussionen und Unklarheiten, teilweise fast bis hin zu Religionskriegen darüber, ob und inwieweit Prozessbewertungsmodelle (wie SPICE oder CMMI®) und agile Praktiken einander ergänzen oder widersprechen. Aus diesem Grund haben drei Fachkollegen und ich über intacs™ ein White Paper[5] veröffentlicht [Besemer et al. 14]. Darin beschreiben wir Aussagen und Thesen, die wir in der Fachwelt angetroffen haben, und bieten dann jeweils unsere Sichtweise zur deren Aufklärung an.

Diese Thesen sind:

- SPICE/CMMI® erfordern ein Wasserfallmodell.
- SPICE/CMMI® erzwingen extensive Dokumentation.
- SPICE/CMMI® bedeuten starre, unveränderbare Prozessstandards.
- SPICE/CMMI® und agil widersprechen einander.
- Die Philosophie von »Kommando-und-Kontrolle« bei SPICE/CMMI® ist inkompatibel mit agiler Entwicklung.
- Agile Praktiken fördern Individualität, während SPICE/CMMI® Mitarbeiter ersetzbar machen und dadurch Individualität beeinträchtigen.
- Mit Scrum (sowie XP etc.) gibt es keine definierten Standardprozesse.
- Bei agilem Vorgehen kann Dokumentation vernachlässigt oder ganz auf sie verzichtet werden.
- Agile Vorgehen funktionieren nicht in großen oder verteilten Projekten, daher braucht man SPICE/CMMI®.
- Continuous Improvement ist Teil von Scrum, daher kann Scrum mindestens SPICE Level 3 und sogar Level 5 erreichen.

Im White Paper erklären meine Kollegen und ich, warum wir der Meinung sind, dass

- es keinen Widerspruch gibt, da agile Praktiken meist auf der WIE-Ebene liegen, also konkreter sind als die Prozessprinzipien in Prozessbewertungsmodellen, die auf der WAS-Ebene liegen (vgl. Abb. 3-1, S. 16),
- daher die sachliche Frage nur sein kann, ob man durch einen bestimmten agilen Methodenansatz in Reinform alle Prinzipien ausprägen kann, die in Prozessbewertungsmodellen gesammelt sind, oder nicht,
- und es in der Praxis ohnehin nicht darum geht, Recht zu haben oder einen bestimmten Ansatz anzuwenden oder nicht anzuwenden, sondern darum, sich vorurteilsfrei in aller Breite aus dem existierenden internationalen Pro-

---

5. Unter einem White Paper verstehen wir eine frei veröffentlichte fachliche Meinung, die aber nicht durch andere von den Autoren unabhängige Experten geprüft und bewertet wurde, um z. B. in einem Fachjournal oder einer Konferenz zugelassen zu werden.

zess- und Methodenfachwissen zu bedienen, um mündig für seinen *konkreten spezifischen* Kontext die am meisten nutzbringende und vorteilhafteste Kombination festlegen zu können.

4 Capability Level 2 – praktisches Verständnis der generischen Praktiken

> **Vorgriff: Der Zusammenhang zwischen CL2 und dem CL1 anderer Prozesse**
>
> Bei CL2 geht es um das *Steuern* einer Prozessdurchführung nach Beobachtung von Soll und Ist.
>
> **PA 2.1 steuert**
> - die Art und Weise der Leistungsentstehung, die seit CL1 gefordert ist. Daher korreliert PA 2.1 mit den Prozessen Projektmanagement (MAN.3), Qualitätssicherung (SUP.1) hinsichtlich des Einhaltens der im Projekt selbst gefassten methodischen Vorgaben und sogar anteilig mit dem Konfigurationsmanagement (SUP.8), da das dort geforderte Konfigurationsmanagementsystem eine Ressource darstellt.
>
> **PA 2.2 steuert**
> - das tatsächliche Erreichen der benötigten Qualitätskriterien für Arbeitsprodukte des Prozesses und korreliert daher ebenfalls mit der Qualitätssicherung (SUP.1);
> - den Umgang mit Arbeitsprodukten des Prozesses und korreliert daher mit den Prozessen Konfigurationsmanagement (SUP.8), Problemlösungsmanagement (SUP.9) und Änderungsmanagement (SUP.10).
>
> Siehe hierzu die Konsistenzwarner und Bewertungshilfen in Abschnitt 4.3.

Zur Erinnerung: Im Folgenden bewegen wir uns nicht streng entlang der Nummerierung der generischen Praktiken, sondern wählen eine didaktisch geeignetere Reihenfolge.

4.1 PA 2.1 – Management der Prozessdurchführung

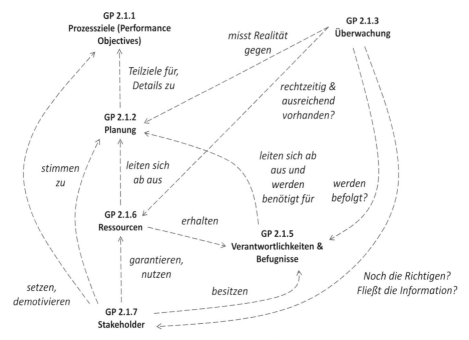

Abb. 4–1 Alle Einflüsse und Zusammenhänge zwischen allen generischen Praktiken des PA 2.1

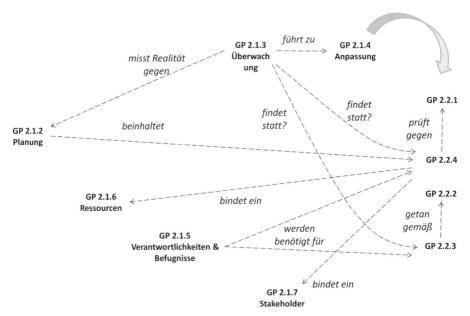

Abb. 4–2 Alle Einflüsse und Zusammenhänge zwischen den generischen Praktiken des PA 2.1 und PA 2.2

4.1.1 GP 2.1.1, GP 2.1.2 – Prozessziele und deren Planung

Automotive SPICE-Text [ASPICE3][1]:

»GP 2.1.1: Ermittle die Ziele für die Prozessdurchführung
Die Prozessziele für die Durchführung werden auf Basis der Anforderungen an den Prozess ermittelt. Der Aufgabenumfang der Prozessdurchführung wird definiert. Annahmen und Rahmenbedingungen werden bei der Ermittlung der Prozessziele für die Ausführung berücksichtigt.

Anmerkung 1:
Die Prozessziele können beinhalten:
1. *Rechtzeitige Erstellung von Arbeitsergebnissen, die die definierten Qualitätskriterien erfüllen*
2. *Prozessdurchlaufzeiten und Häufigkeit*
3. *Ressourcennutzung*
4. *Grenzen des Prozesses*

Anmerkung 2:
Es sollten mindestens Prozessziele bezüglich Ressourcen, Aufwand und Zeitpläne festgesetzt werden.«

»GP 2.1.2: Plane die Prozessdurchführung hinsichtlich der Erfüllung der ermittelten Prozessziele. Pläne für die Prozessdurchführung werden entwickelt. Der Arbeitsablauf für den Prozess ist definiert. Wichtige Meilensteine für die Prozessdurchführung werden aufgestellt. Schätzungen für Attribute der Prozessdurchführung werden ermittelt und gepflegt. Prozessaktivitäten werden definiert. Ein Terminplan ist festgelegt und abgestimmt auf den Ablauf des Prozesses. Reviews der Arbeitsprodukte des Prozesses werden geplant.«

Die Interpretation der GP 2.1.1 in ihrer genauen Abgrenzung zu GP 2.1.2 wirft immer wieder Fragen auf. In der Praxis herrscht meist der Gedanke vor: »*Ich plane bereits detailliert, was sollen denn dann vorher noch Ziele sein, die nicht bereits in meiner Planung enthalten sind?*« Tatsächlich hat man bei detaillierter Ausplanung meist Ziele bereits hineingedacht, ohne dass es einem bewusst ist. Auch in der Ausbildung von Assessoren erscheint den Neulingen die Trennung in GP 2.1.1 und GP 2.1.2 oft willkürlich.

Vorab können wir aber bereits festhalten, was *kein* gültiges Prozessdurchführungsziel für GP 2.1.1 ist, nämlich das Erstellen inhaltlich hinreichender Arbeitsergebnisse, die der betrachtete Prozess fordert. Der Grund ist, dass das bereits notwendig ist für das Erfüllen des Prozesszwecks auf CL1. Diese Leistung kann

---

1. Unter der Angabe »Automotive SPICE-Text« werden im weiteren Verlauf des Buchs Texte aus Automotive SPICE [ASPICE3] in eigener Übersetzung wiedergegeben, wobei ein Nachlesen des Originaltextes angeraten ist.

also nicht noch einmal auf CL2 herangezogen werden, da sich beide Capability Level sonst konzeptionell überlappen würden und somit eine klare Vergabe von CL1 oder CL2 nicht möglich wäre.

Als Unterscheidung und Erklärung war für mich als Assessor und Ausbilder stets folgender Gedanke hilfreich:

- GP 2.1.1 motiviert Erwartungshaltungen.
- GP 2.1.2 sagt, wie die Details der Erwartungshaltungen aussehen oder wie der konkrete Weg dorthin zu beschreiten ist.

Als weitere Gedankenhilfe zum Finden von Prozesszielen eignen sich vier Arten:
1. Termine, Dauern [Metz 09], [intacsPA]
2. Aufwände (Arbeitszeit, Kosten/Budget) [Metz 09], [intacsPA], [ASPICE3]
3. Leistungsformeln und Zielwerte (Targets) [Metz 09], [intacsPA]
4. Anzuwendende Methoden und Techniken [Metz 09], [intacsPA]

Folgende Tabellen skizzieren näher, was mit diesen vier Arten gemeint ist. Zum besseren Verständnis wird dabei auch bereits deren weiterer Verlauf entlang GP 2.1.2 zu GP 2.1.3 aufgeführt:

1. Termine/Dauern	
GP 2.1.1 Prozessziele	Zieltermine wie Projektmeilensteine, Liefertermine, Quality Gates
GP 2.1.2 Planung	»Detaillierte Wege« zwischen den gesetzten Terminen, da diese im Regelfall zeitlich sehr weit auseinanderliegen, d.h. Zwischentermine oder Zeitrahmen für Aktivitäten oder Arbeitsprodukterstellung. Dies kann in agilem Umfeld z.B. auch als Planungsbasis für zyklische Sprints definiert werden.
GP 2.1.3 Überwachung	Abgleichen des inhaltlichen Arbeitsfortschritts in Richtung der Zwischenzeitpunkte bzw. während der Zeitrahmen. In agilem Umfeld kann dies z.B. ein Burndown-Chart in einem Sprint sein.

2. Aufwände (Arbeitszeit, Budget)	
GP 2.1.1 Prozessziele	Beispielsweise Minimal-, Maximalgrenzen oder Durchschnittswerte für Arbeitszeit, Kosten/Budget. Dies kann für bestimmte Zeiträume wie Projektabschnitte oder Musterphasen angegeben sein oder absolut wie z.B. für Vorentwicklungsprojekte. *Hinweis:* Solche Vorgaben beziehen sich auf den betrachteten Prozess, nicht auf die Gesamtprojektplanung.
GP 2.1.2 Planung	Aufteilen dieser Aufwände auf Aktivitäten, Arbeitsprodukte oder Organisationseinheiten wie z.B. eine organisatorisch abgetrennte Basis-SW-Entwicklung und Schaffen von praktisch sinnvoll granularen Aufwandsbuchungsposten. Kosten können daraus errechnet werden.
GP 2.1.3 Überwachung	Beobachten des Aufzehrens der Arbeitszeit, des aufgeteilten Budgets oder der Kosten und vergleichen sowohl gegen die in GP 2.1.2 gemachte Aufteilung *und* gegen den inhaltlichen Arbeitsfortschritt.

4.1 PA 2.1 – Management der Prozessdurchführung

3. Leistungsformeln und Zielwerte (Targets)	
GP 2.1.1 Prozessziele	**Beispiel SUP.8:** Max. 75% aller Konfigurationselemente sollen 2 Monate vor der nächsten Baseline noch im Status *InWork* sein (SUP.8). **Beispiel SUP.10:** Max. 10 offene CRs im Projekt pro Monat.
GP 2.1.2 Planung	Wer wertet ▪ wann (Termine oder Frequenz) ▪ wie (methodisch und werkzeug-technisch) diese Leistungsformeln aus und vergleicht sie mit den Sollwerten?
GP 2.1.3 Überwachung	Die Erreichung der Targets prüfen, d.h. eine Ja-Nein-Frage zu den geforderten Zeitpunkten oder der definierten Frequenz stellen.

4. Anzuwendende Methoden und Techniken	
GP 2.1.1 Prozessziele	Beispielsweise: ▪ Nutzen der Schätzmethode Function Point (MAN.3) ▪ Nutzen der Use-Case-Methodik zur Erhebung sowie Dokumentation von Anforderungen (SYS.2, SWE.1) ▪ Refactoring des Quellcodes (SWE.4)
GP 2.1.2 Planung	Wann wird wie durch wen die benötigte Qualifikation und/oder Infrastruktur beschafft oder vermittelt?
GP 2.1.3 Überwachung	Der Überwachung dient gleichzeitig SUP.1 BP 3. *Stelle Prozessqualität sicher* dar, da diese BP für das Überprüfen aller prozesslichen Festlegungen von Regeln zuständig ist.

Diese vier Arten stellen weder eine formale Abgrenzung noch eine wissenschaftliche Kategorisierung dar – das Ziel ist lediglich eine praktische Denkhilfe. Es ist deswegen kein Problem, sondern im Gegenteil eine Stärke, wenn ein Aspekt in mehreren der vier Arten vorkommen kann (z.B. verlangt Planung von Leistungsformeln wiederum das Angeben von Zeitpunkten, die Planung von Aufwänden kann für Zeiträume geschehen etc.), denn dadurch vergisst man nichts. In der Praxis reifer Prozesse möchte man systematisch und vollständig denken. Insofern ist auch die Berührung oder Überschneidung der obigen Beispiele mit GP 2.1.5 (Verantwortlichkeiten), GP 2.1.6 (Ressourcen) oder GP 2.1.7 (Stakeholder) kein verwirrendes Abgrenzungsproblem, sondern zeigt im Gegenteil, wie die GPs ineinander verzahnt sind. In einem Assessment wird letztendlich das Prozessattribut PA 2.1 gesamtheitlich bewertet, das Schlussziel eines Assessments ist nicht das alleinige Bewerten einzelner GPs.

> **Hinweis 1 für Assessoren**
> **Qualität von Arbeitsprodukten ist kein Performance-Ziel im Sinne von GP 2.1.1**
>
> Im alten Automotive SPICE v2.5 wurde die pure Erreichung von Qualität von Arbeitsprodukten als Beispiel für GP 2.1.1 angegeben (»*Erzeugung qualitätsvoller Arbeitsprodukte*«). Dies war sprachlich unscharf und damit auch fachlich, da dafür eigens das gesamte PA 2.2 existiert (siehe der graue Kasten »Vorgriff« zu Beginn des Hauptkapitels) und Inhalte von PAs disjunkt sein müssen.
>
> Was damals tatsächlich gemeint war, ist, dass Arbeitsprodukte mit geforderter Qualität *zu einem bestimmten Zeitpunkt* vorliegen müssen. Zeitliche Vorgaben (für inhaltlichen Fortschritt) sind, wie oben diskutiert, klare Performance-Ziele für GP 2.1.1. Dies wurde in Automotive SPICE v3.0 korrigiert, es heißt nun im informativen Hinweistext zu GP 2.1.1 »*zeitgerechte Erzeugung von Arbeitsprodukten, die ihre definierten Qualitätsziele erfüllen*«.

Oft wird diskutiert, ob das Anfordern von konkreten namentlich benannten Mitarbeitern ein Prozessziel sein kann[2]. Ich sehe dies nicht so, da rein das Fordern eines bestimmten Mitarbeiters ohne ein weiteres Performance-Ziel keine Erwartungsaussage über die *Durchführung* von irgendetwas darstellt (GP 2.1.1 soll *Performance-Ziele* definieren). Ein solches Prozessziel wäre sehr schnell erfüllbar, doch was wäre dann der Unterschied zu CL1, da dann nur anstelle von irgendwem eben eine bestimmte Person die Ziele des CL1 erreicht? Capability Level müssen sich inhaltlich voneinander abgrenzen lassen.

Auch wenn man entgegnen kann, dass man in der Praxis natürlich noch weitere Prozessziele haben wird, wird in diesem Buch das Anfordern von konkreten namentlichen Mitarbeitern (wie das Anfordern aller anderen Ressourcen auch) bei GP 2.1.6 bewertet. Der Grund ist, dass

- GP 2.1.6 eigens für Ressourcenfragen geschaffen wurde[3]
- und benannte Mitarbeiter ebenso als »Teil der Mittel« angesehen werden können, um den Plan (GP 2.1.2) und damit Durchführungsziele (GP 2.1.1) erfüllen zu können.

Die Anmerkung 2 zu GP 2.1.1 besagt:

> »*Es sollten mindestens Prozessziele bezüglich ... Aufwand und Zeitpläne festgesetzt werden.*«

Daraus könnte man schließen, dass immer *beide* Arten von Prozesszielen gemeinsam gegeben sein *müssen*. Dies ist jedoch nicht so zu verstehen (daher auch nur

---

2. Dies wird auch von den Anmerkungen 1 und 2 zu GP 2.1.1 »Prozessziele können u.a. die Nutzung von Ressourcen sein« suggeriert.
3. Denken Sie daran, dass in der englischen Originalfassung nur das englische Wort »may« (kann/darf) benutzt wird und dass eine Anmerkung stets nur informativ ist und daher keine verbindliche Bewertungsgrundlage für den Assessor ist.

die Verwendung des Worts *should* in der englischen Originalfassung), da diese Forderung nicht immer auf die Praxis abbildbar ist.

Beispiel 4

- Eine unabhängige Testabteilung als interner Dienstleister (z. B. Software-Gesamtfunktionstest auf HiL oder Target, Elektronikvalidierung inkl. elektrischer und Umwelttests) kann selbst nichts an den ihnen von den Projekten vorgeschriebenen Start- und Endterminen für Testperioden ändern. Sie wird daher genau so viele Mitarbeiter und Infrastruktur für parallelisierbare Tests abstellen und extern beauftragen, also den Aufwand verändern, sodass Ergebnisse in der geforderten Testperiode leistbar sind. Hier wird also nach Aufwänden feingeplant und nicht nach Terminen.
- Für ein forschungsorientiertes Vorentwicklungsprojekt sind meist eher Aufwands- und weniger Terminziele maßgeblich. Demgegenüber diktieren in einem Produktentwicklungsprojekt für einen Kunden die Termin- und weniger die Aufwandsziele die Dinge (oft müssen die intern höher ausfallenden Kosten bei z. B. Fehlschätzungen hingenommen werden, da man vertraglich an den Auslieferungsumfang und SOP-Termin (Start of Production) des Kunden gebunden ist).

Hinweis 2 für Assessoren
GP 2.1.1: Arten von Prozesszielen können nicht vom Assessmentmodell oder vom Assessor vorgegeben werden

Das Vorgeben von gleichzeitig

- Terminen,
- Minimal- oder Maximalaufwänden für Zeit/Budget,
- Leistungsformeln und Zielwerten für diese sowie
- bestimmten anzuwendenden Techniken oder Methoden

ist *kein* zu verlangendes Muss für eine Implementierung der GP 2.1.1. Auf CL2 muss es stets die individuelle Entscheidung des Projekts oder Unternehmensausschnitts bleiben, in welcher Form Ziele formuliert werden. Die Form kann grundsätzlich niemandem vorgeschrieben werden. Jede Kombination oder auch nur eine einzelne der in GP 2.1.1 vorgeschlagenen Arten ist möglich.

Ihnen als Assessor sollte jedoch mindestens eine dieser Arten nachgewiesen werden. Für eine Bewertung der GP 2.1.1 müssen Sie als Assessor dann Folgendes beurteilen:

- Die Motivation und Plausibilität dieser Ziele
- Die Angemessenheit der Granularität dieser Ziele
- Im Falle einer Kombination verschiedener Ziele die Konsistenz zwischen diesen

So weit die erste Skizze der vier Arten von Prozesszielen. Es folgen anschließend noch weitere Gedanken dazu, bevor in Kapitel 5 konkrete prozessspezifische Beispiele angeboten werden.

1. Details zu Terminen und Dauern

- Zeitpunkte können durch konkrete Datumsangaben fixiert oder relativ zu einer konkreten Datumsangabe angegeben werden (z. B. *6 Wochen vor x* oder *bis spätestens 3 Monate vor y*). Relative Angaben sind in der Automobilindustrie für Meilensteine auf Fahrzeugebene üblich in der Form von n Wochen oder Monaten vor Nullserie oder SOP. Die Dauer zwischen Zeitpunkten kann, ohne Methoden des Projektmanagements zusammenfassen zu wollen, z. B.
  - nur den Zeitrahmen darstellen, innerhalb dessen die Arbeit abgeschlossen werden soll (z. B. Softwarearchitektur innerhalb von 3 Monaten), oder
  - es kann die absolute Arbeitszeit angegeben werden (z. B. 80h zw. 1. Juni und 1. Sept.).

Man kann eine Work Breakdown Structure (WBS), in der Hierarchien von Aktivitäten und deren erwartete Ergebnisse sowie Bearbeiter beschrieben sind, in einem Zeitplan-Template integrieren.

Sinnvoll ist auch eine Trendanalyse (ähnlich zu Meilenstein-Trendanalysen) gegen die Zieltermine in GP 2.1.1.

Es muss natürlich keinen eigenen Zeitplan pro Prozess geben. Die Termine verschiedener Prozesse sind oft in einem Zeitplan zusammengefasst, z. B. SWE.x. Die Entscheidung liegt allein beim Projekt oder beim Standardprozess. Es kommt nur darauf an, dass Terminliches überhaupt irgendwo schlüssig dokumentiert ist.

Es muss auch nicht alles in Zeitplänen verwaltet werden. Als planerisch erfasst gelten auch regel- sowie ereignisgetriebene Meetings oder Telefonkonferenzen, die in einem Projekthandbuch o. Ä. festgeschrieben sein können oder in elektronischen Kalendern zu finden sind.

Für die Planung des Prozessumfangs gilt dasselbe wie für das gesamte Projekt: Es kann nicht bis zum Ende vollständig detailliert ausgeplant sein, sondern es geht um einen sinnvollen Vorausplanungszeitraum. Da es dazu keine pauschale Aussage geben kann, wird die Planung davon abhängen, wie weit Releases zeitlich auseinanderliegen (siehe Konsistenzwarner 11, S. 84).

2a. Details zu Aufwänden hinsichtlich Arbeitszeit

Zeitliche Aufwände können in zwei Einheiten ausgedrückt sein:
- Absoluter zeitlicher Aufwand (z. B. Stunden, Tage)
- Personenstunden/Personentage/FTE (Full Time Equivalents)
  Beispiel: 1,5 FTE kann ein Mitarbeiter in Vollzeit bedeuten, zwei Mitarbeiter zu jeweils 75 % oder drei zu jeweils 50 %.

Ein Beispiel für das Angeben von Maximal- oder Durchschnittsaufwänden sind Übernahmeprojekte. Diese übernehmen die Produktdokumentation eines in Serie befindlichen Produkts und machen geringfügige Änderungen. Dies sind neben Fehlerkorrekturen z.B. kundenspezifische Anpassungen der Bedienschnittstelle, Kommunikation mit der Fahrzeugumgebung über z.B. LIN, CAN, FlexRay, MOST etc. Um die Gewinnspanne zu maximieren, wird hier erwartet, einen bestimmten Entwicklungsaufwand nicht zu überschreiten (dass das natürlich wiederum eine hohe, diesbezügliche Modularität und Portabilität der Software erfordert, ist eine andere Geschichte, die wir bei GP 2.2.1 in Abschnitt 4.2.1.2, S. 58 über *Qualitätskriterien* diskutieren werden).

> **Hinweis 3 für Assessoren**
> **GP 2.1.2: Planen von Sollarbeitsstunden anstatt von real erwartbarem Aufwand**
>
> Hinterfragen Sie Folgendes im Assessment:
> Es kommt vor, dass bei der Aufwandsplanung die reinen Sollstunden der Arbeitnehmer (wie z.B. in Arbeits- oder Tarifverträgen definiert) zugrunde gelegt werden anstatt die wirklich fachlich oder technisch notwendige Stundenzahl.
>
> **Beispiel 5**
>
> Karlheinz hat eine Sollarbeitszeit von 40h laut Arbeitsvertrag. Er ist der alleinige Softwareentwickler im Projekt, seine Aufgabe wird daher mit 8 Wochen Dauer à 40h, also in Summe 320h, geplant. Schaut man sich aber die SW-Anforderungen an, würde man für ihn einen Aufwand von 480h herleiten müssen.
>
> Siehe hierzu Abwertungsgrund 5 (S. 83).

> **Hinweis 4 für Assessoren**
> **GP 2.1.1, GP 2.1.2: Rein politische Aufwandsziele**
>
> Hinterfragen Sie Folgendes im Assessment:
> Es ist auf der Organisationsebene ein oft anzutreffendes Ziel, für das laufende Kalenderjahr das noch übrige Restbudget verbrauchen zu wollen, um das Budget für das nächste Jahr nicht gekürzt zu bekommen. Dies bedeutet, dass solche geplanten Aufwände keine reale, keine rein fachliche oder technisch notwendige Grundlage haben.
>
> Siehe hierzu Abwertungsgrund 6 (S. 83).

Eine Istaufwandserfassung in GP 2.1.3, die auf der Granularität von Projekt- oder Auftragsnummern oder Kostenstellen endet, ist meist nicht akzeptabel. Eine solche Granularität mag aus wirtschaftlicher Sicht eines Unternehmenscontrollings ausreichend sein. Jedoch stellt Automotive SPICE die Frage auf Prozessebene. Das erfordert eine höhere Granularität als Projektnummern und Kostenstellen.

Man kann sagen, dass in einer Matrixorganisation der auf das Projekt gebuchte Aufwand eines Mitarbeiters natürlich klar einer Tätigkeit zugeordnet wird, nämlich der, die seinem Abteilungszweck entspricht. Dies gilt allerdings nur so lange, wie er keine andere Aufgabe in demselben Projekt ausübt.

Beispiel 6

- Karlheinz aus einer Linienorganisationseinheit ist für das Projekt P_1 und P_2 zu 100 % seiner Arbeitszeit als unabhängiger Gesamtsoftwaretester tätig. Deswegen entspricht sein Aufwand, den er auf die beiden Projekte bucht, dem für SWE.6 für P_1 und P_2.

Verlässt er jedoch P_2, um in P_1 zusätzlich die Aufgabe des Teilprojektleiters Software einzunehmen, so ist nicht mehr nachvollziehbar, welche seiner Aufwände in P_1 auf SWE.6 und welche auf MAN.3 entfallen.

In der Praxis entspricht eine sinnvolle Buchungsgranularität nicht die der Automotive SPICE-Prozesse, da deren Struktur prinzipiell »willkürlich« ist und die Bedürfnisse eines einzelnen Unternehmens oder Projekts nicht vorhersehen oder gar vorschreiben kann. Etwas anderes darf deshalb auch nicht aus der Anmerkung 1 der GP 2.1.1 »*Prozessziele können ... Prozessgrenzen sein*« interpretiert werden. Zudem ist das Buchen von solch granularen Aufwänden zu aufwendig und findet keine Akzeptanz bei Mitarbeitern.

Man muss sich Folgendes fragen: Welche Aufwände will ich aufzeichnen, um warum welche Schlussfolgerungen daraus zu ziehen?[4] Sinnvoll zusammengefasste Aufwandsbuchungsposten können demnach sein (ggf. weiter zu unterscheiden nach System- und Softwareebene):

Beispiel 7

- Anforderungen   (SYS.1, SYS.2, SWE.1)
- Entwurf   (SYS.3, SWE.2, SWE.3)
- Qualitätssicherung   (SUP.1, GP 2.2.4)
- Testen & Verifikation (SYS.4, SYS.5, SWE.4, SWE.5, SWE.6, SUP.2)

Dieses Aufteilung könnte z. B. als Ziel haben, herausfinden, ob der Aufwand für Qualitätssicherung (hoffentlich) zu einem abnehmenden Aufwand bei Testen & Verifikation führt oder ob z. B. der Aufwand für Design in einem sinnvollen Verhältnis zum Anforderungsaufwand steht, was wiederum ins Verhältnis zu Testen & Verifikation gesetzt werden kann.

---

4. Dies ist eigentlich ein beginnender Diskurs zum Prozess MAN.6, was über den Zweck, GP 2.1.1 bis GP 2.1.3 zu erklären, hinausgeht, jedoch finde ich dies zum Verständnis hier sinnvoll.

4.1 PA 2.1 – Management der Prozessdurchführung

Einen gemeinsamen Buchungsposten für SUP.8, SUP.9 und SUP.10 (SUP.x) zu haben ist weniger sinnvoll. Für Supportprozesse kann es kein Ziel sein, z.B. bei SUP.8 mit dem Ein- und Auschecken und Baseline-Ziehen wegen ausgehenden Budgets mittendrin aufzuhören. Bei SUP.x sind Terminvorgaben (z.B. für Baseline-Ziehen bei SUP.8 oder Frequenz von CCB-Sitzungen bei SUP.10) wiederum sinnvoll (Details siehe Abschnitt 5.15.1, S. 174).

Es ist die Aufgabe des Assessors, Ihre Aufwandsziele und Granularität auf die Automotive SPICE-Prozesse abzubilden, nicht die Aufgabe der Projekte und Organisationseinheiten. Aber: Sie müssen dem Assessor nachweisen, dass Sie verstanden haben, Ihre Prozesse als zu steuernde »lebende Gebilde« zu begreifen. Dies schließt mit ein, dem Assessor die Wahl der Granularität von Aufwandsposten fundiert begründen zu können.

Zum Abschluss des Themas Arbeitszeitaufwände folgt hier ein Exkurs zum Aufbau von Schätzdatenbasen generell:

Exkurs 1
Schätzdatenbasen aufbauen

Wenn Ziele und Planungen aufgestellt und überwacht werden, um dann ggf. angepasst zu werden, dann bedeuten solche Anpassungen auch ein Dazulernen gegenüber ursprünglichen Fehleinschätzungen. Auf diese Weise entstehende Schätzdatenbasen sind das Mittel, um bei zukünftigen Planungen und damit wirtschaftlichen Betrachtungen näher an die Realität, wie das eigene Unternehmen funktioniert, heranzukommen. Streben Sie also den Aufbau von Schätzdatenbasen an (siehe hierzu aber Abwertungsgrund 7, S. 84)! Diese richten sich nach der o.g. diskutierten Buchungsgranularität der Aufwände und sollten zudem *attributbasiert* sein. *Attribute* meint hier Aspekte innerhalb derselben Produktfamilie (z.B. Schließsysteme):

Beispiel 8

- Produktvariante (z.B. Heckklappensystem oder Heckdeckel mit ein oder zwei Aktuatoren)
- Kommunikationskomplexität (z.B. verteilt, lokal)
- Innovationsgrad (individuelles Kundenprojekt vs. Übernahme)
- Sicherheits-Integritätslevel (z.B. ASIL nach ISO 26262)
- Forschungsorientierte Vorentwicklung vs. Standardproduktentwicklung (z.B. neuartiger indirekter Einklemmschutz mittels kapazitiver Sensorik anstatt taktiler Einklemmschutzleisten)

Diese Attribute sind keine weiteren Unterbuchungsposten – auch diese Komplexität würde von den Mitarbeitern nicht angenommen –, sondern sollen beim Anlegen eines Projekts im Aufwandsbuchungs-Werkzeug angegeben werden.

Dann buchen die Mitarbeiter ganz normal auf die oben diskutierten entsprechenden Buchungsposten der Projekte.

Werten Sie beim Aufsetzen zukünftiger Projekte diese so über die Zeit hinweg entstehende Datenbasis aus und übernehmen Sie sie in die aktuelle Planung. Beachten Sie dabei, dass die Attribute der ausgewerteten Projekte und die des neuen Projekts vergleichbar sein müssen: Zeichnen z. B. Mitarbeiter den Aufwand bzgl. des Buchungspostens *Anforderungen* für folgende Projekte auf:

- Projekt_1
(verteilt, Sicherheitsziele mit ASIL A, Standardentwicklung)
- Projekt_2
(lokal, Sicherheitsziele mit ASIL A, Vorentwicklung neue Sensorik)

so ist klar, dass die Aufwandsaufzeichnung von Projekt_1 nicht für die Schätzung eines Projekts_2 herangezogen werden kann.

Damit haben Sie sich eine zahlentechnisch repräsentative und objektivierte Datenbasis geschaffen.

2b. Details zu Aufwänden hinsichtlich Budget/Kosten

Kosten für die Umfänge errechnen sich u. a. aus der aufgewendeten Arbeitszeit (s. o.) über zumeist vom Controlling des Unternehmens angegebene Schlüssel anhand z. B. der Anstellungsverträge oder Tätigkeitsart. Kosten stellen also eine andere Sicht auf dieselben Aufwände dar. Budgetzielsetzungen basieren u. a. auf Kosten.

Für die Granularität gilt hier dasselbe, was wir oben bei Aufwänden hinsichtlich der Arbeitszeit festgestellt haben: Es ist in der Praxis keinesfalls genau die in den Automotive SPICE-Prozessen geforderte sinnvoll.

3. Leistungsformeln und Zielwerte (Targets)

Um nicht den SW-implementierungslastigen Begriff *Metrik* zu verwenden, wird hier unter *Leistungsformel* eine messbare Erwartungshaltung verstanden, nicht jedoch in Form von Terminen, Dauer oder Aufwänden, sondern in Form einer Berechnungsvorschrift. Eine solche kann auch mehrere Prozesse überspannen, sie muss es aber nicht.

Folgendes vereinfachtes Beispiel umfasst SUP.8 und SWE.x:

- Max. 20 % aller Konfigurationselemente sollen 3 Monate vor der nächsten Baseline noch *InWork* oder *InReview* sein.

Ein Beispiel, das innerhalb des Prozesses MAN.3 *Projektmanagement* verbleibt:

- Anzahl der Einträge in Offene-Punkte-Listen einer Priorität, die pro Zeitabschnitt maximal in einem bestimmten Status (z. B. Offen, InBearbeitung) sein dürfen.

4. Anzuwendende Methoden und Techniken

Das Festlegen von anzuwendenden Methoden und Techniken ist tatsächlich nicht dem CL1 zuzurechnen, denn: Ein CL1 wird allein daran gemessen, ob es gelingt, überhaupt erst inhaltlich hinreichende Ergebnisse zu erzielen, egal wie, solange dies den Prozesszweck tatsächlich erfüllt.

Vorgaben oder Ausgrenzungen bestimmter Techniken oder Methoden werden dann gemacht, wenn keine Standardisierung für diesen Prozess vorliegt oder wenn die Standardisierung nicht geeignet erscheint. Gibt es jedoch Standards für diesen Prozess und hält man diese ein, dann ist das Prozessziel »Anzuwendende Methoden und Techniken« automatisch gegeben und auch erfüllt. Daraus lässt sich korrekt schließen, dass

- die Forderung nach Einhalten des Standardprozesses (oder eines gültigen Tailorings davon) ein Prozessziel darstellt;
- der Standardprozess über Methoden und Techniken hinaus *alle* sinnvollen Arten von Prozesszielen vorgeben muss (siehe Abschnitt 6.1.1, S. 196), die konkreten Termine und Zahlen dafür legt natürlich nach wie vor das Projekt fest.

> **Hinweis 5 für Assessoren**
> **Methoden und Techniken bei GP 2.1.1 zu definieren bedeutet nicht automatisch, dass ein Standardprozess im Sinne eines CL3 existiert**
>
> Existieren keine Standardprozesse, schafft sich das Projekt seine Vorgaben selbst, einschließlich Methoden und Techniken. Sind diese gut und erfolgreich gewesen, werden sie sich natürlich »automatisch« auf andere Projekte »fortpflanzen«, da dieselben Entwickler auch in anderen Projekten arbeiten werden.
>
> Dies bedeutet nicht automatisch einen CL3, da dieser organisatorisch vereinbart und institutionalisiert sein muss, damit
>
> - *garantierterweise* alle Projekte dem folgen und
> - es einen gelebten Erfahrungsfeedback-Mechanismus geben kann.

Schlussbemerkungen

Alles Planerische muss dokumentiert sein – das Im-Kopf-Behalten von Planungen ist nicht möglich. Das Skizzieren von Planungen z.B. auf Whiteboards erfüllt den Zweck auch nicht, sofern man nicht Hunderte davon im Büro zur Verfügung hat und während der Projektdauer niemals etwas wegwischt.

In der Praxis wird sehr oft vernachlässigt, alle Pläne (unabhängig davon, ob in einem Zeitplan erfasst oder an einem anderen Ort) mit den Mitarbeitern im Projekt bzw. in der Organisationseinheit sowie mit Stakeholder-Repräsentanten (siehe GP 2.1.7) stets abzustimmen.

Vergessen Sie nicht: Prozessziele und die Feinplanung dazu beziehen sich *nicht nur* auf alle Ergebnisse und Aktivitäten, die durch CL1 verlangt sind. GP 2.1.1 und GP 2.1.2 müssen *auch* alle Aufgaben und Tätigkeiten für PA 2.2 umfassen (siehe hierzu Abwertungsgrund 8, S. 84)!

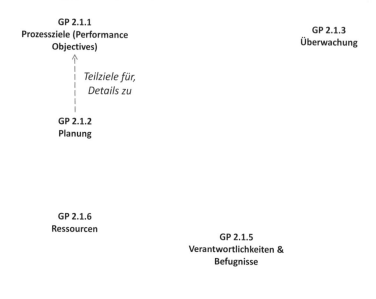

Abb. 4–3   *Zusammenhänge der GP 2.1.1 und GP 2.1.2*

4.1.2 GP 2.1.6 – Ressourcen

Automotive SPICE-Text [ASPICE3]:

> »*GP 2.1.6: Ermittle Ressourcen, bereite diese vor und stelle sie bereit, um den Prozess nach Plan auszuführen. Mitarbeiter- und Infrastrukturressourcen, die zur Prozessdurchführung notwendig sind, werden ermittelt, bereitgestellt, zugewiesen und genutzt. Personen, die den Prozess durchführen und managen, werden durch Training, Mentoring oder Coaching darauf vorbereitet, ihre Verantwortlichkeiten wahrzunehmen. Die zur Prozessdurchführung notwendigen Informationen werden ermittelt und bereitgestellt.*«

Vielfach unterläuft der Fehler, unter dieser GP nur personelle Ressourcen zu verstehen. Ressourcen umfassen u. a.:

- Namentlich benannte, qualifizierte interne und externe Mitarbeiter
- Budget (siehe GP 2.1.1 und GP 2.1.2)
- Operative Informationen (engl. »non-tangible« work products)

4.1 PA 2.1 – Management der Prozessdurchführung

- Infrastruktur, d.h. Arbeitsumgebung und Arbeitsmittel, z.B.
  - Rohmaterial, Betriebsmittel etc.[5]
  - Ausgestattete Arbeitsplätze
  - SW-Werkzeuge, Oszilloskope, Flashing-Boxen
  - Lizenzen für SW-Werkzeuge
  - Infrastruktur wie Teststände, Prüfgelände etc.

Die personellen Ressourcen sind neben der Zuweisung von Aufgaben (siehe GP 2.1.4) auch mit Verantwortlichkeiten *und* Befugnissen auszustatten.

Beachten Sie: Ressourcen gelten nicht nur für alle Ergebnisse/Aktivitäten, die durch CL1 verlangt sind – GP 2.1.6 muss auch alles das an Ressourcen zur Verfügung stellen, was für GP 2.2.3 und GP 2.2.4 benötigt wird (siehe Abwertungsgrund 20, S. 90)!

Alle Ressourcen müssen zu den *nach Plan* (nach GP 2.1.2) *benötigten Zeitpunkten* bereitgestellt sein, d.h. also rechtzeitig. Das bedeutet nicht zwingend schon von Anfang an. Rechtzeitigkeit gilt neben der Bereitstellung auch für die Qualifizierung der prozessbeteiligten Mitarbeiter (seit Automotive SPICE v3.0 explizit gefordert), sonst könnten sie auch nicht ihre Verantwortlichkeiten und Befugnisse (siehe GP 2.1.5) ausüben (siehe hierzu Abwertungsgrund 19, S. 90).

Rechtzeitigkeit impliziert noch etwas anderes: Die Bereitstellung von (qualifizierten) Ressourcen kann *dynamisch* sein. Ressourceneinschätzungen können und werden sich ändern, wenn sich Prozessziele (GP 2.1.1) und damit Pläne (GP 2.1.2) ändern. Und eine Reaktion im Hinblick darauf, wann welche Ressourcen bzw. warum Ressourcen nicht zur Verfügung stehen müssen, gehört eben dazu.

Ausbildung/Qualifikation/Training von Mitarbeitern kann u.a. auf folgende Art und Weise erfolgen:

Beispiel 9

- In-house-Ausbildung
- Ausbildung außer Haus
- Trainee-Programme
- Mentoring, d.h. Mitarbeitern werden erfahrene Personen zugeteilt, die während der praktischen Arbeit assistieren, erklären und beraten. Solch ein Know-how-Transfer kann durch interne Kollegen oder externe Berater erfolgen.
- Computergestütztes Lernen (Computer-Based-Training, CBT, E-Learning, multimediales Lernen). Aber Achtung: Dies gilt ausschließlich und nur dann, wenn es zwischenmenschliche Kommunikation unterstützt, *nicht* sie ersetzt!

---

5. Automotive SPICE v3.0 hat durch das »Plug-in«-Konzept (siehe Annex D.1) das Einbinden von Mechanik- und Hardwareprozessen vorgesehen.

4 Capability Level 2 – praktisches Verständnis der generischen Praktiken

Zur Abgrenzung von personellen Ressourcen zu GP 2.1.7 *Stakeholder-Management* siehe Hinweis 7 für Assessoren, S. 44.

> **Hinweis 6 für Assessoren**
> **GP 2.1.6: Möglichkeiten der Qualifizierung der Mitarbeiter**
>
> Akzeptieren Sie als Qualifizierungsmethoden Kombinationen aus Beispiel 9. Siehe hierzu jedoch Abwertungsgrund 19 (S. 90).

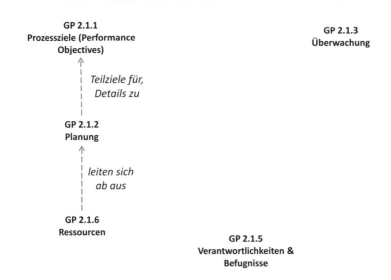

Abb. 4–4   *Zusammenhänge bei GP 2.1.6 innerhalb PA 2.1*

4.1.3   GP 2.1.7 – Stakeholder-Management

Automotive SPICE-Text [ASPICE3]:

» *GP 2.1.7: Manage die Schnittstellen zwischen beteiligten Parteien. Die Personen und Gruppen, die an der Prozessdurchführung beteiligt sind, werden bestimmt. Verantwortlichkeiten werden den beteiligten Parteien[6] zugewiesen. Die Schnittstellen zwischen den involvierten Parteien werden gemanagt. Die Kommunikation zwischen den involvierten Parteien ist sichergestellt. Die Kommunikation zwischen den involvierten Parteien ist effektiv.* «

---

6.   *Parteien* können sowohl einzelne Personen als auch Gruppen sein.

4.1 PA 2.1 – Management der Prozessdurchführung

> **Exkurs 2 vorab**
> **Begriffsklärung**
>
> In Automotive SPICE-Modellen wird der Begriff »beteiligte Parteien« verwendet. CMMI® benutzt konsistent die Begriffe »Stakeholder« und »Relevant Stakeholder«. Zweck dieser Unterscheidung in CMMI® ist es nach meinem Verständnis, den notwendigen Informationsfluss und die Interaktion sicherzustellen, ohne aber dass das Involvieren zu vieler Personen gleichzeitig »den Brei verdirbt«.
> In diesem Buch werden in Anlehnung an die CMMI®-Begriffsdefinition folgende Begriffe verwendet:
>
> - **Stakeholder**
>   Generischer Begriff für Interessenkreise, Personenkreise oder Individuen, die von einem Prozess betroffen sind, indem sie z.B. Input liefern oder Output geliefert bekommen müssen, Vorgaben liefern wollen oder müssen, in ihren Aufgaben von den Prozessergebnissen mittelbar oder unmittelbar betroffen sind oder sie sogar anteilig oder ganz rechtfertigen müssen.
> - **Stakeholder-Repräsentant**
>   Ein bestimmter ausgewählter Repräsentant aus den verschiedenen Stakeholdern, der Entscheidungs- und Zustimmungsbefugnis besitzt.

Bei der Interpretation der GP 2.1.7 ist Folgendes zu beachten:

- Jeder Stakeholder-Repräsentant ist namentlich benannt.
- Der Stellvertreter des Stakeholder-Repräsentanten ist namentlich benannt.
- Seine Verantwortlichkeiten und Befugnisse müssen klar definiert sein.
- An welchen Entscheidungen muss er beteiligt sein. Für Zustimmungen zu Plänen und Vorhaben muss er stimm- und, wenn notwendig, zeichnungsberechtigt sein.
- Sein Informationsbedarf ist im Detail bekannt. Dies umfasst
  - welche Informationen genau (z.B. Arbeitsprodukte, welche Art Planabweichungen, welche mündlichen Informationen etc.),
  - von welchen benannten Personen sowie
  - Kommunikationshäufigkeit (wie oft).
- Über welchen »Kanal« fließen die Informationen, d.h., welche Reporting- und Kommunikationswege sind festgelegt *und* werden genutzt, z.B.:
  - Formale wie informale(!) Dienstwege
  - Meetings (regelmäßige, ereignisgetrieben)
  - Telefon- und Videokonferenzen
  - Austauschplattform
- Gleiches gilt für seine Informations*liefer*pflichten.

- Definieren Sie außerdem klar, ob
  - der Empfänger eine Hol-Schuld oder
  - der »Sender« eine Bring-Schuld

  hat. Überprüfen Sie dabei aber, ob Ihre Wahl auch Effizienz garantiert!
- Eskalationspfade für Informationsempfang und -lieferung und Entscheidungsbeteiligung sind definiert, kommuniziert *und* werden auch genutzt, wenn notwendig.

Alles Genannte ist operativ einzuhalten.

Das Prüfen und Zustimmen zu Plänen seitens der Stakeholder-Repräsentanten ist die minimalste Form der Beteiligung an einer Planung. In vielen Fällen werden sie auch an der Planumsetzung beteiligt sein, wie z. B. im Garantieren von personellen Ressourcen (insbes. in Matrixorganisationen), beim Kommunizieren der Pläne zu den Stakeholdern und Rückkommunizieren von den Stakeholdern. Insofern agieren Stakeholder-Repräsentanten als operative Schnittstelle zwischen den Parteien.

Hinweis 7 für Assessoren
GP 2.1.7 vs. GP 2.1.6: Wie Stakeholder und Ressourcen voneinander abgrenzen?

Eine klare Abtrennung zwischen GP 2.1.6 und GP 2.1.7 ist oft nicht trivial.

Beispiel: Wo bewertet man den bei SWE.1 eingesetzten Softwaretester?
- ... bei GP 2.1.6, weil er als Teil der Prozessdurchführung am Anforderungsreview teilnimmt, oder bei GP 2.1.7, weil er als Prozessfremder am Anforderungsreview teilnimmt?
- ... bei GP 2.1.7, weil er z.B. einer unabhängigen Testabteilung angehört und Abteilungen als Stakeholder gesehen werden können? Aber der Anforderungsanalyst, den man intuitiv GP 2.1.6 zuschreiben wird, gehört in einer Matrixorganisation ebenso einer Abteilung an und müsste nach diesem Kriterium dann doch auch bei GP 2.1.7 angesiedelt werden.
- ... somit also doch bei GP 2.1.6, weil er, wie alle anderen personellen Ressourcen auch, bestimmt werden muss und mit Funktion und Name in der Feinplanung von SWE.1 auftaucht? Welche personellen Ressourcen aber »blieben dann noch für GP 2.1.7 übrig«?

In der Assessmentpraxis ist dies kein maßgebliches Problem, da schlussendlich das gesamte PA zu bewerten ist und nicht allein die einzelnen GPs. In der Ausbildung von Assessoren jedoch kommt es bei dieser Frage immer wieder zu Diskussionen.

Ich schlage deswegen folgende Unterscheidung vor:
Diejenigen Personen, die ihrer Primärfunktion nach thematisch dem betreffenden Prozess angehören, werden GP 2.1.6 zugerechnet. Diejenigen, die ihm thematisch nicht angehören, kommen zu GP 2.1.7.

→

4.1 PA 2.1 – Management der Prozessdurchführung

Beispiele:
- Bei SWE.1 gehört der o.g. Softwaretester zu GP 2.1.7, der Anforderungsanalyst zu GP 2.1.6. Im Prozess SWE.6 gehört der Softwaretester jedoch zu GP 2.1.6.
- Bei MAN.3 umfasst GP 2.1.7 z.B. das mittlere Management und Mitglieder von Steuerkreisen, denen der Projektleiter zu berichten hat. Der Projektleiter selbst und seine Teilprojektleiter (z.B. Software) gehören zu GP 2.1.6.
- Bei SPL.2 ist der Kundenrepräsentant bei GP 2.1.7 angesiedelt, bei ACQ.13 ist er GP 2.1.6 zugeordnet.

Hinweis 8 für Assessoren
GP 2.1.7: Unterschied zu Basispraktiken »Communicate...« in SYS.x und SWE.x

Seit Automotive SPICE v3.0 wird auf CL1 für SYS.x und SWE.x explizit betont, dass Ergebnisse den Empfängern auch stets mitgeteilt werden. Da es bei CL1 aber nur darum geht, dass die Ergebnisse und damit der Prozesszweck *irgendwie* erreicht werden, kann demnach auch das »communicate ...« *irgendwie* erreicht werden. Die GP 2.1.7 fordert zusätzlich das »Management« des Ganzen, also das Planen und Steuern.

Stakeholder-Management steht mit allen GPs inhaltlich in Verbindung, wie in Abbildung 4–5 skizziert, das wird aber sehr oft vernachlässigt.

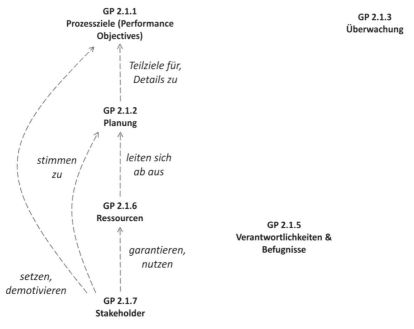

Abb. 4–5 Zusammenhänge bei GP 2.1.7 innerhalb von PA 2.1

4.1.4 GP 2.1.5 – Verantwortlichkeiten und Befugnisse

Automotive SPICE-Text [ASPICE3]:

»*GP 2.1.5: Definiere Verantwortlichkeiten und Befugnisse für die Durchführung des Prozesses. Verantwortlichkeiten, Zusagen und Befugnisse für die Prozessdurchführung werden festgelegt, zugewiesen und kommuniziert. Verantwortlichkeiten und Befugnisse zur Verifizierung von Arbeitsprodukten werden definiert und zugewiesen. Der für die Prozessdurchführung notwendige Bedarf an Erfahrung, Wissen und Fähigkeiten wird definiert.*«

Das Festlegen von Verantwortlichkeiten und Befugnissen hat das Ziel, zu garantieren, dass

- jeder genau weiß, was er zu tun hat und was nicht,
- jeder genau weiß, warum er es zu tun oder nicht zu tun hat,
- jeder wissen kann, wer es sonst zu tun hat, und warum,
- jeder genau weiß, woher er seine Informationen/Arbeitsprodukte bekommt und an wen er seine liefern muss,
- nichts unnützerweise doppelt getan oder vergessen wird,
- Informationen und Arbeitsergebnisse nicht versanden, sondern wirklich benutzt werden,
- jeder weiß, zu welchen Entscheidungen und Festlegungen er befugt ist,
- diese Befugnisse operativ auch wirklich durchsetzbar sind,
- Eskalationspfade existieren und, wenn notwendig, operativ auch wirklich genutzt und eingehalten werden.

> **Hinweis 9 für Assessoren**
> **GP 2.1.5 verlangt keine formalen Rollendefinitionen**
>
> Auf CL2 werden bzgl. Verantwortlichkeiten und Befugnissen keine formalen Rollendefinitionen verlangt. Von »Rollen« wird in SPICE PAMs im Zusammenhang mit Standardprozessen auf CL3 in GP 3.1.3 gesprochen. Rollen sind dort *projekt- und organisationseinheitsübergreifende*, schriftlich dokumentierte, personenunabhängig beschriebene Forderungen an Können, Befugnisse, Verantwortung für Aufgaben/Aktivitäten, Budget und/oder Arbeitsprodukte etc.
>
> Da ein CL2 nicht das Ziel hat, übergreifende Regeln aufzustellen, sondern innerhalb eines Projekts bzw. einer Organisationseinheit »lokal« für Ordnung der gemeinsamen Arbeit zu sorgen, heißt es in Abgrenzung zum CL3 bewusst nicht »Rolle«, sondern nur »Verantwortlichkeiten und Befugnisse«. Existiert ein Standardprozess und wird dieser befolgt, dann sind die diesbezüglichen CL2-Erwartungen natürlich implizit erfüllt. Siehe hierzu direkt Hinweis 46 für Assessoren (S. 212).
>
> Beachten Sie dazu Nicht-Abwertungsgrund 6 (S. 88).

4.1 PA 2.1 – Management der Prozessdurchführung

Oft entsteht die Frage, ob Verantwortlichkeiten und Befugnisse wie auch alle anderen Regeln der Zusammenarbeit im Projekt grundsätzlich und pauschal immer aufgeschrieben sein müssen, unabhängig vom konkreten Kontext?

Die Antwort ist Nein, nicht pauschal und ohne Betrachtung des konkreten Kontexts. Wichtig ist, dass die vereinbarten Festlegungen

a) existieren,
b) sie wirklich beachtet und gelebt werden und
c) auch effektiv bzgl. der Ergebnisse sind.

Dies ist nicht dieselbe Frage wie die des Dokumentiertseins, und Dokumentiertsein *allein* garantiert die Erwartungen (b) und (c) noch nicht. Für bestimmte Kontexte (wie z. B. sehr kleine, nicht verteilte Projekte mit Mitarbeitern, die vorher zusammen bereits viele Projekte gemacht haben) *kann* dies bedeuten, dass mündliche Absprachen die o. g. Erwartungen erfüllen. Beachten Sie: Die Aussage ist *nicht*, es müsse nichts dokumentiert werden. Die Aussage ist, dass der umgekehrte, pauschale Automatismus des Dokumentiertsein-Müssens ohne jede Betrachtung des konkreten Kontexts ebenfalls nicht gilt. Was gilt, ist, dass die o. g. Erwartungen a) bis c) erfüllt sein müssen.

Merke: Ein *unter allen Umständen erzwungenes* Dokumentieren kann in der Praxis den Eindruck erwecken, Automotive SPICE verlange nicht nutzbringende, starre Prozesse oder extensive Dokumentation. Das würde den noch nicht in aller Breite aufgelösten Dissens zwischen Prozessbewertungsmodellen und agilen Praktiken weiter befeuern (daher Nicht-Abwertungsgrund 7, S. 89). Es ist wichtig, zu verstehen, dass Automotive SPICE auf der Abstraktionsebene des WAS liegt (siehe Abschnitt 3.2, S. 15).

> **Hinweis 10 für Assessoren**
> **Interviewplanung bzgl. GP 2.1.5**
>
> Um einwandfrei überprüfen zu können, ob Klarheit über Verantwortlichkeitsabgrenzung und Informationsflüsse existiert und sie effektiv sind, reicht das Dokumentieren dieser Regeln allein nicht aus (siehe Nicht-Abwertungsgrund 7, S. 89).
>
> Sie sollten daher neben üblichen gemischten Gruppeninterviews zusätzlich Individualinterviews bzw. Gruppeninterviews durchführen, bei denen dieselben »Funktionsvertreter« anwesend sind. Der Grund ist, dass z. B. in einem herkömmlichen Gruppeninterview für SWE.x ein Softwareentwickler seinen für die Softwareanforderungsspezifikation zuständigen Kollegen (möglicherweise unbewusst) nicht bloßstellen wird, indem er zugäbe, dass Informationen nicht rechtzeitig oder unvollständig fließen.
>
> Gleiches gilt für Fragen zwischen Vorgesetzten und Untergebenen, ob fachlich oder disziplinarisch. Befangenheitsproblematiken gibt es sehr oft, daher sollten Sie die Interviews trennen, zumindest aber mit dem Assessmentsponsor bereits während der Assessmentplanung offen über Befangenheitsproblematik sprechen.

> (**Anmerkung:** Ob diese Hinweise am Markt umsetzbar sind, ist eine andere Frage. Dieser Assessorhinweis nimmt allein eine fachliche Perspektive ein.)
>
> **Hinweis:** Bestätigungen aus verschiedenen Interviews sind zudem hilfreich, um die Anforderungen an Gegenbestätigung von Objective Evidence für Class-1- und Class-2-Assessments nach ISO/IEC TR 15504-7 bzw. ISO/IEC 33002 zu erfüllen.

Beim Zuteilen von Verantwortlichkeiten und Befugnissen geht es nicht nur allein darum, Arbeitsumfang zu verteilen, sondern auch darum, psychologisch das Verantwortungsgefühl und Rechenschaftspflichten zu vermitteln. Es ist also kein »Gängeln«.

Befugnisse und Verantwortlichkeiten können statisch wie dynamisch zugeteilt werden, beides ist möglich. Die Zuteilungen müssen jedoch immer eindeutig sein. Mehrfachzuweisung derselben Funktion an verschiedene Personen kann dann erlaubt sein, wenn der Zweck darin besteht,

- Vertretungen und Stellvertretungen
- oder/und Arbeitslastverteilung/Parallelität

festzulegen. Keine »konstruktive Redundanz« ist es, wenn z.B. aus mangelnder Übersicht gleiche Zuteilungen gemacht wurden oder überflüssig gewordene Zuteilungen nicht zurückgenommen werden.

Vergessen Sie nicht: Verantwortlichkeiten und Befugnisse dürfen nicht nur geklärt werden für alle Ergebnisse/Aktivitäten, die durch CL1 verlangt sind – GP 2.1.5 muss *auch alles das* mit einschließen, was für GP 2.1.2 bis GP 2.1.4 und auch für GP 2.2.3 und GP 2.2.4 zu tun ist (siehe hierzu Abwertungsgrund 18, S. 89)!

4.1 PA 2.1 – Management der Prozessdurchführung

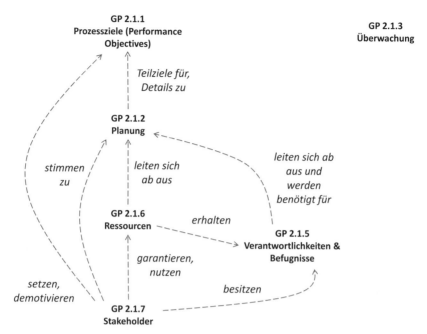

Abb. 4-6 Zusammenhänge bei GP 2.1.5 innerhalb von PA 2.1

4.1.5 GP 2.1.3 – Überwachung der Prozessdurchführung

Automotive SPICE-Text [ASPICE3]:

»*GP 2.1.3: Überwache die Prozessdurchführung gegen die Planung. Der Prozess wird entsprechend der Planung ausgeführt. Die Prozessdurchführung wird überwacht, um sicherzustellen, dass die geplanten Ergebnisse erzielt werden und um mögliche Abweichungen zu identifizieren.*«

Wir hatten zu Anfang des Kapitels über GP 2.2.1 (Abschnitt 4.1.1, S. 29) bereits gesehen, wie sich daran das Verständnis von Überwachung (GP 2.1.3) anschließt.

Das Aufzeichnen von Aufwänden zum Beispiel hatte neben dem Plausibilisieren der Aufwandsplanung (siehe hierzu Abwertungsgrund 12, S. 85) noch einen weiteren Sinn: Es geht auch darum, herauszufinden, welcher Aufwand für Personen, Aktivitäten oder Prozesse in Ihrer Unternehmensrealität »normal« und »angemessen« ist. Nur so ist das Aufbauen von realistischen und wirklich hilfreichen Schätzdatenbasen möglich!

Es ist weiterhin wichtig, zu verstehen, dass Überwachung in GP 2.1.3 sich nicht nur auf die Inhalte der GP 2.1.1 und GP 2.1.2 bezieht, sondern auf *alle* GPs:

GP 2.1.5

Sind jedem alle notwendigen Regeln bekannt, funktionieren alle Informationsflüsse, geschieht nichts doppelt oder wird vergessen, sind Befugnisse effektiv [Metz 09]?

GP 2.1.6

Stehen Ressourcen rechtzeitig und ausreichend zur Verfügung? Sind personelle Ressourcen rechtzeitig qualifiziert, sind sie überlastet oder nicht [Metz 09]?

GP 2.1.7

Sind alle Stakeholder-Repräsentanten noch die richtigen, sind sie ansprechbar, funktionieren alle Informationsflüsse? Alle Verschiebungen (u.a. in der Praxis meist Personenveränderungen oder Kompetenzverschiebungen) müssen festgestellt werden [Metz 09].

Überwachung in GP 2.1.3 muss sich sogar auch auf alle GPs von PA 2.2 beziehen (siehe auch Hinweis 14 für Assessoren, S. 54):

GP 2.2.1, GP 2.2.4

Neben Qualitätskriterien sagt GP 2.2.1 auch aus, nach welchen Prüfmethoden, mit welcher Prüfabdeckung, Prüffrequenz und durch welche Prüfparteien Arbeitsprodukte durch GP 2.2.4 unter die Lupe genommen werden sollen (siehe Abschnitt 4.2.1, S. 56). Ob dies auch geleistet wird, muss überwacht werden.

GP 2.2.2, GP 2.2.3

GP 2.2.3 fordert, all das einzuhalten, was in GP 2.2.2 definiert wird (siehe dort). Auch dies gilt es zu überwachen.

Werfen Sie auch einen Blick auf Exkurs 5 (S. 70), wie Überwachung unterstützt werden kann.

Hinweis 11 für Assessoren
GP 2.1.3: Buchen auf irgendwelche Projekte

Hinterfragen Sie Folgendes im Assessment:

Es kommt immer wieder vor, dass Mitarbeiter Aufwände auf Projekte oder Aufgaben buchen, mit denen sie überhaupt nichts zu tun haben. Die Gründe können vielfältig sein, z.B. Selbstschutz in einer Unternehmenskultur, die auf exakte Mindesterfüllung der Sollstunden pocht oder in der das (operativ vielleicht notwendige) Überschreiten von (ursprünglich falsch) eingeschätzten Stunden als Inkompetenz oder Disziplinlosigkeit angesehen wird.

Siehe hierzu Abwertungsgrund 9 und Abwertungsgrund 10 (S. 85).

4.1 PA 2.1 – Management der Prozessdurchführung

> **Hinweis 12 für Assessoren**
> **GP 2.1.3: Überlastung personeller Ressourcen und Stakeholder-Repräsentanten**
>
> Stellen Sie den Interviewpartnern die explizite Frage nach ihrer aktuellen sowie durchschnittlichen arbeitszeitlichen Überlastung über *alle Projekte und Tätigkeitsbereiche hinweg*. Diese Frage liefert Antworten für GP 2.1.3 und GP 2.1.6 gleichermaßen.
>
> Fragen Sie weiterhin die projekt- und ressourcenverantwortlichen Personen nach der Methode, wie Überlastung von Mitarbeitern überwacht und entdeckt wird. Auch wenn diese Frage nicht explizit in den Formulierungen der GPs in Automotive SPICE vorkommt, ist diese Frage für die Bewertung von PA 2.1 essenziell notwendig, denn sie gehört zu dem Verständnis und dem Anspruch des CL2, den Prozess zu *steuern*.
>
> Siehe hierzu Abwertungsgrund 11 (S. 85).

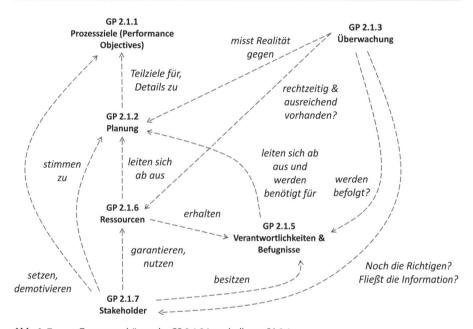

Abb. 4–7 Zusammenhänge der GP 2.1.3 innerhalb von PA 2.1

4.1.6 GP 2.1.4 – Anpassung der Prozessdurchführung

Automotive SPICE-Text [ASPICE3]:

»*GP 2.1.4: Passe die Prozessdurchführung an. Probleme bei der Prozessdurchführung werden erkannt. Es werden geeignete Maßnahmen eingeleitet, wenn die geplanten Ergebnisse und Ziele nicht erreicht werden. Die Pläne werden bei Bedarf angepasst. Terminplananpassungen werden bei Bedarf vorgenommen.*«

GP 2.1.4 kann in einem Satz zusammengefasst werden: Sobald die Überwachung (GP 2.1.3) eine Abweichung feststellt, so sind

- entweder operative Maßnahmen zu ergreifen, sodass alle Leistungen des CL1 *und* CL2 wieder zur Planung passen,
- oder es ist die Planung oder sogar die Prozessziele[7] anzupassen.

Tatsächlich ist Folgendes wichtig zu verstehen: Wir hatten gesehen, dass sich die Überwachung (GP 2.1.3) nicht nur auf das bezieht, was inhaltlich durch GP 2.1.1 und GP 2.1.2 vorgegeben wurde, sondern auch auf alle restlichen GPs sowohl in PA 2.1 als auch PA 2.2. Das bedeutet, dass dasselbe auch für die Anpassung nach GP 2.1.4 gilt!

Maßnahmen ergreifen, sodass die Leistung wieder zur Planung passt

Dies kann geschehen durch zusätzliche budgetäre und/oder infrastrukturelle Ressourcen oder durch deren Umverteilung.

Anpassung der Prozessdurchführung muss natürlich auch geschehen bei falscher Ressourcenidentifikation und bei nicht rechtzeitiger oder nur teilweiser Ressourcenbereitstellung (siehe GP 2.1.6).

Beachten Sie aber, dass bei zusätzlichen oder umverteilten personellen Ressourcen weiterer Zusatzaufwand dadurch entsteht, dass diese erst in das Produkt und (insbesondere für nicht standardisierte Prozesse) in die Arbeitsprodukte, Werkzeuge, Ansprechpartner, Schnittstellen etc. eingewiesen werden müssen. Zudem benötigt man bei mehr Mitarbeitern auch mehr Kommunikation. Die Effizienz steigt also nicht notwendigerweise linear mit einem Mehr an personellen Ressourcen (Brook'sches Gesetz).

Bei GP 2.1.5 (siehe Abschnitt 4.1.4) war die Rede davon, dass die Zuteilung von Aufgaben, Verantwortlichkeiten und Befugnissen dynamisch sein kann. Ein Beispiel: Wenn Personen die an sie gestellten Erwartungen nicht erfüllt haben, dann bedeutet GP 2.1.4 in diesem Zusammenhang das Umverteilen oder Neudefinieren von Verantwortlichkeiten, Befugnissen und sogar Eskalationsebenen.

Aus ähnlichen Gründen kann die Maßnahme notwendig werden, Stakeholder-Repräsentanten personell auszutauschen. Zurückgezogene oder sich verändernde Zustimmungen von Stakeholder-Repräsentanten sind ebenso Gründe für Anpassungen an die Prozessdurchführung. Dieser Punkt bleibt in der Praxis sehr oft unbeachtet.

---

7. Für Assessoren: Die GP 2.1.4 bezieht sich nur auf GP 2.1.2 bzw. GP 2.1.3. Da aber GP 2.1.2 sich wiederum auf GP 2.1.1 bezieht, ist klar, dass Anpassung auch eine Änderung von Prozesszielen sein kann.

4.1 PA 2.1 – Management der Prozessdurchführung

Planung oder Prozessziele anpassen

Dies kann durch Verschieben von Terminen und/oder Vergrößern von Zeiträumen geschehen, in denen der gleich gebliebene Aufwand Platz findet.

Ebenso ist das Reduzieren von Arbeitsumfängen (z. B. durch Fallenlassen von Anforderungen oder ihre Verlagerung auf zukünftige Releases o. Ä.) bei gleichbleibenden Terminen und Zeiträumen eine Maßnahme.

Bezüglich Leistungsformeln (GP 2.1.1, GP 2.1.2) würden deren Targets nach einer Analyse der Gründe, warum das gesetzte Target nicht realistisch war, neu gesetzt werden.

Informationsbedürfnisse aller Stakeholder werden beobachtet und die o. g. Festlegungen angepasst. Aber auch das Identifizieren übersehener Stakeholder und das entsprechende Benennen von Repräsentanten (GP 2.1.6) stellt eine Anpassung dar, um nun erforderliche Informationen oder eine Mitwirkung zu sichern.

Es ist klar, Anpassungen dann vorzunehmen, wenn die Realität dem Plan hinterherhinkt. Nicht zu vergessen ist allerdings, dass Anpassungen auch dann nötig sind, wenn überschüssige Ressourcen (zeitliche, budgetäre, personelle, infrastrukturelle etc.) nicht ausgeschöpft werden. Zu viele veranschlagte Ressourcen sind ebenso unangemessen wie zu wenige, daher sind sie dorthin zu verlagern, wo sie dringender benötigt werden. Erinnern wir uns in diesem Zusammenhang auch daran, dass wir in Abschnitt 4.1.5 (S. 49) über GP 2.1.3 festgestellt haben, dass es auch darum geht, herauszufinden, welche Aufwände normal und angemessen sind.

Vergessen Sie nicht, Änderungen mit allen notwendigen Stakeholder-Repräsentanten abzustimmen und deren Zustimmung einzuholen (siehe GP 2.1.2 und GP 2.1.7).

Beachten Sie hier auch

- das richtige Verständnis von Planungsanpassung, wie es in Abwertungsgrund 17 (S. 87) diskutiert wird, sowie
- zusätzlich Exkurs 5 (S. 70) für eine Lösung der Überwachung des Arbeitsergebnisfortschritts innerhalb eines Prozesses.

Hinweis 13 für Assessoren
GP 2.1.4: Feststellen von Anpassungen

Neben der Tatsache, dass der Erfolg von Anpassungen direkt beobachtbar sein muss, werden Anpassungen in der Regel auch zu neuen Planversionen führen (sofern Pläne versioniert werden sollen, was keinen Zwang darstellt, sondern einen Vorteil beim Aufbau von Schätzdatenbasen). Aus deren Existenz und inhaltlichem Vergleich von Planversionen muss dann hervorgehen können, dass und welche Anpassungen tatsächlich vorgenommen wurden.

Zum richtigen Verständnis siehe hierzu jedoch Nicht-Abwertungsgrund 4 (S. 87) und Nicht-Abwertungsgrund 5 (S. 87).

4 Capability Level 2 – praktisches Verständnis der generischen Praktiken

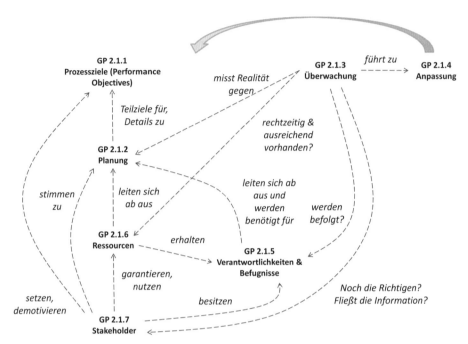

Abb. 4–8 Zusammenhänge bei GP 2.1.4 innerhalb von PA 2.1

Hinweis 14 für Assessoren
GP 2.1.3 und GP 2.1.4 beziehen sich fachlich sowohl auf PA 2.1 als auch auf PA 2.2

CL2 bedeutet, den Prozess gesamthaft nach Soll und Ist steuern zu können. Das Soll wiederum wird sowohl in PA 2.1 als auch durch PA 2.2 vorgegeben. Damit ist klar, dass sich auch Monitoring (GP 2.1.3) und damit Anpassung (GP 2.1.4) auf alle Forderungen auf CL2 beziehen. Dies ist der inhaltliche Anspruch, auch wenn sich dies nicht explizit aus dem Text in Automotive SPICE v3.0 zu ergeben scheint.

Siehe hierzu Abwertungsgrund 8 (S. 84) und Abwertungsgrund 15 (S. 86).

4.2 PA 2.2 – Management der Arbeitsprodukte

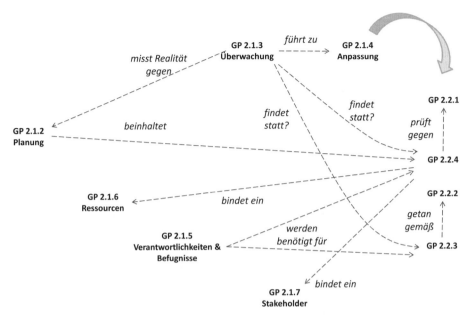

Abb. 4–9   Zusammenhänge GP 2.1.4 und PA 2.2

4.2 PA 2.2 – Management der Arbeitsprodukte

Zu Beginn eine wichtige Frage: Das Prozessattribut 2.2 beschäftigt sich mit den im Prozess erzeugten Arbeitsergebnissen. Aber mit welchen genau? Offensichtlich ist, dass es zumindest um alle diejenigen gehen muss, die für CL1 nötig sind. Dies ist aber nicht alles – der CL2 wird durch alle Leistungen von sowohl CL1 als auch CL2 bestimmt. Das bedeutet, dass auch alle diejenigen Arbeitsprodukte angesprochen sind, die für PA 2.1 selbst notwendig sind.

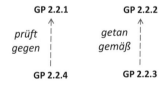

Abb. 4–10   Zusammenhänge innerhalb von PA 2.2

4.2.1 GP 2.2.1 – Anforderungen an die Arbeitsprodukte

Automotive SPICE-Text [ASPICE3]:

»*GP 2.2.1: Definiere die Anforderungen an die Arbeitsprodukte. Die Anforderungen an die zu erzeugenden Arbeitsprodukte werden definiert. Anforderungen können die Definition von Inhalten und Struktur beinhalten. Qualitätskriterien an die Arbeitsprodukte werden ermittelt. Angemessene Kriterien für Review und Freigabe von Arbeitsprodukten werden festgelegt.*

> **Exkurs 3**
> **Hier benutzter Terminus »Prüfen«**
>
> Automotive SPICE spricht im englischen Original bei GP 2.2.4 von »*Review ... work products ...*«.
> Im Deutschen wird das englische Verb *to review* oft fälschlicherweise mit der *Methode* des Reviews gleichgesetzt und somit mit »*reviewe...*« übersetzt.
> Dieses Verb meint jedoch keine Methode und seine englische Bedeutung kommt dem deutschen Verb *nachprüfen* oder *überprüfen* am nächsten. Die Übersetzung mit »*reviewe...*« ist daher irreführend. Ich verwende daher in diesem Buch bewusst den Begriff *Prüfung* bzw. *prüfen*. Dieser Begriff lässt die Wahl einer konkreten Form und/oder Methode offen.

4.2.1.1 Strukturelle Vorgaben (strukturelle Qualitätskriterien)

Legen Sie die Struktur sowohl für elektronische Dokumente als auch für diejenigen in Papierform fest:

- Form und Layout
- Verzeichnisse
- Metainformationen, wie z.B. Autor, Version (falls das Dokument zu versionieren ist), Status, Prüfer, Abnehmende o.Ä.
- Vorgabe lesbarer Namenskonventionen für Dokumentname wie Inhalte. Dies muss für Personen geeignet sein, die das erforderliche Fachwissen haben.

Dies können Sie durch das Anbieten von Vorlagen (Templates) erreichen. Vorlagen sollten weiterhin anbieten:

- Ausfüllhilfen, Optionen
- (ggf. simplifizierte) Beispiele aus der Projekt-, Produkt- oder Unternehmenspraxis. Das steigert das Verständnis enorm, die Beispiele können dann im daraus erzeugten wirklichen Dokument gelöscht werden.

Vorlagen, die über Projekte hinweg weiterbenutzt werden, müssen selbst wiederum versioniert und qualitätsgesichert werden.

4.2 PA 2.2 – Management der Arbeitsprodukte

Hinweis 15 für Assessoren
Vorlagen (Templates) sind nicht zwingend für GP 2.2.1
Automotive SPICE verlangt bewusst keine Vorlagen (Templates). Auch werden im Text der GP 2.2.1 keine solchen erwähnt, weder explizit noch implizit. Da Automotive SPICE auf der WAS-Ebene liegt (vgl. Abb. 3–1, S. 16), fordert GP 2.2.1 »nur«, dass Vorgaben für Arbeitsergebnisse gemacht werden, die nutzbringend und qualitätserhöhend sind. Vorlagen liegen auf der WIE-Ebene und sind ein übliches und mögliches, aber kein zwingendes Mittel, dies zu leisten.
Siehe hierzu Nicht-Abwertungsgrund 8 (S. 91).

Hinweis 16 für Assessoren
GP 2.2.1: Vorlagen dürfen aus Vorgängerprojekten stammen
Wenn die im Projekt benutzten Vorlagen aus anderen Projekten oder Vorgängerprojekten stammen, abgewandelt oder unverändert, so ist dies kein Verstoß gegen GP 2.2.1. Vorlagen müssen nicht »in jedem Projekt neu erfunden« werden.
Grund: Es geht bei der GP 2.2.1 grundsätzlich darum, Vorgaben für die Arbeitsergebnisse zu machen, die nutzbringend und qualitätserhöhend sind, und Vorlagen sind ein mögliches Mittel, dies zu leisten. Wo diese Vorlagen herkommen, »ist der GP 2.2.1 egal«, solange sie nutzbringend sind und beachtet werden.
Siehe Nicht-Abwertungsgrund 9 (S. 91).

Hinweis 17 für Assessoren
GP 2.2.1: Das Nutzen von Vorlagen aus Standardprozessen ist nicht bei GP 2.2.1 zu bewerten
Das Einhalten eines Standardprozesses verlangt auch das Nutzen von dessen Vorlagen. Dies ist bei GP 3.2.1 oder GP 3.2.4 zu bewerten. Geschieht dies nicht, weil das Projekt andere nutzt, dann müssen Sie die GP 2.2.1 allein dafür bewerten.
Siehe Nicht-Abwertungsgrund 10 (S. 91).

Hinweis 18 für Assessoren
GP 2.2.1: In welchem Prozess ist das Arbeitsproduktmanagement der Vorlagen (Templates) selbst zu bewerten?
Beispiel: Sie assessieren SYS.2 und prüfen gerade, ob Befundlisten aus formalen Reviews existieren, und stellen dabei fest, dass für diese Befundlisten Vorlagen benutzt werden.
  Nun dürfen Sie die Frage, ob diese Vorlagen selbst ebenso nach den Prinzipien von PA 2.2 behandelt werden, weder im Kontext von SYS.2 noch von SUP.1 bewerten. Zu bewerten wäre dies bei PA 2.2 des Prozesses ORG.1A »Process Establishment« in ISO/IEC 15504-5:2012, der in Automotive SPICE nicht existiert und daher zusätzlich herangezogen werden müsste.

4.2.1.2 Inhaltliche Qualitätskriterien

> **Hinweis 19 für Assessoren**
> **GP 2.2.1: Qualitätskriterien muss die Organisation selbst entscheiden können**
> Welche inhaltlichen Qualitätskriterien für CL2 sinnvoll und notwendig für die Arbeitsergebnisse des jeweiligen Prozesses sind, kann nicht vom Assessor oder anderen Dritten vorgegeben werden. Dies kann allein nur die Organisation und/oder das Projekt nach den individuellen Geschäftszielen und Produktstrategien entscheiden.

Erwartungen, die aus natürlichem Verständnis heraus immer vorhanden sind und daher nicht schriftlich fixiert zu sein brauchen, sind:

- Sprachlicher Stil, Lesbarkeit
- Orthografische und grammatische Richtigkeit

Sehr viel schwieriger wird es, wenn man »höhere« Qualitätskriterien betrachtet, wie z.B. die acht Hauptcharakteristiken der ISO/IEC 25010, nämlich »Funktionalität«, »Effizienz«, »Kompatibilität«, »Benutzbarkeit«, »Zuverlässigkeit«, »Security[8]«, »Wartbarkeit« und »Portabilität«. Es wiederholt sich in der Assessmentpraxis wie in der Assessor-Ausbildung stets die Frage: »Gelten solche Qualitätskriterien nur für CL2 oder gibt es sie auch bereits auf CL1, und wenn ja gelten welche warum wo?«

Dass die Abgrenzung zwischen CL1 und CL2 schwierig ist, sieht man am Beispiel von Softwarequellcode: Assessoren werten auf CL1 unstrukturierten und schlecht kommentierten Code ab, selbst wenn er die Anforderungen und das Design fachlich-inhaltlich korrekt abbildet. Dies tun sie mit dem Hinweis, dass dieser Code nicht die Eigenschaften hat, »die man für eine Softwareleistung erwarten darf«.

Die gleiche Unsicherheit entsteht leicht bei Anmerkung 2 der BP 5 in SYS.3 (Systemarchitektur) bzw. Anmerkung 5 der BP 6 in SWE.2 (SW-Architektur), denn diese schlagen für das Bewerten von Architekturalternativen vor:

»Evaluierungskriterien können Qualitätscharakteristiken (Modularität, Wartbarkeit, Erweiterbarkeit, Skalierbarkeit, Zuverlässigkeit, Security und Benutzbarkeit) beinhalten ...«

Klar scheint zunächst eines zu sein: Man darf in der Tat auf CL1 bereits Qualitätseigenschaften erwarten. Zur Abgrenzung gegen die Qualitätskriterien für GP 2.2.1 bietet sich folgende Aufteilung an:

---

8. Im Englischen wird zwischen *Security* (Schutz vor absichtlicher oder unabsichtlicher Manipulation eines Objekts von außen) und *Safety* (Schutz vor negativen Auswirkungen, die von Fehlern oder Versagensfällen im Innern des Objekts ausgehen) unterschieden. Das Deutsche besitzt hier keine verschiedenen Begriffe.

4.2 PA 2.2 – Management der Arbeitsprodukte

Qualitätskriterien auf CL1:

Diejenigen, die sich direkt auf das korrekte Funktionieren beziehen, damit das Produkt seinen operativen Leistungszweck erfüllen kann.

Qualitätskriterien auf CL2:

Alle anderen Qualitätskriterien, die man *nicht* für die direkte Eigenschaft des Produkts, technisch korrekt zu funktionieren, benötigt, sondern die dem Projekt oder Unternehmen helfen, die Arbeitsergebnisse und die Entwicklung *zeitlich und wirtschaftlich günstiger* zu machen, indem sie z. B. Wiederverwendung forcieren, gelten ab CL2.

Beispiele für Qualitätskriterien auf CL1 (exemplarisch nach ISO/IEC 25010 und dem o. g. Zitat):

- **Funktionalität** (Functionality)
  Das Produkt muss die erwartete und spezifizierte fachliche Funktionalität korrekt erbringen).

> **Hinweis 20 für Assessoren**
> **GP 2.2.1: Ist fachliche Richtigkeit erst ein Qualitätskriterium auf CL2?**
>
> Nein – inhaltliche, fachlich-technische Richtigkeit (Kriterium *Funktionalität* nach ISO/IEC 25010) von Arbeitsprodukten ist bereits Leistung des CL1. Es kann nicht argumentiert werden, dass fachlich unvollständige oder unrichtige Inhalte den Prozesszweck voll erfüllen können. Dies sieht man auch daran, dass bei MAN.3, SYS.x und SWE.x jeweils eine separate BP für »Konsistenz«[a] existiert. Vollständige Konsistenz zwischen unvollständigen oder unrichtigen Arbeitsprodukten wäre ein Widerspruch in sich.
>
> Dass inhaltliche Prüfung gegen die Qualitätsprüfungen operativ natürlich im Rahmen von GP 2.2.4 geschieht, wenn man auf dem Niveau eines CL2 arbeitet, ist klar, ändert aber am Sachverhalt nichts: C1 verlangt die inhaltlich korrekte Leistung, die den Prozesszweck ausmacht, CL2 verlangt das Einhalten von zusätzlichen Qualitätskriterien »on top«.

a. Es sei zwischen Information A und B ein Traceability-Verweis gesetzt. A und B sind dann konsistent, wenn B fachlich-inhaltlich mit A auch wirklich zusammenpasst. Das reine Setzen eines Traceability-Verweises »irgendwohin« garantiert dies nicht.

- **Effizienz** (Efficiency)
  Bezüglich Software z. B. Ressourcenverbrauchsverhalten, Laufzeitaspekte für das Erbringen der Funktion wie z. B. Echtzeit, Fehlertoleranzzeiten. Dies kann als explizite Anforderung formuliert sein.

- **Zuverlässigkeit** (Reliability)
  Die Funktionalität muss verlässlich ablaufen in den Zeiträumen, in denen sie in Anspruch genommen wird, d. h., sie darf dann nicht ausfallen. Dies kann als explizite, qualitative wie quantitative Anforderung formuliert sein.

- **Security**[9]
  Schutz gegen absichtliche oder unabsichtliche Manipulation von außen, um z. B. Datenschutz (Confidentiality) als Schutz der Benutzer, vor allem aber Datenintegrität (Integrity) zu garantieren, ohne die das Produkt funktional nicht mehr seine korrekte Leistung erbringen könnte. Security kann als Anforderung formuliert sein, insbesondere sind spezifische Analysemethoden hilfreich (siehe z. B. Veröffentlichungen zu *Misuse Cases* von Ian Alexander).
- **Wartbarkeit** (Maintainability)

> **Hinweis 21 für Assessoren**
> **Wartbarkeit als Qualitätskriterium auf CL2 oder auf CL1?**
>
> Man könnte entgegnen, dass Wartbarkeit ein CL2-Qualitätskriterium sein muss, da es u. a. Änderbarkeit beinhaltet oder zumindest impliziert. Änderbarkeit wiederum hat aber auch etwas mit dem CL1 von SUP.10 Änderungsmanagement zu tun, dessen volles Erfüllen wiederum notwendig ist für das Erreichen des PA 2.2 aller anderen Prozesse (siehe Konsistenzwarner 9, S. 81).
>
> Änderbarkeit ist jedoch ein Kriterium für CL1, da
> - zum einen Änderbarkeit nicht davon abhängig ist, ob in einem zukünftigen Assessment SUP.10 mit assessiert werden wird oder nicht,
> - vor allem aber iteratives und inkrementelles Entwickeln z. B. des Quellcodes gerade bedeutet, ständige Änderungen vorzunehmen, bereits dann, wenn der Change-Request-Prozess z. B. formal noch nicht gestartet wurde, z. B. da noch kein Kundenrelease ausgeliefert und auch kein Kundenänderungswunsch artikuliert wurde. Nicht auf Änderbarkeit zu achten, birgt das Risiko, dass mit der Zeit auch fachliche Richtigkeit (Kriterium *Funktionalität* nach ISO/IEC 25010) leidet oder deren Prüfen extrem erschwert wird.

Beispiele für Qualitätskriterien auf CL2 (exemplarisch nach ISO/IEC 25010 und dem o. g. Zitat):
- **Modularität** (Modularity)
  Zum Beispiel niedrige Entwicklungskosten durch z. B. Vorsehen von standardisierten, wiederverwendbaren Einzelkomponenten, die durch Varianten sowie Produktlinien- und Baukastenansätze unterstützt werden.
- **Skalierbarkeit** (Scalability)
  Zum Beispiel aus einem einkanaligen ein effizienteres mehrkanaliges System machen zu können, oder z. B. die Software eines Türsteuergeräts schneller umzustellen vom Steuern nur eines einzigen Fensterhebers auf das Steuern von allen vier Fensterhebern im Fahrzeug.

---

9. Im Englischen wird zwischen *Security* (Schutz vor absichtlicher oder unabsichtlicher Manipulation eines Objekts von außen) und *Safety* (Schutz vor negativen Auswirkungen, die von Fehlern oder Versagensfällen im Innern des Objekts ausgehen) unterschieden. Das Deutsche besitzt hier keine verschiedenen Begriffe.

4.2 PA 2.2 – Management der Arbeitsprodukte

- **Erweiterbarkeit** (Expandability)
  Bei Software z. B. effizienter weitere Plausibilitätsalgorithmen hinzufügen zu können.
- **Nutzbarkeit** (Usability)
  Ob z. B. Benutzerschnittstellen intuitiv und ergonomisch sind, wird sich auf den Verkaufserfolg am Markt auswirken, hat aber nichts mit dem Funktionieren der Programmlogik zu tun.
- **Kompatibilität** (Compatibility)
  Um aus wirtschaftlichen Gründen z. B. Legacy-Komponenten weiter nutzen zu können.
- **Portierbarkeit** (Portability)
  Um z. B. effizienter von einem Mikroprozessor auf einen anderen, von einem nicht nebenläufigen auf ein nebenläufiges Betriebssystem oder bei der Kommunikation mit der Fahrzeugumgebung auf ein anderes Bussystem umstellen zu können.

Weiteres Qualitätskriterium auf CL2:

- **Wiederverwendbarkeit** (Reusability)
  Um z. B. Produktlinien zu realisieren und Übernahmeprojekte zu unterstützen.

Anmerkung: Die richtigen Qualitätskriterien hängen von der Art des Arbeitsprodukts eines Prozesses ab, nicht jedes Kriterium ist für jedes Arbeitsprodukt sinnvoll oder notwendig. Dies werden wir in Kapitel 5 sehen.

> **Hinweis 22 für Assessoren**
> **Ist das Qualitätsziel der Wiederverwendbarkeit nicht erst ein Aspekt auf CL3?**
>
> Das Qualitätsziel von wiederverwendbaren Arbeitsprodukten ist in jedem Fall ein Aspekt, der für ein CL3 zu erreichen ist. Umgekehrt bedeuten wiederverwendbare Arbeitsprodukte nicht, dass ein CL3 vorliegt oder vorliegen muss. Dies sehen wir z. B. auch anhand von Nicht-Abwertungsgrund 9 und Nicht-Abwertungsgrund 10 auf Seite 91.

So weit, so gut. Aber hinterfragen wir noch einmal die Bewertung: Bedeutet das nun, dass alle CL1-Qualitätskriterien bei der Bewertung von GP 2.2.1 (und damit als Folge bei der Bewertung von GP 2.2.4) abgelehnt werden müssen und nur die CL2- Qualitätskriterien zugelassen sind?

Die Antwort darauf ist Nein, und sie ergibt sich aus dem Verständnis von CL1 (Abschnitt 3.3.1, S. 17): CL1 bedeutet, der Prozesszweck wurde irgendwie erreicht. Das heißt, der Prozesszweck wurde zwar geschafft, aber ungesteuert, also nicht auf geplante und verfolgte Weise. Das wiederum bedeutet, dass auch die Qualitätskriterien von CL1 erreicht wurden, aber ohne Planung und gezielte Verfolgung. Demgegenüber lautet die Botschaft von CL2, den Prozesserfolg (und damit auch Qualitätskriterien) unabhängig von Einzelleistungen und »Feuerwehraktionen« durch Steuerung zu garantieren und wiederholbar zu machen (vgl. Abschnitt 3.3.3, S. 18).

Mit anderen Worten: Die finale Antwort auf die Frage, welche inhaltlichen Qualitätskriterien betrachtet werden müssen, um GP 2.2.1 zu erfüllen, ist:

1. alle für den Prozess anwendbaren CL1-Qualitätskriterien (siehe hierzu auch Abwertungsgrund 17 (S. 87) und
2. alle zusätzlich freiwilligen CL2-Qualitätskriterien, sofern solche aufgestellt wurden.

Hinweis 23 für Assessoren
Qualitätskriterien auf CL1 können implizit vorhanden sein

Qualitätskriterien auf CL2 müssen explizit definiert sein, sonst können sie nicht durch GP 2.2.4 gezielt abgeprüft werden.

Etwas anderes gilt für Qualitätskriterien auf CL1: Diese können implizit sein z. B. bei Software durch statische Verifikation gegen MISRA-Regeln. Ebenso ist die Konsistenz entlang der Traceability im V ein Ausdruck von *Funktionalität* nach ISO/IEC 25010.

Siehe hierzu aber Abwertungsgrund 23, S. 92.

Exkurs 4
Intra-Prozess-Traceability

Automotive SPICE verlangt auf CL1 bereits Traceability zwischen den SYS- und SWE-Prozessen sowie SUP.10. Diese Traceability verbindet prozessfremde Arbeitsergebnisse miteinander, um zu verfolgen, welche Information sich konsistent aus einer anderen ableitet (vertikale Traceability entlang des linken V-Asts) oder Verifikations- und Validierungsbestätigungen für eine andere liefert (horizontale Traceability vom rechten V-Ast auf den linken V-Ast).

Bedenken Sie, dass es auch inhaltliche Abhängigkeiten zwischen Arbeitsprodukten innerhalb desselben Prozesses geben wird. Hilfreich sind sie, um Querauswirkungen und Inkonsistenzen zu erkennen. Dies sind z. B. Verweise zwischen

- Anforderungen an den inneren fachlichen Algorithmus einer SW-Komponente und Anforderungen an das Zusammenspiel von SW-Komponenten wie etwa in Beispiel 1 (S. 8) oder zwischen
- Architekturebene und Feindesignebene, z. B. zwischen dynamischen und strukturellen Softwareentwürfen (diese sind bei Verwendung von Modellierungssprachen wie z. B. SysML und unter Einhaltung von Namenskonventionen meist implizit).

Da die rein sprachliche Formulierung der auf CL1 gegebenen Traceability- und Consistency-BPs dies aber nicht explizit nennt, soll hier daran erinnert werden, da es bei GP 2.1.1 thematisch am besten passt.

4.2.1.3 Checklisten

Checklisten sind in der Praxis üblich und mehr als sinnvoll, um den Prüfern neben allem oben Besprochenen noch weitere wichtige Fragen mitzugeben, wie z. B. Erfahrungen aus Lessons Learned. Diese Fragen gelten ebenso als Qualitätskriterien, und Checklisten sind ein sinnvolles Dokumentationsmittel. Checklisten können

- separat pro Arbeitsprodukt existieren, z. B. Designregeln für HW-Schaltpläne,
- für mehrere verschiedene Arbeitsprodukte gemeinsam, z. B. SW-Architektur und Quellcode,
- für mehrere gleichartige Arbeitsprodukte, z. B. Anforderungsspezifikationen.

Checklisten

- können als separate Dokumente existieren oder als Kapitel in Qualitätsstrategien oder -plänen und
- müssen sukzessive entwickelt werden, da nicht jeder Mitarbeiter im Detail das gleiche fachlich-technische Ausbildungsniveau und die gleiche Berufserfahrung haben kann. Checklisten sind also auch eine Wissensbasis.

Automotive SPICE fordert keine Checklisten, dementsprechend stellt es auch keine Kriterien für Checklisten auf. Es gilt deswegen Nicht-Abwertungsgrund 11 (S. 92). Wenn Sie aber Checklisten nutzen, dann beachten Sie Abwertungsgrund 25 (S. 93)!

4.2.1.4 Prüfmethoden, Prüfabdeckung, Prüffrequenz und Prüfparteien

Müssen grundsätzlich *alle* Arbeitsprodukte explizit geprüft werden? Die Antwort ist, pauschal nicht. Sie müssen selbst aber entscheiden, auf welche Arbeitsprodukte Qualitätssicherung stattzufinden hat. Für Arbeitsergebnisse wie z. B. Meetingprotokolle, Agendas, Zeitpläne oder Reviewbefundlisten werden Sie keine expliziten Prüfungen geplant vornehmen – solche Arbeitsprodukte werden implizit dadurch geprüft, dass z. B.

- die Eingeladenen die Agenda vorab bekommen oder sie sie am Anfang des Meetings einsehen, verbunden mit der Frage »Änderungen an der Agenda gewünscht?«,
- Zeitpläne im Projektteam und anderen Stakeholder-Repräsentanten besprochen werden,
- Reviewbefundlisten abgearbeitet und damit durchgesehen werden. Ist ein Befund unklar formuliert oder fachlich falsch, dann fällt dies auf.

Für diejenigen Arbeitsprodukte, die explizit geprüft werden, muss klar sein, wie sie geprüft werden (Prüfmethoden), in welchem inhaltlichen Umfang (Prüfabdeckung), wie oft (Prüffrequenz) und von wem Sie sie prüfen lassen wollen (Prüfparteien).

Prüfmethoden

Diese hängen vom Typ des Arbeitsprodukts ab und hinsichtlich funktionaler Sicherheit auch von der geforderten Integrität, ausgedrückt durch den ASIL. Beim Softwaredesign kann es z.B. eine formale Inspektion, ein Walkthrough sein oder die Prüfung kann durch informale, aber nachweisbare Peer-Reviews erfolgen. Bei Softwarequellcode kann diese sogar durch Methoden wie Pair Programming realisiert sein.

Anders ist das bei Qualitätskriterien auf CL1. Diese können implizit angegeben sein, z.B. bei Software durch statische Verifikation nach MISRA-Regeln (siehe Hinweis 23 für Assessoren, S. 62).

> **Hinweis 24 für Assessoren**
> **Prüfmethoden bei GP 2.2.4 oder GP 2.1.1 bewerten?**
>
> Man könnte Prüfmethoden auch bei GP 2.1.1 ansiedeln, da in diesem Buch vorgeschlagen wird, *Methoden und Techniken* als einen Typ von Prozessdurchführungsziel bei GP 2.1.1 zu sehen (siehe Abschnitt 4.1.1, S. 29). Ich persönlich finde es jedoch intuitiver und übersichtlicher, wenn alles, was thematisch zum Prüfen von Arbeitsprodukten gehört, an einer Stelle nachlesbar ist (daher hier bei GP 2.2.4).
>
> Die Existenz von Prüfmethoden bei GP 2.1.1 zu bewerten ist eine Alternative, da die Bewertung des CL2 ohnehin gemeinsam aus denen für PA 2.1 und PA 2.2 gebildet wird.

Prüfabdeckung

Ist es in der Praxis realistisch, Arbeitsprodukte stets vollständig zu prüfen? Können wir uns immer alles gesamthaft ansehen? Ähnlich den Erfahrungen aus der Testdomäne ist dies in der industriellen Praxis zuweilen (leider) oft unrealistisch. Was Sie also festlegen sollten, ist die Prüfabdeckung im Sinne der inhaltlichen Masse. Diese Abdeckung kann geringer sein als 100 %, aber nur genau dann, wenn dies *technisch* plausibel argumentiert werden kann [Gulba & Metz 07]. Wie aber könnte ein solches technisches risikobasiertes Argument konkret aussehen? Ein höheres Risiko liegt vor, wenn bestimmte Inhalte

- oft von Change Requests betroffen waren oder sind,
- nicht oft, aber von Change Requests mit größerem Schweregrad (technischer Umfang, Kosten etc.) betroffen sind,
- bestimmten inhaltlichen Qualitätskriterien genügen müssen, z.B. wenn Wiederverwendbarkeit, Erweiterbarkeit, Skalierbarkeit oder Portierbarkeit wichtig sind für den Erhalt von Produktlinien- und Baukastenansätzen, oder
- eine (messbar) hohe Komplexität besitzen.

Ein geringeres Risiko liegt vor, wenn bestimmte Inhalte bereits in einem Vorgängerprojekt oder -produkt geprüft sind und sie sich seitdem tatsächlich nachweislich nicht geändert haben.

Merke: Reiner Ressourcenmangel als solches stellt *kein* valides Argument für eine risikobasierte Strategie dar, weil es kein *technisches* Argument ist. Ressourcenplanerische Unzulänglichkeiten können die *Ursache*, aber nicht das Argument *selbst* sein. Eine unzureichende Prüfabdeckung und -frequenz rein wegen mangelnder Ressourcendecke führt im Assessment im Regelfall zu Abwertungen sowohl bei GP 2.1.4, GP 2.1.5 als auch bei GP 2.2.4 (siehe z. B. Abwertungsgrund 27, S. 94)!

Insofern beweist ein *valides, technisches* risikobasiertes Argument meiner Meinung nach ein proaktives Auseinandersetzen mit der Realität anstatt eines Vernachlässigens von Qualitätssicherung, »weil es gerade nicht anders ging«, und stellt damit eine Form des Anpassens einer Prozessdurchführung (GP 2.1.4) dar. Gehen Sie also risikobasiert heran, indem Sie für Arbeitsprodukte u. a. obige Fragen klären, und wählen Sie die Prüfabdeckung entsprechend. Beachten Sie, dass sich Ihre Einschätzung im Laufe der Entwicklung ändern kann und wird.

Prüffrequenz

Haben wir alle strukturellen und inhaltlichen Kriterien, Prüfmethode und die Prüfabdeckung festgelegt, dann bleibt die Frage, wie oft prüfen wir das Arbeitsprodukt?

- Zu bestimmten Zeitpunkten, wie z. B. Meilensteinen?
- Regelmäßig in einem bestimmten Turnus?
- Unmittelbar nach Entstehen bzw. unmittelbar nach einer Änderung?
- Erst nach mehreren Änderungen? Welchen Umfangs? Welcher Schwere? Welcher Priorität?

Fest steht: Arbeitsprodukte dürfen nicht nur zu Meilensteinen geprüft werden! Es gilt der Anspruch, dass Qualitätssicherung entwicklungsnah ist, d. h. direkt und dort stattfindet, wo die Arbeitsprodukte entstehen, und dies *kontinuierlich* während der Produktentwicklungstätigkeit. Meilensteine liegen dagegen zeitlich weit auseinander, daher verginge zu viel Zeit, in denen sich Defekte und Schwächen in Arbeitsprodukten einnisten. Deswegen stellen Review-Gewalttakte und oberflächliches Durchprüfen von Arbeitsprodukten kurz vor Meilensteinen keine Qualitätssicherung dar, weil so etwas nicht zu frühem Entdecken und Beheben von Defekten und damit nicht zum Einsparen von Zeit, Geld und Nerven führt.

Setzen Sie Standardsoftwarekomponenten ein, z. B. Microcontroller-nahe Basissoftware oder Applikationssoftwarebausteine, die Sie wiederverwenden, dann werden Sie deren Arbeitsprodukte (Anforderungsspezifikationen, Design, Code, Unit-Testfälle und ggf. Intra-Komponenten-Integrationstest) nicht in jedem Projekt neu prüfen, sondern Sie tun dies vor jedem Release der Standardsoftwarekomponente. Was Sie jedoch in jedem Projekt prüfen müssen, ist die Entscheidung für die Version, Variante und projektspezifische Konfiguration der Standardsoftwarekomponente.

Dadurch ist klar geworden, dass nicht jedes Arbeitsprodukt gleich oft oder intensiv angeschaut werden muss. Vergessen Sie jedoch nie, dass auch die Arbeitsprodukte, die eine geringere Änderungsrate oder Komplexität besitzen, nicht in grundsätzliche Prüfvergessenheit geraten dürfen! Die Frequenz und Abdeckung muss an jeder Stelle einmal vorbeikommen, d. h., Sie müssen langfristig eine 100 %-Abdeckung über die Projekte hinweg erreichen.

Prüfparteien

Legen Sie fest, wer konkret die Parteien sein müssen, die zu prüfen haben [VDA_BG], und wie viele Prüfer es sein müssen. Prüfer müssen die erforderliche fachliche Kompetenz im inhaltlichen Thema aufweisen und es muss zudem Objektivität gewahrt sein.

Beispiel 10

- Beim SW-Architekturdesign (SWE.2) müssen die Prüfer SW-Entwickler bzw. SW-Architekten sein, ggf. sind mehr als einer erforderlich. Demgegenüber ist es nicht argumentierbar, dass der SW-Projektleiter allein die SW-Architektur ansieht und sein Okay gibt.

Prüfparteien müssen aber nicht und sollten auch nicht nur aus dem Prozess selbst stammen. Am Review der Systemanforderungen z. B. sollen Systemtester beteiligt sein (siehe hierzu Hinweis 7 für Assessoren, S. 44).

Meine Empfehlung: Dokumentieren Sie Ihre gesamte Prüfherangehensweise über alle Arbeitsprodukte aller Ihrer Prozesse hinweg in einem Dokument, das Automotive SPICE *Qualitätssicherungsplan* bzw. *Qualitätssicherungsstrategie* nennt (siehe SUP.1). Dies dient Ihnen zum Nachweis darüber, dass Sie Ihre Entscheidungen reflektiert getroffen haben, womit Sie neben einer Ausbildungs- und Nachschlagemöglichkeit für die Projektmitarbeiter in einem Assessment eine Absicherung haben.

4.2.2 GP 2.2.2 – Anforderungen an die Dokumentation und Kontrolle

Automotive SPICE-Text [ASPICE3]:

» *GP 2.2.2: Definiere Anforderungen an die Dokumentation und Lenkung von Arbeitsprodukten. Anforderungen an die Dokumentation und Lenkung von Arbeitsprodukten werden definiert. Diese können beinhalten:*
- *Anforderungen an deren Verteilung*
- *Anforderungen an die Bezeichnung von Arbeitsprodukten und ihrer Komponenten*
- *Anforderungen an ihre Traceability*

Abhängigkeiten zwischen Arbeitsprodukten sind bekannt und werden verstanden. Anforderungen an die Freigabe der zu lenkenden Arbeitsprodukte sind festgelegt.«

Welche Fragen zur Dokumentation, Handhabung und Kontrolle von Arbeitsprodukten gehören, sehen wir uns in nachfolgender Liste an.

Eigentümerschaft

Wer ist der Autor des Arbeitsergebnisses? Wer darf ändern? Ist es nur eine Person oder sind es mehrere (z. B. Extreme Programming mit dem Prinzip der kollektiven Quellcode-Eigentümerschaft)? Können verschiedene Inhalte in demselben Arbeitsprodukt verschiedene Autoren haben (z. B. bei thematisch strukturierten Anforderungsspezifikationen)?

Spezifisches Versionieren, spezifisches Konfigurationsmanagement

- Welche Namenskonventionen gelten für die Arbeitsprodukte des Prozesses?
- Welche der Arbeitsprodukte des Prozesses sind zu versionieren, welche nicht, und warum? Welche Versionierungsregeln können zwischen Arbeitsprodukten differieren? So werden Sie z. B. eine Problemliste, eine Reviewbefundliste, eine Liste offener Punkte etc. nicht versionieren, Anforderungsspezifikationen, Architektur/Design, Softwarequellcode, Verträge etc. dagegen schon.

Zur spezifischen Frage, ob Planungsdokumente versioniert werden sollen, gibt Nicht-Abwertungsgrund 4 (S. 87) einen Hinweis.

- Welche Arbeitsprodukte innerhalb des Prozesses, ob versioniert oder nicht versioniert, werden als zusammengehörig betrachtet hinsichtlich gemeinsamen »Einfrierens« (*Baselines, Dokumentations-Freezes*)?

Beispiele:
  * Spezifikationen und ihre Reviewnachweise
  * Softwarequellcode, Unit-Testcode, deren Ergebnisse sowie die der statischen Verifikation

Wie sollen Baselines gezogen werden, und welche Namenskonventionen gibt es für die Baselines? Sind diese Baselines wiederum Elemente anderer Baselines auf einer höheren hierarchischen Ebene?

Alle diese Festlegungen müssen nicht statisch sein. Die Art des Konfigurationsmanagements kann zu verschiedenen Zeitpunkten im Prozess variieren. Sie sollten aber, um den Überblick über Baselines zu behalten und rückverfolgen zu können, solche dynamischen Entscheidungen festhalten.

Zugriffsrechte und Arbeitsprodukt-Security[10]

- Die Autoren haben in jedem Fall Modifikationsberechtigung. Was aber ist mit Lesezugriffen? Darf dies jeder, oder ist dies rollenabhängig? Oder ist das sogar auf bestimmte konkrete Personen begrenzt und darüber hinaus noch zeitlich eingeschränkt? Unterliegen Arbeitsprodukte möglicherweise einer Geheimhaltungsstufe (Verschlusssachen), die nur Personen mit entsprechender Sicherheitsüberprüfung zugänglich sind?
- Wenn es um Arbeitsergebnisse geht, die keine elektronische Form haben, wie sieht es hier mit dem Zugriffsrechten auf Archive, Panzerschränke und Büros aus?

Ablage

- Wie sieht die Ablagestruktur für elektronische Arbeitsprodukte aus? Welche Werkzeuge setzen Sie für die elektronische Ablage ein?
- Ist die Ablagehierarchie innerhalb von SW-Werkzeugen (z.B. Konfigurationsmanagement, Dokumentenmanagement mit oder ohne Versionierung) flach genug, um effizient beherrschbar zu sein? Sind die Benennungen von Verzeichnissen selbst lesbar und intuitiv?
- Wie ist die Ablage bei nicht elektronischen Arbeitsprodukten gewählt, insbesondere, wenn Vertraulichkeitsstufen vorliegen (Büroschränke, Archive, Panzerschränke)? Siehe hierzu auch obige *Zugriffrechte*.

Hinweis 25 für Assessoren
GP 2.2.2: Pure Laufwerkablage äußerst kritisch hinterfragen

Oft werden Arbeitsprodukte und Informationen auf Laufwerken in verschiedensten Verzeichnisstrukturen abgelegt (lokale Laufwerke, private Nutzerlaufwerke, verschiedene Abteilungs- und Projektlaufwerke). Zeitnahes Wiederherstellen und Zusammensuchen von Informationen ist ohne technisches Fachverständnis und Kenntnis der Projekthistorie im Detail nur unter größtem Aufwand möglich und durch folgende Gefahren noch zusätzlich eingeschränkt:

- Uneinheitliche, meist sogar kryptische Dateibenennungen
- Uneinheitliche und oft auch kryptische Verzeichnisstrukturen und -benennungen

Selbst, wenn dies durch Standardisierung ausgeschlossen würde, verblieben dennoch folgende Gefahren:

→

---

10. Im Englischen wird zwischen *Security* (Schutz vor absichtlicher oder unabsichtlicher Manipulation eines Objekts von außen) und *Safety* (Schutz vor negativen Auswirkungen, die von Fehlern oder Versagensfällen im Innern des Objekts ausgehen) unterschieden. Das Deutsche besitzt hier keine verschiedenen Begriffe.

4.2 PA 2.2 – Management der Arbeitsprodukte

- Versehentliches Verschieben, Überschreiben und Umbenennen von Dateien und Verzeichnissen
- Gefahr von toten (Hyper-)Links z.B. wegen Serverumzug
- Dokumente auf Laufwerken sind nicht in Baselines von Konfigurations- oder Dokumentenmanagementsystemen eingebunden.

Status

Arbeitsprodukte unterliegen einem Lebenszyklus.

Welche Status durchläuft es, und welche Auslöser gibt es für Statuswechsel?

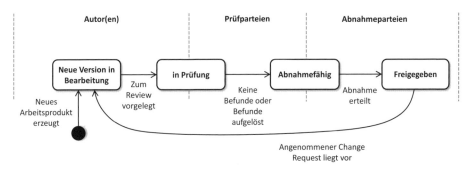

Abb. 4–11 *Lebenszyklus eines Arbeitsprodukts, in Anlehnung an die SysML-Notation für Zustandsdiagramme. Die vertikalen gestrichelten Linien deuten die am Zustand Beteiligten an.*

- Sind diese Status mit dem Änderungswesen und den Versionierungskonventionen (s.o.) verknüpft? Ein freigegebenes und seitdem nicht wieder geändertes Arbeitsprodukt würde z.B. die Version 2.0 tragen. Somit könnte eine Version 2.3 bedeuten, dass das Dokument sich nur in einem der folgenden Status befinden kann:
  - InBearbeitung (es wären dann existierende CRs oder offene Probleme nach SUP.9 mit diesem Arbeitsprodukt verknüpft)
  - InPrüfung
  - AbnahmeFähig
- Sind die Status mit dem Freigabewesen verknüpft (s.o.), sodass Status Vorbedingungen für weitere mögliche Aktivitäten darstellen?

Alles Genannte muss werkzeugunterstützt erfolgen, denn ohne Automatisierung ist dies kaum attraktiv und ineffizient.

Warum aber sind Status von Arbeitsprodukten so interessant? Man könnte Versionierung und Freigaben ja auch ohne Arbeitsprodukt-Lebenszyklus betreiben. Eine Antwort zeigt folgender Exkurs:

Exkurs 5
Geschickte Projekt- und Prozessfortschrittsverfolgung über Status von Konfigurationselementen

Auf Projektebene gibt es Termine, zu denen bestimmte inhaltliche Leistungen erwartet werden, z. B. eine Produktlieferung.

Bei Fertigstellung der entsprechenden Arbeitsprodukte zieht man eine Baseline in einem Konfigurationsmanagementsystem. Sie sollten deshalb im Konfigurationsmanagementsystem die Baseline als ein explizites Objekt anlegen und ihm die konkreten Arbeitsprodukte, die zur Baseline gehören, zuordnen.

Haben nun diese Arbeitsprodukte bzw. Konfigurationselemente einen Status, so kann (automatisiert) daraus der mittlere Fertigstellungsgrad der zukünftigen Baseline errechnet werden. Zum Beispiel können die Status in Abbildung 4–11 mit Prozentzahlen belegt werden wie 100% für *Freigegeben*, 80% für *Abnahmefähig* etc.

Das Projektmanagement kann sich nun selbst zu beliebigen Zeitpunkten vor dem Zieltermin transparent und tagesaktuell

- diesen Fertigstellungsgrad anzeigen lassen,
- über Deltabetrachtungen aufeinanderfolgender Fertigstellungsreports eine Effizienzkurve ermitteln,
- aus dieser Effizienzkurve wiederum einen Trend für die Zukunft ableiten und somit
- rechtzeitig vor dem Zieltermin reagieren.

Dies stellt auf CL1 eine effiziente, transparente und objektiviertere Alternative dar zur mündlichen Berichterstattung der Entwicklung an den Projektleiter in Meetings, zum Durchsuchen von Issue-Tracking-Listen und dem »Reagieren kurz vor knapp« und ist im Einklang mit der Anmerkung 5 zur BP 7 von SUP.8 *Konfigurationsmanagement*.

Dasselbe ist analog für die Arbeitsprodukte bzw. Konfigurationselemente jedes *einzelnen* Prozesses möglich. Dies wäre eine CL2-Leistung für diesen Prozess (GP 2.1.3, GP 2.1.4).

Hinweis 26 für Assessoren
Exkurs 5 verbindet SUP.8 und MAN.3 miteinander

Die in Exkurs 5 skizzierte Methode trägt zur Erfüllung folgender BPs gleichzeitig bei:
- SUP.8 BP 7: *Zeichne Status der Konfigurationselemente auf und berichte über ihn*
- MAN.3 BP 8: *Definiere, überwache den Zeitplan und passe ihn an*
- MAN.3 BP 10: *Prüfe und berichte den Projektfortschritt*

Spezifische Freigabe/Abnahme

- Welches Arbeitsprodukt des betreffenden Prozesses benötigt eine explizite Freigabe/Abnahme (z.B. Anforderungs-, Design- und Testspezifikationen), welche Arbeitsprodukte dagegen nicht (z.B. Projektzeitpläne, Reviewbefundlisten, CRs, neu registrierte Probleme i.S.v. SUP.9)?
- Welche Arbeitsergebnisse werden dabei allein für sich freigegeben (z.B. die Softwarearchitektur als Basis für alle weiteren Komponentenentwicklungen), welche nur im Verbund mit anderen (z.B. Quellcode zusammen mit den Ergebnissen eines Codereviews, der statischen Softwareverifikation und der Unit-Testergebnisse)?
- Wer muss freigeben?
- Welche sind dabei die Freigabekriterien? Soll es hierbei welche geben, die über die hinausgehen, die in GP 2.2.1 definiert und über GP 2.2.4 geprüft werden?

Beachten Sie, dass es zusätzliche, über diese Prüfkriterien hinausgehende Freigabekriterien nicht zwingend geben muss. Insofern ist das Mindestfreigabekriterium in der Praxis meist, *dass* eine Prüfung stattgefunden hat, und dass sich das Arbeitsprodukt im Status Freigegeben befindet (vgl. Abb. 4–11, S. 69).

- Kann die Freigabe informal erfolgen (z.B. gemeinsamer Beschluss des Autors zusammen mit den Prüfern) oder muss es ein explizit zusätzlicher, formaler Schritt sein (d.h. per physischer oder digitaler Unterschrift oder per rechtebasiertem Weiterschalten des Arbeitsproduktstatus, s.o.)?

Beispiel 11

- (*informal*) Der SW-Entwickler übergibt seine SW-Komponente selbst dem Integrationstest, sobald er die Verifikation aller Units abgeschlossen hat (siehe in diesem Zusammenhang auch Exkurs 11, S. 124 und auch schon einmal Exkurs 16, S. 136).
- (*informal*) Der Softwaretest informiert selbst über die Testergebnisse in Form eines Testzusammenfassungsberichts, nachdem dieser Bericht abteilungsintern nochmals informell auf Flüchtigkeitsfehler geprüft wurde.
- (*formal*) Die Systemanforderungsspezifikation wird durch den Qualitätssicherer bestätigt, wenn er deren Reviewergebnisse auf Vorhandensein, Plausibilität und Umsetzung geprüft hat. Daraufhin kann z.B. erst eine Baseline gezogen werden.
- (*formal*) Es können ganz andere Parteien rechenschaftspflichtig sein für das/die Arbeitsprodukt(e) als die Autoren, die Prüfer und diejenigen, die die Arbeitsprodukte weiterverarbeiten. Beispiele sind Verträge, Lastenhefte an Zulieferer oder ganze Produktreleases an Kunden.

Hinweis 27 für Assessoren
Erinnerung: Unterschied zwischen GP 2.2.2 und den BPs über »Communicate …« in den SWE- und SYS-Prozessen

Der Annex D.5 im Automotive SPICE PAM informiert darüber, dass die »Communicate …«-BPs nur sicherstellen, dass Information an die Empfänger auch tatsächlich fließt – dies kann aber der Natur des CL1 nach *irgendwie* geschehen (vgl. Abschnitt 3.3.2, S. 17). Es sind hierbei keine formalen oder informalen Bestätigungen oder Absprachen mit anderen Parteien gemeint. Solche Festlegungen sind als Leistung bei GP 2.2.2 in Zusammenhang mit den Stakeholder-Repräsentanten (GP 2.1.7) gefordert.

- Ist die Freigabe/Abnahme mehrstufig? Die obigen formalen Beispiele zeigen Mehrstufigkeit: Einzelne Arbeitsprodukte werden vom Qualitätssicherer freigegeben, der Auslieferung des ganzen Softwareprodukts allerdings möchten z.B. der Leiter Softwareentwicklung, Leiter Qualität und Leiter Versuch an den Kunden erst stattgeben, wenn sie u.a. wiederum die Freigaben (oder Nicht-Freigaben) der einzelnen Arbeitsprodukte in Augenschein nehmen, zusammen mit einer Risikobeurteilung von nicht umgesetzten Change Requests, gefundenen Fehlern und unaufgelösten Problemen im Sinne von SUP.9.
- Wie geschieht die Freigabe/Abnahme technisch für Arbeitsprodukte auf Papier und wie für elektronische Dokumente? Formal kann z.B. die Freigabe durch Präsenzmeetings mit Unterzeichnung auf Papier und anschließendem Einscannen, durch elektronische Unterschrift oder werkzeuggestützt durch rollenbasierte Bestätigung (ein Klick) erfolgen. Informal z.B. kann heißen durch Beschluss in einem Meeting, reflektiert in einem Protokoll oder bestätigt durch eine E-Mail.

Beachten Sie: Elektronische Unterschriften und Klicks sind digital nachvollziehbar. Alles andere (Mails, eingescannte Dokumente etc.) ist aus Nachweisgründen ebenso in Baselines zu integrieren!

Exkurs 6
Psychologie von Unterschriften

Unterschätzen Sie nicht die psychologische Wirkung von Unterschriften oder expliziten namentlichen elektronischen Bestätigungen. Man kann davon ausgehen, dass derjenige, der für eine Freigabe geradesteht, sich das Arbeitsprodukt sehr viel eher anschaut!

Spezifisches Änderungsmanagement

Für welche versionierten Arbeitsprodukte sollen Änderungen festgehalten werden? Es muss dann eine Revisionshistorie gepflegt werden, die auch Verweise auf Befunde und Change Requests enthält (siehe dazu auch GP 2.2.4). Diese Revisionshistorien können sich im Dokument selbst befinden oder implizit durch Eincheckkommentare in Konfigurations- oder Dokumentenmanagement-Werkzeugen gegeben sein.

Klar ist, dass es für nichtversionierte Arbeitsprodukte keine Revisionshistorien geben wird. Es muss aber auch nicht für jedes versionierte Arbeitsprodukt eine Revisionshistorie existieren. Man möchte z.B. Versionen von Zeitplänen allein zu dem Zweck aufheben, um durch das Nachvollziehen der Unterschiede eine Aufwands-Schätzdatenbasis anzureichern (siehe hierzu direkt Nicht-Abwertungsgrund 3, S. 83 und Abwertungsgrund 7, S. 84).

Exkurs 7
CRs nicht nur für Änderungsanträge im ursprünglichen Sinne nutzen

Beim klassischen CR-Begriff geht es ursprünglich um Änderungen an Arbeitsprodukten oder dem Produkt selbst. Dennoch sollten Sie den CR-Begriff weiter fassen und alle Arten von Aufgaben damit verwalten, z.B.:

- Die Durchführung eines Reviews
- Das Spezifizieren der Anforderungen für eine neue Teilfunktionalität
- Das Implementieren einer Softwarekomponente

Da Sie werkzeuggestützt vorgehen, fügen Sie diese erweiterte Art von CRs an betreffende Arbeitsprodukte an. Da nach Exkurs 5 (S. 70) diese Arbeitsprodukte wiederum an Baselines und damit Releases hängen, hängen auch die CRs an den Releases. Ein Arbeitsprodukt kann dann z.B. nicht den Status Freigegeben einnehmen, wenn seine CRs nicht den Zustand Geschlossen haben.

Das bereichert nochmals die Prozessfortschrittsverfolgung über Status von Konfigurationselementen, die Exkurs 5 (S. 70) beschreibt.

Stakeholder-Notifikation

Wie Informationen und Arbeitsprodukte an Stakeholder-Repräsentanten gelangen, siehe GP 2.1.7.

Lebens-/Gültigkeitsdauern

Welche Arbeitsprodukte (elektronische wie nicht elektronische) sind wie lange gültig? Wie lange sind sie in den definierten Ablagen (s.o.) vorzuhalten? Ist die Lebensdauer den Empfängern und Stakeholdern klar? Wer wird auf welche Weise über welchen Kanal informiert, wenn eine Gültigkeitsdauer verstrichen ist?

Sicherheitskopien und Restauration

Wie ist sichergestellt, dass elektronische Arbeitsprodukte stets restaurierbar bleiben? Bis wie weit in die Vergangenheit hinein kann restauriert werden? Werden weit in der Zukunft noch die Werkzeuge verfügbar sein, mittels derer man die Formate der elektronischen Arbeitsprodukte lesen kann, z. B. bei einem Produkthaftungsfall. Existieren Arbeitsprodukte in Papierform redundant oder sind z. B. bei einem Gebäudebrand die einzigen unterzeichneten Ausdrucke in einem bestimmten Büro oder Archiv in Gefahr?

4.2.3 GP 2.2.3 – Dokumentation und Kontrolle

Automotive SPICE-Text [ASPICE3]:

»GP 2.2.3: Bestimme, dokumentiere und lenke die Arbeitsprodukte. Die zu lenkenden Arbeitsprodukte werden festgelegt. Ein Änderungsmanagement für Arbeitsprodukte ist eingeführt. Die Arbeitsprodukte werden in Übereinstimmung mit den Anforderungen dokumentiert und gelenkt. Versionen von Arbeitsprodukten sind, falls anwendbar, Produktkonfigurationen zugeordnet. Die Arbeitsprodukte werden über geeignete Zugriffsmechanismen bereitgestellt. Der Änderungsstatus der Arbeitsprodukte kann einfach ermittelt werden.«

Die GP 2.2.3 fordert die operative Einhaltung dessen, was durch GP 2.2.2 festgelegt wurde. Die GP 2.2.3 spiegelt also schlicht GP 2.2.2 in der Aussage wider, dass danach auch zu handeln ist.

Es ist aber auch zu überwachen, dass ständig danach gehandelt wird. Dieses Überwachen ist Teil der Leistung, die durch GP 2.1.3 Monitoring gefordert wird (siehe hierzu auch Hinweis 14 für Assessoren, S. 54).

4.2.4 GP 2.2.4 – Überprüfung und Anpassung der Arbeitsprodukte

Automotive SPICE-Text [ASPICE3]:

»GP 2.2.4: Prüfe die Arbeitsprodukte und passe sie an, um die definierten Anforderungen zu erfüllen. Die Arbeitsprodukte werden plangemäß gegen definierte Anforderungen geprüft. Probleme, die in den Reviews der Arbeitsprodukte gefunden werden, werden gelöst.«

Die GP 2.2.4 verlangt das Durchführen all dessen, was in GP 2.2.1 definiert wurde. Die GP 2.2.4 spiegelt also auch die Aussage wider, dass nach GP 2.2.1 zu handeln ist. Das bedeutet, dass für das jeweilige Arbeitsprodukt

- eine der definierten Prüfmethoden anzuwenden ist,
- die Prüfhäufigkeit einzuhalten ist,
- die geforderte Prüfabdeckung zu garantieren ist und

4.2 PA 2.2 – Management der Arbeitsprodukte

- durch die notwendigen Prüfparteien
  - zu überprüfen ist, ob alle strukturellen und inhaltlichen Kriterien, ggf. unter Benutzung von Checklisten und Vorlagen, wenn vorhanden, eingehalten wurden, und
  - zu gewährleisten ist, dass gefundene Abweichungen und Defekte behoben werden, und zwar
    – im Falle von CRs zeitnah im Rahmen der CR-Abarbeitung,
    – auch außerhalb von CRs zeitnah bei großer Schwere oder Priorität von Befunden sowie
    – außerhalb von CRs bei geringerer Schwere oder Priorität (z. B. Editoriales) akkumuliert.

Beachten Sie: Die GP 2.2.4 ist auch so zu interpretieren, dass das geprüft werden soll, was auf CL1 verlangt wird. Dies schließt neben den CL1-Qualitätskriterien auch die Traceability-Abdeckung und die Konsistenz der Inhalte entlang der Traceability-Kette mit ein.

Das Überwachen, ob Prüfmethoden, Prüfabdeckung und Prüffrequenz eingehalten werden, ist Teil von GP 2.1.3, in der Überwachung gefordert wird (siehe hierzu auch Hinweis 14 für Assessoren, S. 54).

Eine oft gestellte Frage ist auch, ob und wie die Umsetzung von Defektbehebung nachweisbar sein muss.

- Zunächst einmal werden bei formaleren Prüfmethoden Befunde und Defekte gesammelt (z. B. durch spezifische Reviewwerkzeuge oder Excel-Vorlagen, sie müssen aber angemessen sein). Gibt es keine expliziten Befundlisten, so existieren ggf. E-Mails oder Kommentare mit Änderungsverfolgung in Textverarbeitungsanwendungen, deren Aufbewahren sich vorteilhaft auf ein Assessment auswirkt.
- Dann verweisen Einträge in Revisionshistorien von Arbeitsprodukten auf Befunde. Wie bei GP 2.2.2 bereits genannt, können sich diese Revisionshistorien im Dokument selbst oder in Eincheckkommentaren in Konfigurations- oder Dokumentenmanagement-Werkzeugen befinden.

Prüfen Sie im Rahmen der GP 2.2.4 auch, ob alle Vorgaben in GP 2.2.2 eingehalten wurden. Auch das ist unter GP 2.1.3 zu verstehen (siehe Hinweis 13 für Assessoren, S. 53).

4.3 Bewertungshilfen aus Sicht von Capability Level 2

4.3.1 Zwischen CL2 und CL1 anderer Prozesse

Für den Assessor werden im Folgenden Konsistenzwarner (K), Abwertungsgründe (AG) und Nicht-Abwertungsgründe (NAG) aus Sicht jeder GP 2.x.y angeboten (die Unterschiede dieser Regeln sind in Kap. 1 erklärt). Sie sollen die Bewertung erleichtern, indem sie zeigen,

- welche Schwächen bei GPs welcher Prozesse sich negativ auf BPs anderer Prozesse auswirken (Beispiel: Wenn die GP 2.2.4 bei fast allen Prozessen mit P bewertet ist, dann kann SUP.1 BP 2 *Qualitätssicherung von Arbeitsprodukten* nicht mehr F sein.)
- oder umgekehrt (z.B. wenn SUP.8 gesamthaft schwach bewertet ist, dann kann PA 2.2 der SWE- und SYS-Prozesse nicht mehr F sein).

Bezüge zwischen GPs und *BPs* innerhalb desselben Prozesses finden sich jeweils in Kapitel 5 ab S. 95.

→	MAN.3	SUP.1	SUP.8	SUP.9	SUP.10	CL1 desselben Prozesses
GP 2.1.1						
GP 2.1.2	K				NAG	
GP 2.1.3	K				NAG	
GP 2.1.4	K		K	K	NAG	
GP 2.1.5	K					
GP 2.1.6	K					NAG
GP 2.1.7	K					
GP 2.2.1		K				
GP 2.2.2			K		K	
GP 2.2.3			K		K	
GP 2.2.4		AG		K		

Tab. 4–1 *Bezüge zwischen GPs des CL2 und dem CL1 anderer Prozesse*

4.3.1.1 Allgemein

Nicht-Abwertungsgrund 1
Die Bewertung von PA 2.1 und PA 2.2 selbst ist nicht abhängig von PA 1.1 desselben Prozesses

Mögliche Vermutung
Man könnte folgende strenge Abhängigkeit vermuten: Die Bewertung von PA 2.1 und PA 2.2 kann maximal so hoch sein wie die von PA 1.1 mit der Begründung, dass nur so viel an Ergebnisumfang geplant und gesteuert werden kann, der auch geleistet wurde.

Problem
Diese Sichtweise wäre ein Missverständnis von SPICE-Modellen als eine *Produkt*bewertung. Stattdessen geht es wegen ihrer Zielsetzung und Definition als *Prozess*bewertungsmodelle darum, für jedes PA individuell zu ermitteln,

- in welchem Umfang die methodische Vorgehensweise *geeignet* ist, die Erwartungen des jeweiligen PA zu erfüllen (siehe hierzu auch Abschnitt 7.1, S. 239),
- und ob seine inhaltliche Leistung tatsächlich erfüllt wurde.

Der Zweck und die Stärke der Prozessprofile als Ergebnis eines Assessments ist es deshalb, über jedes PA individuell zu informieren. Es soll den Assessierten mitteilen, wie erfolgreich ihre gewählte Vorgehensweise bzgl. der Anforderungen jedes PA ist.

PA x.1 oder PA x.2 also allein wegen Schwächen bei PA 1.1 zu dezimieren käme einer Gleichschaltung der PAs gleich und wäre für die Assessierten ohne Mehrwert für ihr Dazulernen über ihre CL2-Fähigkeit. Bewerten Sie also PA 2.1 und PA 2.2 unabhängig von dem inhaltlichen Umfang, der für CL1 erreicht wurde. Die Ausnahme ist, dass PA 2.1 und PA 2.2 ebenso mit N bewertet werden müssen, sobald PA 1.1 mit N bewertet wird, da Steuerung und Arbeitsproduktmanagement von Nichts nicht möglich ist.

4.3.1.2 GP 2.1.1 Prozessziele (Performance Objectives)

Abwertungsgrund 1
GP 2.1.1, GP 2.1.2: Eine Planungsaussage in PA 2.1 legitimiert nicht einen unvollständigen Prozesszweck auf CL1

Beispielszenario:
Sie stellen fest, dass in einem Projekt von 2 Jahren Dauer 16 Wochen vor SOP das SW-Design erst zu 60 % fertig ist.
Die Fertigstellung des SW-Designs wurde für 8 Wochen vor SOP eingeplant, d. h., in 8 Wochen soll das SW-Design noch auf 100 % gebracht werden. Die Mei-

nung der Assessierten ist, dass der Prozesszweck als erfüllt gelten kann, weil man die Fertigstellung »auch bewusst so eingeplant hat« und weil »die Erfüllung des Prozesszwecks sich ja nach den Planungszielen richtet«.

Es ist hier abzuwerten:

- GP 2.1.1, da das terminliche Ziel nicht sinnvoll gewählt wurde.
- PA 1.1, da der Prozesszweck von SWE.2 nicht erreicht wurde.

4.3.1.3 GP 2.1.2 Planung

Konsistenzwarner 1
GP 2.1.2, GP 2.1.3, GP 2.1.4 gegen die BPs in MAN.3 über »Definiere, überwache und passe an ...« (BP 4, BP 5, BP 7, BP 8)

Prüfen Sie, ob diese MAN.3-BPs tatsächlich anders (d. h. höher oder geringer) bewertet sein können als die durchschnittliche Bewertung der GP 2.1.2, GP 2.1.3 und GP 2.1.4 aller anderen Prozesse.

Grund: Die Steuerung der einzelnen Prozesse machen diese BPs maßgeblich aus.

Nicht-Abwertungsgrund 2
Vermutung, dass das Einplanen von CRs eine GP 2.1.2-Leistung voraussetzt

Man könnte vermuten, dass zwischen SUP.10 und den GP 2.1.2 der anderen Prozesse sowie MAN.3 BP 4 (Steuern der Aktivitäten), BP 5 (Steuern der Ressourcen) und BP 8 (Steuern des Zeitplans) eine Konsistenzbeziehung bestehen muss,

- da das Arbeitsprodukt *13-16 Change Request* von SUP.10 einen *Fälligkeitstermin* nennt und
- weil SUP.10 BP 5 *Bestätige CRs vor ihrer Umsetzung* sagt, dass die CRs anhand der Verfügbarkeit von Ressourcen priorisiert werden sollen, was das zwingende Vorhandensein von Projektzeitplänen und eine Ressourcensteuerung zu suggerieren scheint.

Dies ist jedoch nicht der Fall, denn die Leistung eines CL1 kann *irgendwie* erreicht werden (vgl. Abschnitt 3.3.2). Es ist daher auf CL1 völlig legitim, dass z. B. der kompetenteste als »Held« agierende Mitarbeiter kurz vor knapp noch die CR-Last abarbeitet. Siehe hierzu auch Abschnitt 5.18.1 (S. 191), warum das Definieren von Fälligkeitsterminen der CRs nicht als ein Prozessziel auf CL2 von SUP.10 gelten kann.

4.3.1.4 GP 2.1.3 Überwachung

Konsistenzwarner 1 (s. o.) gilt auch hier.

4.3.1.5 GP 2.1.4 Anpassung

Konsistenzwarner 1 (s. o.) gilt auch hier.

Konsistenzwarner 2
GP 2.1.6 gegen SUP.8 BP 3 »Etabliere ein Konfigurationsmanagementsystem«

Prüfen Sie, ob die durchschnittliche Bewertung der GP 2.1.6 aller anderen Prozesse F oder L sein kann, wenn die genannte SUP.8 BP 3 eine Bewertung von N oder P erhalten hat.

Grund: Ein Konfigurationsmanagementsystem ist eine wesentliche technische Ressource für CL2.

Beachten Sie: Es ist kein Widerspruch, wenn SUP.8 BP 3 F oder L als Bewertung erhält, die GP 2.1.6 im Durchschnitt aber N oder P, denn ein Konfigurationsmanagementsystem ist nur eine der benötigten Ressourcen.

Konsistenzwarner 3
GP 2.1.4 gegen PA 1.1 von SUP.9

Prüfen Sie, ob GP 2.1.4 noch F sein kann, wenn der CL1 von SUP.9 nicht F ist.

Achtung! Dies gilt *nur dann*, wenn Gründe für Anpassung von Zielen, Planung, Verantwortlichkeitszuweisungen etc. (kurz: um Abweichungen innerhalb von PA 2.1 zu beheben) auch durch den Problemlösungsprozess gehen. Dies muss dann aus SUP.9 BP 1 *Definiere eine Problemlösungsstrategie* hervorgehen.

4.3.1.6 GP 2.1.5 Verantwortlichkeiten und Befugnisse

Konsistenzwarner 4
GP 2.1.5 gegen MAN.3 BP 6 »Sicherstellen von benötigten Fähigkeiten, Wissen und Erfahrung ...«

Prüfen Sie, ob diese BP tatsächlich anders (d. h. höher oder geringer) bewertet sein kann als die durchschnittliche Bewertung der GP 2.1.5 aller anderen Prozesse.

Grund: GP 2.1.5 und MAN.3 BP 6 korrelieren, was die Kompetenzforderung von personellen Ressourcen anbelangt, und fehlende Kompetenz wirkt sich negativ auf die Fähigkeit aus, die Verantwortlichkeiten auch effektiv wahrnehmen zu können, was eine Forderung der GP 2.1.6 ist.

Merke: Die genannte BP 8 kann jedoch geringer bewertet sein, da sie gegenüber GP 2.1.5 mehr erwartet, nämlich sachbezogene *Erfahrung*.

4.3.1.7 GP 2.1.6-Ressourcen

Siehe hier auch Nicht-Abwertungsgrund 2 (S. 78).

Konsistenzwarner 5
GP 2.1.6 gegen MAN.3 BP 5 »Projektabschätzungen und Ressourcen«

Prüfen Sie, ob diese BP tatsächlich anders (d.h. höher oder geringer) bewertet sein kann als die durchschnittliche Bewertung der GP 2.1.6 aller anderen Prozesse.

Merke: MAN.3 BP 5 kann tatsächlich höher bewertet sein, da sie sich im Gegensatz zu GP 2.1.6 nicht allein nur auf Ressourcen, sondern auch auf Gesamtabschätzungen bezieht.

4.3.1.8 GP 2.1.7 Stakeholder-Management

Konsistenzwarner 6
GP 2.1.7 gegen MAN.3 BP 7 »Identifiziere und überwache Projektschnittstellen sowie Vereinbarungen und passe sie wenn notwendig an ...«

Prüfen Sie, ob diese BP tatsächlich anders (d.h. höher oder geringer) bewertet sein kann als die durchschnittliche Bewertung der GP 2.1.7 aller anderen Prozesse.

4.3.1.9 GP 2.2.1 Anforderungen an die Arbeitsprodukte

Konsistenzwarner 7
GP 2.2.1 gegen SUP.1 BP 1 Qualitätssicherungsstrategie

Prüfen Sie, ob diese BP tatsächlich anders (d.h. höher oder geringer) bewertet sein kann als die durchschnittliche Bewertung der GP 2.2.1 aller anderen Prozesse.

Grund: Die Angaben aller GP 2.2.1 machen einen Teil der QS-Strategie in SUP.1 BP 1 aus (siehe hierzu alle Erklärungen in Abschnitt 4.2.1, S. 56).

Merke: Die QS-Strategie umfasst aber noch mehr, so z.B. die Sicherstellung von Objektivität und wie Prozessqualität erreicht wird.

4.3.1.10 GP 2.2.2, GP 2.2.3 Handhabung der Arbeitsprodukte

Konsistenzwarner 8
GP 2.2.2, GP 2.2.3 gegen PA 1.1 von SUP.8

Prüfen Sie, ob GP 2.2.2 und GP 2.2.3 des betrachteten Prozesses höher bewertet werden können als der CL1 von SUP.8. Dies wäre jedoch nicht der Fall, wenn »ausgerechnet« die Arbeitsprodukte des betrachteten Prozesses nicht oder unzureichend in SUP.8 beachtet wurden.

Merke: Die genannten GPs können jedoch geringer bewertet sein als SUP.8, da zu den GPs noch Beiträge aus SUP.10 und ggf. SUP.9 dazukommen. Bezüglich SUP.9 kommt es darauf an, ob in dessen Strategie (BP 1) diejenigen Probleme beinhaltet sind, die die Arbeitsergebnisse des betrachteten Prozesses haben können.

Konsistenzwarner 9
GP 2.2.2, GP 2.2.3 gegen PA 1.1 von SUP.10

Prüfen Sie, ob GP 2.2.2 und GP 2.2.3 des betrachteten Prozesses höher bewertet werden können als der CL1 von SUP.10. Dies wäre nicht der Fall, wenn CRs ausgerechnet die Arbeitsprodukte des betrachteten Prozesses nicht in Bezug gesetzt haben.

Merke: Die genannten GPs können jedoch geringer bewertet sein als SUP.10, da zu den GPs noch Beiträge aus SUP.8 und ggf. SUP.9 dazukommen. Bezüglich SUP.9 kommt es darauf an, ob in dessen Strategie (BP 1) diejenigen Probleme beinhaltet sind, die die Arbeitsergebnisse des betrachteten Prozesses haben können.

4.3.1.11 GP 2.2.4 Prüfung der Arbeitsprodukte

Abwertungsgrund 2
GP 2.2.4 gegen SUP.1 BP 2 »Qualitätssicherung von Arbeitsprodukten«

Bewerten Sie diese BP von SUP.1 nicht höher als die durchschnittliche Bewertung der GP 2.2.4 aller anderen Prozesse. Der Grund ist, dass die Festlegungen aller GP 2.2.1 denjenigen Teil der QS-Strategie ausmachen, der die Sicherstellung der Arbeitsproduktqualität beschreibt (siehe Abschnitt 4.2.1, S. 56). Demzufolge muss SUP.1 BP 2 das leisten, was bei GP 2.2.4 verlangt ist.

Anmerkung: Einen zusätzlichen Konsistenzwarner zwischen SUP.1 BP 2 und GP 2.2.1 sehe ich nicht, denn es existiert bereits ein Konsistenzwarner zwischen BP 1 und GP 2.2.1, und BP 2 muss ohnehin den Anforderungen aus BP 1 folgen.

Konsistenzwarner 10
GP 2.2.4 gegen PA 1.1 von SUP.9

Prüfen Sie, ob GP 2.2.4 noch mit F bewertet sein kann, wenn der CL1 von SUP.9 nicht F ist. Achtung! Dies gilt *nur dann*, wenn die Strategie des SUP.9 das Bearbeiten von QS-Befunden mit einschließt!

4.3.2 Innerhalb CL 2

Für den Assessor werden hier Konsistenzwarner (K), Abwertungsgründe (AG) und Nicht-Abwertungsgründe (NAG) angeboten (die Unterschiede sind in Kap. 1 erklärt). Sie sollen Hilfen für die Bewertung von GPs bieten, aber auch auf Bezüge zwischen GPs *innerhalb desselben* Prozesses hinweisen.

Bezüge zwischen GPs und *BPs* innerhalb desselben Prozesses finden sich jeweils in Kapitel 5 ab S. 95.

4.3.2.1 GP 2.1.1 Prozessziele (Performance Objectives)

Es gilt hier auch Abwertungsgrund 1 (S. 77).

Abwertungsgrund 3
GP 2.1.1 Keine CR- und Problembehandlung einkalkuliert [VDA_BG]

In [VDA_BG] findet sich für MAN.3 der Hinweis, dass »… *insbesondere in späten Musterphasen mit erhöhtem Aufkommen von Change Requests (SUP.10), Problemmeldungen (SUP.9) und Auflösung von Befunden aus Verifikationstätigkeiten (SUP.10, Testprozesse) gerechnet werden muss*«.

Diesen Hinweis sehe ich ebenso für GP 2.1.1 und 2.1.2 der SYS- und SWE-Prozesse. Werten Sie also GP 2.1.1 und GP 2.1.2 ab, wenn Zeit- und Aufwandsplanungen dies nicht ausreichend in Erwägung gezogen haben.

Abwertungsgrund 4
Bewerten Sie GP 2.1.2 stets niedriger oder gleich GP 2.1.1

Grund: Planung (GP 2.1.2) steht nicht für sich allein, sondern richtet sich nach Vollständigkeit und Güte der Prozessziele (GP 2.1.1).

- Sind Sie z.B. der Meinung, dass GP 2.1.2 ein F verdient, so können Sie GP 2.1.1 ebenso mit F bewerten, da es vertretbar ist, zu argumentieren, dass eine volle und effektive Planung (dies vorausgesetzt) bzgl. Terminen und Aufwand entsprechende Prozessziele impliziert, auch wenn die Assessierten nicht explizit zwischen GP 2.1.1 und GP 2.1.2 getrennt haben.

4.3 Bewertungshilfen aus Sicht von Capability Level 2

- Sind Sie jedoch umgekehrt der Meinung, dass GP 2.1.2 nur ein N, P oder L verdient, so können Sie dennoch bei GP 2.1.1 Punkte vergeben, wenn zumindest Meilensteine oder Endtermine, maximale Aufwände oder Budgets angegeben worden sind.

4.3.2.2 GP 2.1.2 Planung

Auch hier gilt Abwertungsgrund 3 (S. 82).

Abwertungsgrund 5
GP 2.1.2 Verplanen von fixen Aufwänden anstatt von real zu erwartenden

Bewerten Sie in einer Situation wie in Hinweis 3 für Assessoren (S. 35) GP 2.1.2 nicht mehr mit F.

Grund: Eine solche Situation mag zwar für ein Unternehmenscontrolling, meist gepaart mit der Kultur der Vertrauensarbeitszeit, einfacher und personal- oder betriebswirtschaftlich vorteilhaft sein. Eine solche Vorgehensweise liefert jedoch kein Abbild der Realität und führt damit alle darauf basierende Steuerung von Prozessen als geforderte Eigenschaft einer CL2-Reife ad absurdum.

Abwertungsgrund 6
GP 2.1.2: Budgetpolitische Aufwandsziele ablehnen

Bewerten Sie in einer Situation wie in Hinweis 4 für Assessoren (S. 35) GP 2.1.2 nicht mehr mit F.

Grund: Auch wenn es psychologisch nachvollziehbar und verständlich ist, sind solche wirtschaftlichen oder unternehmenspolitischen Gründe keine ausreichende Grundlage für das Steuern von Prozessen. Prozesssteuerung auf CL2 richtet sich nach dem fachlich-inhaltlichen Sinn technischer Arbeit, der im Prozesszweck auf CL1 seinen Ursprung hat.

Nicht-Abwertungsgrund 3
GP 2.1.2: Keine Schätzdatenbasen vorhanden

Sie können GP 2.1.2 nicht durch die Abwesenheit von attributbasierten Schätzdatenbasen (siehe Abschnitt 4.1.1, S. 29) abwerten, da es auf CL2 keine Forderung danach gibt. Dies ist auch in Anmerkung 4 bei MAN.3 BP 5 *Projektabschätzungen und Ressourcen* nicht explizit gefordert, wo es um die Nutzung geeigneter Schätzmethoden geht.

Sie müssen also bewerten, ob die genutzte Schätzmethodik nachvollziehbar und für den Kontext plausibel ist.

Abwertungsgrund 7
GP 2.1.2: Unplausible oder nicht reproduzierbare Aufwandsschätzung [VDA_BG]

Werten Sie GP 2.1.2 ab, wenn die Schätzmethode unplausibel oder nicht reproduzierbar ist. Ein Negativbeispiel wäre, wenn die Schätzungen von einer Einzelperson vorgenommen werden, ohne die Parteien zu involvieren, die geschätzt werden, oder ohne ein Review durch weitere Personen [VDA_BG]. Weitere Negativbeispiele siehe Abwertungsgrund 5 (S. 83) und Abwertungsgrund 6 (S. 83).

Sinnvolle Ansätze sind z.B., wenn die Aufwandsergebnisse von vergleichbaren Vorgängerprojekten genutzt wurden [VDA_BG] oder attributbasierte Schätzdatenbasen vorhanden sind (siehe hierzu jedoch Nicht-Abwertungsgrund 3, oben).

Abwertungsgrund 8
GP 2.1.2: Planung umfasst nicht alle für PA 2.2 notwendigen Aktivitäten

Auch wenn GP 2.1.2 unter PA 2.1 geführt wird, bezieht es sich dennoch auf die gesamte Leistung des CL2. Daher muss die Planung z.B. auch eine Arbeitsproduktprüfung (GP 2.2.4) umfassen.

Anmerkung: Wenn die Bewertung für GP 2.2.1 und GP 2.2.2 kein F ergibt, so folgt daraus jedoch *nicht*, dass auch GP 2.1.2 abgewertet werden muss. Der Grund dafür ist, dass GP 2.2.1 und GP 2.2.2 nur die Regeln des Wie für das Arbeitsproduktmanagement festlegen, sie beinhalten selbst keine Planungsaussage. Planungsaussagen liegen bei PA 2.1.

4.3.2.3 GP 2.1.3 Überwachung

Es gilt hier auch Abwertungsgrund 8 (S. 84), da Überwachung sich auf alle Planung bezieht.

Konsistenzwarner 11
GP 2.1.3: Häufigkeit der Plananpassung

Für die Frequenz von Planungsrevisionen konkrete, feste Regeln aufzustellen ist kaum sinnvoll. Es ist aber durchaus sinnvoll zu sagen, dass diese Frequenz von der Länge der Releases abhängig zu machen ist.

Beispiele:
- Auf der höchsten Projektebene bei Projektlaufzeiten von 2 bis 3 Jahren und Musterphasen von 6 Monaten: monatlich, zweimonatlich oder quartalsweise.
- Auf Softwareebene
  - bei monatlichen Releases: wöchentlich
  - bei Releases von 6 Monaten: 14-tägig oder monatlich

4.3 Bewertungshilfen aus Sicht von Capability Level 2

Zusätzlich zu dieser Planungsfrequenz findet Neuplanung immer auch ereignisgetrieben durch Aufkommen von Change Requests (SUP.10), Problemmeldungen (SUP.9) und Umstrukturierung von Aktivitäten im Projekt statt.

Siehe hierzu auch Nicht-Abwertungsgrund 5 (S. 87).

Abwertungsgrund 9
GP 2.1.3: Buchen von Sollstunden anstatt von Iststunden

Wenn beim Buchen von Aufwänden nicht die tatsächlich anfallenden Iststunden, sondern stattdessen nur die vertraglich definierten Sollstunden verteilt werden, dann werten Sie GP 2.1.3 (und auch MAN.3 BP 5 *Projektabschätzungen und Ressourcen*) ab.

Abwertungsgrund 10
GP 2.1.3: Buchen auf »irgendwelche« Projekte

Buchen Mitarbeiter auf Projekte, für die sie nicht gearbeitet haben, um Stunden unterzubringen (siehe Hinweis 11 für Assessoren, S. 50), dann werten Sie GP 2.1.3 ab, da dies jede Grundlage für Aufwandsüberwachung entzieht.

Abwertungsgrund 11
GP 2.1.3: Überlastung personeller Ressourcen

Wird aus der Aufwandsüberwachung nicht auch die Überlastung von Mitarbeitern ermittelt, werten Sie GP 2.1.3 ab.

Grund: Für das Steuern eines Prozesses auf dem Niveau des CL2 sind valide Daten unabdingbar (siehe Hinweis 12 für Assessoren, S. 51).

Abwertungsgrund 12
GP 2.1.3: Inkonsistenz von Planungsdaten

Werten Sie GP 2.1.3 maximal mit P, wenn beim Überwachen

- von Budgetaufzehrung,
- der verbleibenden Zeitkontingente in Richtung Termine und
- des inhaltlichen Arbeitsfortschritts

diese Aspekte nicht stets auch *gegeneinander* auf Plausibilität abgeglichen werden[11].

Die o.g. Aspekte werden für sich allein meist überwacht, ein Abgleich jedoch oft vergessen.

---

11. Wie zu Beginn von Abschnitt 4.1.1 über GP 2.1.1 (S. 29) bei der Erklärung zu Arten von Prozesszielen bereits angedeutet.

Beispiel: Es ist 80 % des geplanten Maximalaufwands zwei Wochen vor einer Auslieferung bereits verbraucht (was für sich allein plausibel erscheinen kann), jedoch ist erst 20 % Arbeitsfortschritt erreicht.

Abwertungsgrund 13
Bewerten Sie GP 2.1.3 immer nur so hoch wie GP 2.1.2 [intacsPA]

Überwachung setzt die Existenz einer Planung voraus, daher kann immer nur in dem Umfang überwacht werden, in dem vorher geplant worden ist. Dies ist in Automotive SPICE explizit angegeben, indem sich die Formulierung von GP 2.1.3 inhaltlich auf GP 2.1.2 bezieht.

Abwertungsgrund 14
GP 2.1.3 ist auch abhängig von der Bewertung von GP 2.2.3 und GP 2.2.4

Man könnte annehmen, aus einer Abwertung von GP 2.2.3 und/oder GP 2.2.4 ergibt sich auch eine Abwertung von GP 2.1.3, da das Vernachlässigen von Arbeitsproduktmanagement und -prüfung durch Monitoring hätte entdeckt werden müssen.

Tatsächlich aber ist dies nicht der Fall, denn inhaltlich adressieren GP 2.2.3 und GP 2.2.4 nur das *operative Durchführen*, d.h., sie beinhalten keine Planungs- und Überwachungsaussage über sich selbst. Die Planungsaussagen für alle PA-2.2-Aktivitäten stecken mit in GP 2.1.2. Das bedeutet, das Vernachlässigen der Steuerung aller PA 2.2-Aktivitäten wird im bei PA 2.1 und nicht innerhalb von PA 2.2 bestraft.

4.3.2.4   GP 2.1.4 Anpassung

Abwertungsgrund 15
Bewerten Sie GP 2.1.4 maximal so hoch wie GP 2.1.3 [intacsPA]

Anpassung setzt die Existenz einer Planung und eine darauf basierende Überwachung voraus, daher kann immer nur in dem Umfang angepasst werden, in dem vorher durch Überwachung Soll-Ist-Unterschiede überhaupt festgestellt wurden.

Ausnahme: Sie können bei der Bewertung von GP 2.1.4 den Aspekt belohnen, wenn auch ohne eine Planung und Überwachung situativ, aber erfolgreich auf Schieflagen reagiert wird. Wenn Sie also GP 2.1.3 z.B. auf N oder P setzen, so könnten Sie GP 2.1.4 z.B. auf P oder L setzen. In keinem Fall sollten Sie in solch einem Szenario GP 2.1.4 auf F setzen.

Abwertungsgrund 16
GP 2.1.4 ist auch abhängig von der Bewertung von GP 2.2.3 und GP 2.2.4

Wenn GP 2.1.3 zwar korrekterweise das operative Arbeitsproduktmanagement (GP 2.2.3) und die operative Arbeitsproduktprüfung (GP 2.2.4) überwacht (also wenn Abwertungsgrund 14 auf S. 86 nicht gegeben ist), dafür aber dann keine Anpassung erfolgt, obwohl sie notwendig wäre, dann werten Sie GP 2.1.4 zusätzlich zu Abwertungsgrund 15 oben ab.

Nicht-Abwertungsgrund 4
GP 2.1.4: Keine versionierten Pläne

Der Hinweis 13 für Assessoren (S. 53) besagt, dass durch Vergleichen zweier Versionen von Planungsdokumenten (wenn Planungsdokumente versioniert werden) eine Anpassung im Sinne von GP 2.1.4 nachgewiesen werden kann.

Sie dürfen jedoch umgekehrt GP 2.1.4 nicht abwerten, wenn keine Versionen von Planungsdokumenten existieren und die Assessierten Ihnen *auf diese Weise* GP 2.1.4 nicht beweisen können. Der Grund ist, dass die Entscheidung, ob Planungsdokumente versioniert werden sollen, eine Entscheidung der Assessierten bei SUP.8 BP 1 und BP 2 ist und nicht von einem Prozessbewertungsmodell oder einem Assessor vorgeschrieben werden kann: Dass Versionierung von Planungsdokumenten zwar sinnvoll ist, weil dadurch auch der Aufbau von Schätzdatenbasen möglich wird (vgl. Abschnitt 4.1.1, S. 29) und die Assessierten sich auch leichter tun, Ihnen GP 2.1.4 zu beweisen, bedeutet nicht, dass dies von außen diktiert werden kann.

Nicht-Abwertungsgrund 5
GP 2.1.4 ist noch nicht notwendig geworden

Wenn bis zum Zeitpunkt des Assessments noch keine Anpassung notwendig wurde, weil es keine Abweichungen gegeben hat, dann dürfen Sie GP 2.1.4 nicht abwerten. Bewerten Sie in solch einem Fall die GP 2.1.4 gleich der GP 2.1.3.

Abwertungsgrund 17
Bewerten einer ständigen Abweichung vom Plan (GP 2.1.4 vs. GP 2.1.2/GP 2.1.3)

Szenario 1:
Es stehen für das Systemtesten in einer separaten Organisationseinheit keine ausreichenden Ressourcen zu Verfügung. Zwar werden alle notwendigen Tests inhaltlich vollständig durchgeführt, über die Projekte hinweg verspäten sich aber die Testzyklen, und der Andrang am Flaschenhals Systemtestabteilung wird immer größer.

Nehmen wir aber an, diese Verzögerungen werden im Abteilungsplan stets korrekt reflektiert, sodass permanent transparent ist, wann erst welches Projekt an die Reihe kommen kann. Nehmen wir weiter an, Eskalationen verhallten ungehört, d.h., sie wurden vom Management nicht geklärt.

Bewerten Sie in einem solchen Szenario die GP 2.1.2 und GP 2.1.3 hoch, da
- die Projekte planerisch in der Lage sind, anzugeben, wann Testzyklen notwendig sind, und
- die Systemtestabteilung das Soll mit dem Ist stets abgleicht und deren Pläne zeitnah überarbeitet.

Bewerten Sie jedoch GP 2.1.4 niedrig. Die Lage wurde zwar eskaliert und vom Management auch betrachtet. Es hat jedoch keine Reaktion gegeben, die aus Sicht der Projekte das Hinterherhecheln hinter der Realität stoppt. Es wurde auf den auf allen Schultern liegenden Prozess SYS.5 *Systemtest* nicht steuernd eingegriffen, es wird in der Planung nur hinterherdokumentiert.

GP 2.1.6 *Ressourcen* ist hier ebenfalls abzuwerten.

Szenario 2:
Dasselbe Szenario wie oben, nur diesmal widmet sich das Management den Eskalationen, bewertet sie und kommt zur unternehmerischen Entscheidung, dass der Ressourcenmangel aus unternehmerischen Gründen nicht ausgeglichen werden kann und wird.

Hier dürfen Sie GP 2.1.4 *nicht* abwerten, da der Prozess des Anpassens nicht versagt hat: Die Informationen lagen vor, wurden weitergereicht und es wurde eine Entscheidung getroffen. Allein *das(!)* muss der Prozess gewährleisten. Die tatsächliche *inhaltliche* Entscheidung der höchsten Stelle kann der Prozess*fähigkeit* nicht zur Last gelegt werden.

4.3.2.5 GP 2.1.5: Verantwortlichkeiten und Befugnisse

Nicht-Abwertungsgrund 6
GP 2.1.5: Keine formalen Rollendefinitionen

Aus Hinweis 9 für Assessoren (S. 46) ergibt sich, dass Sie die GP 2.1.5 nicht abwerten dürfen, wenn keine formalen Rollendefinitionen vorhanden sind, wie man sie von CL3 kennt.

Nicht-Abwertungsgrund 7
GP 2.1.5: Schriftlich fixierte Regeln, oder nicht?

In Abschnitt 4.1.4 (S. 46) über GP 2.1.5 haben wir gesehen, dass und warum im Projekt vereinbarte Verantwortlichkeiten und Befugnisse nicht grundsätzlich pauschal immer dokumentiert sein müssen, ohne den konkreten Kontext zu betrachten.

Was Sie hier tatsächlich bewerten müssen, ist nicht, ob das Projekt zur Dokumentation von Festlegungen in der Lage ist, sondern, ob Festlegungen

a) existieren
b) ob sie wirklich gelebt und
c) auch effektiv bzgl. der Ergebnisse sind.

Erfüllen mündliche Festlegungen dies tatsächlich, dann dürfen Sie GP 2.1.5 wegen Undokumentiertheit nicht abwerten. Wie dies in Interviews erreicht werden kann, siehe Hinweis 10 für Assessoren, S. 47.

Abwertungsgrund 18
Bewertung von GP 2.1.5 wirkt auf das gesamte PA 2.1 und auf PA 2.2 zurück

Wenn es große Mängel bei der Verantwortlichkeitszuteilung oder der Kenntnis über Verantwortlichkeitszuteilung gibt und Sie somit für GP 2.1.5 kein F oder L vergeben können, dann bewerten Sie das übergeordnete Prozessattribut PA 2.1 nicht mehr höher als L, auch, wenn sich nach Ihren Bewertungen der einzelnen GPs rein rechnerisch ein F ergäbe.

Grund: Wenn z. B.

- der Projektleiter aussagt, dass der Qualitätssicherer für die Auswertung der Fehlerdichten zuständig ist, der Qualitätssicherer aber antwortet, dass der Seniorprogrammierer dies zu tun hat,
- der Qualitätssicherer aussagt, dass der Seniorprogrammierer zu Codereviews einlädt, dieser aber entgegnet, dass dies der Qualitätssicherer als Leiter der Runde einfordert,

dann wird jede ernstgemeinte ergebnisorientierte Planung nicht mehr allzu lange Bestand haben. Selbst wenn zum Assessmentzeitpunkt die Planung noch der Realität entspricht, bleiben unzureichende Befugnisse und Verantwortlichkeiten ein unmittelbares Risiko für die Planungs- und Steuerungsgüte der Organisationseinheit oder des Projekts, denn ein Assessment ist immer nur ein Abbild eines bestimmten Zeitpunktes und keine Aussage über die Zukunft. Derartige Prozessrisiken können keine volle Leistung für PA 2.1 mehr bedeuten.

4.3.2.6 GP 2.1.6 Ressourcen

Auch hier gilt Abwertungsgrund 17 (S. 87) und Abwertungsgrund 27 (S. 94).

Abwertungsgrund 19
GP 2.1.6: Unzureichende oder nicht rechtzeitige Qualifizierung der Mitarbeiter

Werten Sie GP 2.1.6 ab, wenn Qualifizierung

- gar nicht,
- nicht prozess-/aufgabengerichtet oder
- zwar prozess-/aufgabengerichtet, aber nicht rechtzeitig erfolgt.

Werten Sie GP 2.1.6 auch dann ab, wenn die Qualifizierung nicht effektiv war, da es nicht nur darum geht, *ob* sie stattgefunden hat.
Werten Sie GP 2.1.6 ebenfalls ab, *wenn* das Anheuern von externen Beratern rein zum Zweck einer verlängerten Werkbank geschieht *und* hierbei kein *effektiver* Know-how-Transfer geschieht.

Grund: Reine mitarbeitende Anwesenheit ohne effektiven Know-how-Transfer an Interne ist für die Leistung eines CL1 in Ordnung, jedoch nicht für das Ziel eines Capability Level 2, wiederholbaren Prozesserfolg darzustellen.

Zu grundsätzlichen Qualifizierungsmöglichkeiten siehe Hinweis 6 für Assessoren, S. 42).

Abwertungsgrund 20
Bewertung von GP 2.1.6 wirkt auch auf PA 2.2 zurück

Die Ressourcen müssen ebenso für GP 2.2.3 (z.B. Werkzeuge) und GP 2.2.4 (z.B. die Prüfer, ggf. Checklisten etc.) bestimmt werden. Dies geht auch aus Abwertungsgrund 8 (S. 84) und Hinweis 14 für Assessoren (S. 54) hervor. Bewerten Sie daher GP 2.1.6 maximal mit L, wenn dies nicht beachtet wurde.

Abwertungsgrund 21
Bewerten Sie GP 2.1.6 nie höher als GP 2.1.2

GP 2.1.6 sagt explizit, dass Ressourcen gemäß der Planung in GP 2.1.2 bereitgestellt werden sollen. Eine treffende Ressourcenbestimmung fällt tatsächlich nicht vom Himmel, sondern ist notwendigerweise immer plangeleitet. Somit kann nur so viel Ressourcengarantie erfolgen, wie auch geplant worden ist.

4.3.2.7 GP 2.2.1 Anforderungen an die Arbeitsprodukte

Nicht-Abwertungsgrund 8
GP 2.2.1: Nicht-Existenz von Vorlagen (Templates)

Aufgrund von Hinweis 15 für Assessoren dürfen Sie GP 2.2.1 nicht abwerten, wenn keine Vorlagen (Templates) existieren, da Automotive SPICE dies nicht verlangt.

Beachten Sie aber:
- Diese Aussage bedeutet nicht, dass es keine strukturellen Qualitätskriterien für Arbeitsprodukte geben muss (vgl. Abschnitt 4.2.1, S. 56) – es bedeutet nur, dass dies nicht durch das Mittel von Vorlagen geschehen muss.
- Werden durch einen Standardprozess auf CL3 Vorlagen vorgegeben, dann sind diese für GP 2.2.1 implizit (siehe hierzu Hinweis 45 für Assessoren, S. 210).

Nicht-Abwertungsgrund 9
GP 2.2.1: Vorlagen (Templates) aus Vorgängerprojekten

Werden Vorlagen aus anderen oder Vorgängerprojekten benutzt (ob abgewandelt oder unverändert), dann dürfen Sie GP 2.2.1 nicht abwerten (vgl. Nicht-Abwertungsgrund 8 oben und Hinweis 16 für Assessoren, S. 57).

Grund: Es geht bei der GP 2.2.1 allein darum, Vorgaben für die Arbeitsergebnisse zu machen, die nutzbringend und qualitätserhöhend sind, und Vorlagen sind ein mögliches Mittel, dies zu leisten. Wo diese Vorlagen herkommen, ist der GP 2.2.1 egal, solange sie sinnvoll sind und beachtet werden. Vorlagen müssen nicht in jedem Projekt von Grund auf neu erfunden werden.

Nicht-Abwertungsgrund 10
GP 2.2.1: Vorlagen aus Standardprozess ignoriert

Existiert ein Standardprozess und bietet er Vorlagen an, dann ist klar, dass erwartet wird, diese zu nutzen. Es könnte jedoch dennoch sein, dass das Projekt andere Vorlagen nutzt, weil diese z. B. für nutzbarer gehalten werden oder die Standardvorlagen nicht bekannt waren. Wenn diese anderen genutzten Vorlagen aber sinnvoll und zielführend sind, dürfen Sie GP 2.2.1 nicht abwerten – das Ignorieren von Standardvorlagen wird allein bei GP 3.2.1 abgewertet (siehe dazu auch Abwertungsgrund 36, S. 236).

Grund: Es geht bei der GP 2.2.1 nur darum, Vorgaben für die Arbeitsergebnisse zu machen, die nutzbringend und qualitätserhöhend sind, wo immer sie auch herkommen.

Nicht-Abwertungsgrund 11
GP 2.2.1: Checklisten sind nicht zwingend

Checklisten sind in Automotive SPICE nicht gefordert. Es geht bei GP 2.2.1 allein darum, *dass* Qualitätskriterien vorhanden sind, es wird von Automotive SPICE nicht vorgegeben welche oder in welcher Form. Dass Checklisten in der Praxis üblich sind, bedeutet nicht, dass das gerade assessierte Projekt automatisch ein Risiko besitzt, weil keine Checklisten erstellt wurden. Sie dürfen daher GP 2.2.1 wegen Abwesenheit von Checklisten nicht abwerten, es sei denn, es liegt Abwertungsgrund 25 vor (S. 93).

Beachten Sie aber: Diese Aussage bedeutet nicht, dass es keine Qualitätskriterien für Arbeitsprodukte geben muss (vgl. Abschnitt 4.2.1, S. 56) – es bedeutet nur, dass dies nicht durch das Mittel von Checklisten geschehen muss.

Abwertungsgrund 22
GP 2.2.1: Weder Checklisten noch Qualitätskriterien

Existieren keine Checklisten (siehe Nicht-Abwertungsgrund 11 oben) und

- hat zudem *keinerlei Beschäftigung* mit Qualitätskriterien stattgefunden, d.h., es wurde gar nicht darüber nachgedacht
- oder es kann nicht argumentiert werden, warum die gewählten Kriterien die richtigen sind,

dann bewerten Sie GP 2.2.1 nicht mehr mit F.

Aber: GP 2.2.1 kann noch L oder P sein, da inhaltliche Qualitätskriterien nicht die einzigen Kriterien sind, gegen die in GP 2.2.4 geprüft wird.

Abwertungsgrund 23
GP 2.2.1: Qualitätskriterien des CL1 nicht bei CL2 beachtet

Wenn bei GP 2.2.1 nicht wahrgenommen wird, dass auch die CL1-Qualitätskriterien gesteuert erreicht werden müssen, d.h., wenn bei GP 2.2.1 nur »höhere« CL2-Qualitätskriterien zugrunde gelegt werden (siehe Klassifikation und Diskussion in Abschnitt 4.2.1.2, S. 58, *Inhaltliche Qualitätskriterien*), dann werten Sie GP 2.2.1 ab.

Aber: GP 2.2.1 kann noch L oder P sein, da inhaltliche Qualitätskriterien nicht die einzigen Kriterien sind, gegen die in GP 2.2.4 geprüft werden kann.

4.3.2.8 GP 2.2.2 und GP 2.2.3 Anforderungen an Arbeitsprodukte

Auch hier gilt Abwertungsgrund 14 (S. 86).

Abwertungsgrund 24 (mit Ausnahme)
Bewerten Sie GP 2.2.3 stets niedriger oder gleich GP 2.2.2 [intacsPA]

Die GP 2.2.3 baut insofern auf GP 2.2.2 auf, als dass GP 2.2.3 die operative Einhaltung dessen verlangt, was im Rahmen der GP 2.2.2 definiert wurde. Insofern kann die Bewertung von GP 2.2.3 nie höher ausfallen als die für GP 2.2.2, denn was nicht definiert ist, kann auch nicht eingehalten werden.

Ausnahme: Belohnen Sie es, wenn einzelne Mitarbeiter initiativ die Dokumentation und Kontrolle ihrer Arbeitsprodukte in durchdachter und sinnvoller Weise betreiben, ohne dass etwas vom Projekt oder der Organisationseinheit vorgegeben wurde – psychologische Motivation für Prozessverbesserung ist wichtig! Bewerten Sie bei solcher Eigeninitiative (sofern tatsächlich zielführend) GP 2.2.3 höher als GP 2.2.2, jedoch GP 2.2.3 nie als F.

4.3.2.9 GP 2.2.4 Prüfung der Arbeitsprodukte

Auch hier gilt Abwertungsgrund 14 (S. 86).

Abwertungsgrund 25
GP 2.2.4: Ignorieren existierender Checklisten bei Prüfungen

Wenn Checklisten existieren (vgl. hier mit Nicht-Abwertungsgrund 11, S. 92), sie aber ignoriert oder nur teilumfänglich beachtet werden, dann müssen Sie GP 2.2.4 abwerten.
Anmerkung: Die Frage, ob dies nicht stattdessen bei GP 2.2.1 abgewertet werden sollte, ist eine reine Empfindungssache, da letztendlich ohnehin das PA 2.2 gesamthaft bewertet wird.

Abwertungsgrund 26 (mit Ausnahme)
Bewerten Sie GP 2.2.4 stets niedriger oder gleich GP 2.2.1 [intacsPA]

Die GP 2.2.4 baut insofern auf GP 2.2.1 auf, als dass GP 2.2.4 die Prüfung genau danach verlangt, was im Rahmen der GP 2.2.1 definiert wurde. Insofern kann die Bewertung von GP 2.2.4 nie höher ausfallen als die für GP 2.2.1, denn was nicht vorgegeben ist, kann auch nicht abgeprüft werden.

Ausnahme: Belohnen Sie es, wenn trotz Abwesenheit von durch das Projekt oder die Organisationseinheit definierten Kriterien Mitarbeiter initiativ Arbeitsergebnisse nach deren eigenen impliziten, aber konstruktiven Kriterien prüfen – psychologische Motivation für Prozessverbesserung ist wichtig! Bewerten Sie bei solcher Eigeninitiative (sofern tatsächlich zielführend) GP 2.2.4 höher als GP 2.2.1, jedoch GP 2.2.4 nie als F.

Nicht-Abwertungsgrund 12
GP 2.2.2: Unvollständigkeit von Vorgaben

Folgefrage aus Abwertungsgrund 26:

Prüfen Mitarbeiter bei GP 2.2.4 tatsächlich mehr ab, als die vorgegebenen Kriterien umfassen, dann muss die Frage gestellt werden, ob die definierten Kriterien überhaupt ausreichend sind. Es sollte alles Sinnvolle, tatsächlich Geprüfte auch den Rang vorgegebener Kriterien haben, denn die Weiterentwicklung von Qualität lebt auch vom Feedback und den Vorschlägen der Mitarbeiter. Verfahren Sie wie folgt:

- Bei Anwendung von Abwertungsgrund 26 (s. o.) werten Sie GP 2.2.2 nicht noch einmal ab.
- Werten Sie GP 2.2.2 gegenüber GP 2.2.3 ab, wenn Sie Abwertungsgrund 26 nicht angewendet haben.

Abwertungsgrund 27
GP 2.2.4: Prüfabdeckung bei Ressourcenknappheit

Szenario:
Die Ressourcen in einem Projekt sind ungenügend, um die notwendige Abdeckung und Frequenz von Arbeitsproduktprüfung zu gewährleisten. Die Prüfabdeckung und -frequenz wurden aber immerhin so gewählt, dass man mit den begrenzten Ressourcen gerade mal jedes Arbeitsprodukt einmal prüfen konnte.

Werten Sie in einem solchen Fall GP 2.2.4 ab. Werten Sie wegen Ressourcenmangel zudem GP 2.1.6 ab. Stellen Sie im Assessmentreport und bei der Ergebnispräsentation, insbesondere gegenüber dem Management, zwei Dinge kristallklar heraus:

- Der Ressourcenmangel ist die Ursache für das Qualitätsrisiko, und Ressourcenmangel ist kein Kavaliersdelikt! Nicht das *Bemühen* um Arbeitsproduktqualität ist das, was Punkte bringt, sondern die *tatsächlich erreichte Qualität*!
- Weder das Projekt noch ein einzelner Qualitätsmitarbeiter trägt allein die Verantwortung für den Prozess – diese Verantwortung liegt ebenso auf den Schultern der Linienorganisation wegen der Verantwortung für Ressourcen (siehe hierzu auch GP 2.1.7).

5 Capability Level 2 – prozessspezifische Interpretation

In diesem Kapitel werden viele Erkenntnisse aus Kapitel 4 spezifisch auf die einzelnen Prozesse des HIS Scopes angewendet und erweitert. Das bedeutet, dass Kapitel 4 vorher gelesen werden sollte. Es wurde hier bewusst kein durchgängiges Praxisszenario gewählt, an dem die einzelnen Prozesse illustriert werden, da ein solches immer nur bestimmte Aspekte beinhaltet. Ziel dieses Buchs ist es jedoch, möglichst viele Optionen aufzuzeigen.

Da das Buch auch als Nachschlagewerk während eines Assessments dienen soll, wiederholen sich viele Aussagen zu bestimmten GPs (z.B. welche Arbeitsprodukte bei Testprozessen wie zu prüfen sind), um Verweise und damit ein Hin- und Herblättern möglichst zu vermeiden. Um andererseits aber auch die Redundanz etwas zu verringern, gibt es für bestimmte Inhalte eigene Unterkapitel (z.B. Voraussetzungen an Ausbildung für den Umgang mit Werkzeugen oder Gemeinsames für SUP.8, SUP.9 und SUP.10).

Die Reihenfolge der Prozesse orientiert sich entlang des V-Modell-Prinzips von links oben nach rechts unten. Innerhalb der Prozesse wird jedoch meist nicht der Reihenfolge, die der Nummerierung der GPs entspricht, gefolgt, weil dies didaktisch vorteilhafter ist (z.B. wird erst erklärt, welche die Ressourcen sind, um danach für die personellen Ressourcen angeben zu können, welche Kompetenzen sie benötigen).

5.1 Spezifisches für alle Prozesse

5.1.1 GP 2.1.1 – Prozessziele (Performance Objectives)

Termine und Dauern [Metz 09], [intacsPA]

Findet Feedback über die Werkzeugnutzung der Anwender gegenüber den Administratoren statt, z.B. im Rahmen von Lessons Learned, oder gegenüber den Verantwortlichen für die Standardprozesspflege im Falle eine CL3, dann kann dies als ein terminorientiertes Prozessziel angesehen werden.

> **Hinweis 28 für Assessoren**
> **Aspekte zu Infrastruktur und Werkzeugen bei den jeweiligen Prozessen bewerten?**
> Anstatt Aspekte zu Infrastruktur, Werkzeugen und Administration (wie Pflege und Einrichtung von Werkzeugen, Sorgen für ausreichende Lizenzen etc.) in die Bewertung des CL2 eines jeden Prozesses hineinzunehmen, könnte man sagen, dass dies in einem Prozess *Infrastrukturmanagement* zu bewerten ist, wie er z.B. in ISO/IEC 15504-5:2012 unter ORG.2 existiert.
> In diesem Buch wird jedoch der Vorschlag gemacht, dies bei den Prozessen individuell zu tun, da
>
> a) ein solcher Infrastrukturmanagementprozess nicht Teil von Automotive SPICE v3.0 ist, und selbst, wenn er es wäre: Er würde auf CL2 aller Prozesse genauso zurückwirken wie z.B. die SUP-Prozesse,
> b) GP 2.1.6 explizit Infrastrukturressourcen benennt und infolgedessen Administratoren als Stakeholder bei GP 2.1.7 gesehen werden können,
> c) gerade Infrastrukturorientiertes für SUP.9 und SUP.10 ein gutes Beispiel ist, um die Leistung des CL2 gegen die des CL1 abzugrenzen (siehe hierzu auch Hinweis 36 für Assessoren, S. 177).

5.1.2 GP 2.1.2, GP 2.1.3, GP 2.1.4 – Planung, Überwachung und Anpassung

Das bloße Besitzen von Lizenzen für Werkzeuge ist kein Prozessziel, da man diese bereits benötigt, um die Ziele von CL1 zu erreichen. Das Sicherstellen von *ausreichenden* Lizenzen wiederum ist eine Planungsaufgabe für geordnet ablaufende Prozesse. Denn: Die Ziele des CL1 könnte man bei nicht ausreichender Anzahl von Lizenzen auch dadurch erreichen, dass der Mitarbeiter mit dem größten technischen Wissen z.B. alle Problemmeldungen und CRs an einem Wochenende noch schnell durchackert.

Ebenso gehört die Ausbildung für alle geforderten Abläufe und Werkzeuge zur Planung, da nach GP 2.1.6 qualifizierte Ressourcen *rechtzeitig* vorhanden sein müssen [Metz 09], [intacsPA]. Dazu rechne ich auch einen Austausch von Erfahrungsfeedback zwischen Werkzeugadministratoren und Benutzern, s.o.

Fallen für vom Unternehmen bereitgestellte Werkzeugadministratoren im Projekt Aufgaben an wie z.B. Aufsetzen von Repositories und Einrichten von Nutzern etc., so werden diese ebenso im Projekt geplant. Das Gleiche gilt, wenn es keine organisationseigenen Administratoren gibt und externe Dienstleister bestellt werden müssen.

5.1.3 GP 2.1.5 – Verantwortlichkeiten und Befugnisse

Für projektseitige oder unternehmensweite Werkzeugadministratoren (z.B. in IT-Bereichen) [Metz 09] müssen deren Kompetenzbereiche und Aufgaben klar geregelt sein.

5.1.4 GP 2.1.6-Ressourcen

Die eingeplanten Werkzeuge und Lizenzen müssen bereitgestellt werden. In Abwesenheit von Standardprozessen (CL3) passt man ggf. die SW-Werkzeuge mehr oder weniger stark an die projekteigenen Abläufe an (*customizing* oder *scripting*), wenn entsprechend tiefe Kenntnisse über die Werkzeuge im Projekt vorhanden sind [Metz 09].

Die Qualifikation aller am Prozess Beteiligten muss dann die Nutzung der (eventuell angepassten) Werkzeuge und Infrastruktur umfassen. Sie muss aber auch die notwendigen technischen Produkt- und Domänenkenntnisse sowie hinreichende berufliche Erfahrung einschließen, die notwendig ist.

5.2 SYS.2 – Systemanforderungsanalyse

Beachten Sie hier zuerst Abschnitt 5.1.

5.2.1 GP 2.1.1 – Prozessziele (Performance Objectives)

Termine und Dauern

Anforderungsspezifikationen müssen nicht gesamthaft zu einem Termin fertiggestellt sein. Es müssen diejenigen funktionalen und nichtfunktionalen Anforderungen für bestimmte Funktionaltäten zu denjenigen Terminen fertiggestellt, geprüft und abgenommen (GP 2.2.3, GP 2.2.4) sein, die nach Release- und Musterplanung des Projekts [Metz 09] vereinbart worden sind[1].

Am Beispiel eines mechatronischen Systems einer automatischen Heckklappe könnte dies wie folgt aussehen:

Beispiel 12

- 8 Monate vor dem Liefertermin für B1-Muster muss das automatische Öffnen und Schließen (also das Verhalten) und deren nichtfunktionale Anforderungen (d.h. die operativen Eigenschaften und Randbedingungen dafür, z.B. wie schnell, wie laut, mit welcher maximalen Kraft) beschrieben sein.
- 8 Monate vor C1-Musterlieferungen muss der indirekte Einklemmschutz und seine Diagnosen, eine Gebrauchssicherheits-Funktionalität, die das Verletzen durch automatische Bewegungen ausschließt, fertig spezifiziert sein. Die funktionalen Anforderungen sind hier das Stoppen und anschließende Reversieren der Heckklappe, nichtfunktionale Anforderungen wären hier u.a., innerhalb welcher Zeit ein Hindernis erkannt und der Aktuator daraufhin gestoppt werden muss.

---

1. Zum Unterschied zwischen Abnahme nach GP 2.2.2 und den BPs über »Communicate...« in der Engineering-Prozesskette siehe Hinweis 8 für Assessoren, S. 45.

> **Exkurs 8**
> **Wo und wie ist Releaseplanung in Automotive SPICE enthalten?**
>
> Product Release Management ist etwas, was bereits auf CL1 geleistet werden muss. Es wurde hierfür jedoch kein eigener Prozess geschaffen, der Aspekt ist jedoch wie folgt verteilt:
>
> - MAN.3 BP 7
>   Für alle Parteien muss vereinbart worden sein, welche Arbeitsprodukte, Informationen oder welches Produkt die Parteien benötigen [VDA_BG].
> - Der Prozess SPL.2 *Product Release* widmet sich den tatsächlichen logistischen Produktlieferungen und deren inhaltlichen Umfängen [VDA_BG]. Er besitzt in diesem Zusammenhang auch explizit den Arbeitsproduktidentifikator 11-04 Produktlieferung (*Product Release Package*).
> - Produkte sind aus bestimmten Konfigurationselementen zusammengesetzt. Dies hat Bezug zu sowohl SUP.8 als auch SPL.2 *Product Release* [VDA_BG].
>
> Darüber hinaus sehen wir bei SYS.2 und SWE.1 in den Hinweisen zu jeweils BP 2, dass ein typisches Kategorisierungskriterium die Zuordnung zum Release ist.

Aufwände

Sollte ein Projekt eine Übernahmeentwicklung oder eine Ausprägung einer Produktlinie sein, können Maximalaufwände für das Nachbetrachten und Abändern der Basisanforderungen gestellt werden. Hierzu ist es dann aber notwendig, dass Sie ermitteln, welche Aufwände für bestimmte Projekttypen und -kategorien typisch sind, was wiederum das Aufstellen von Schätzdatenbasen begünstigt (vgl. Abschnitt 4.1.1).

Maximalaufwände müssen mit Terminen und Dauern, s.o., konsistent sein.

Die Abarbeitung von CRs ist zusätzlich als Teil der Steuerung dieses Prozesses zu beachten (siehe Exkurs 21, S. 175).

Methoden und Techniken

Für spezifische Schätzmethoden zur Ermittlung von Entwicklungsaufwand auf Basis von Anforderungen sei auf einschlägige Literatur verwiesen.

Ein Beispiel für eine technische Methode zur Anforderungsermittlung und -spezifikation ist die Use-Case-Methodik (siehe Abschnitt 2.7).

Das folgende Beispiel beschreibt eine Technik zum Herausfinden von funktionalen Abhängigkeiten, hier am Beispiel von Teilfunktionalitäten einer automatischen Heckklappe (diese Technik ist im Zusammenhang mit GP 2.1.5 im Falle verschiedener Autoren derselben Anforderungsspezifikation wichtig):

Beispiel 13

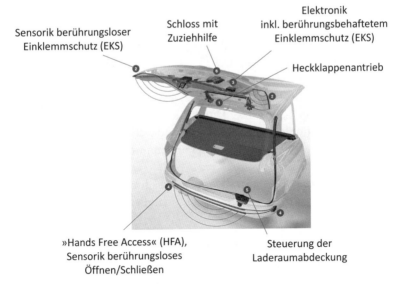

Abb. 5-1 Skizze des Aufbaus und der Funktionalitäten automatischer Heckklappen [Metz 14]

- **Zuziehhilfe**
Wenn die Heckklappe eine räumlich oberhalb der Endposition angebrachte Vorraste erreicht, zieht als Komfortfunktion ein Motor die Heckklappe in die Endposition und lässt nach voller Verrastung das Schloss verriegeln.

- **Hands Free Access** (HFA)
Hat man beide Hände voll, kann man durch einen angedeuteten Fußkick unterhalb der Stoßstange die Heckklappe öffnen lassen, wenn gleichzeitig der korrekte Funkschlüssel erkannt wird. Eine unter dem Fahrzeug laufende Katze soll dies jedoch nicht auslösen, wenn man gerade sich mit dem Nachbarn unterhaltend an der Heckklappe abstützt.

- **Schlossansteuerung**

- **Einklemmschutz** (EKS),
d.h. zuverlässige Erkennung von Widerständen, Stoppen des Aktuators und Reversieren der Klappe.

- **Thermoschutz**
für den Heckklappenantrieb. Spielen Kinder mit der Heckklappe durch dauerndes Öffnen und Schließen, könnte der Antrieb durch Motorüberhitzung Schaden nehmen.

Das Problem: Würden diese Teilfunktionen getrennt voneinander durch verschiedene Autoren spezifiziert, dann könnten daraus z. B. folgende Gefahren der Produktsicherheit entstehen:

- Hands Free Access (HFA) signalisiert dem verriegelten Schloss ein Öffnen. Dies darf jedoch nicht passieren, wenn sich das Fahrzeug bewegt oder gerade losfährt.
- Der Einklemmschutz (EKS) erkennt korrekt einen Widerstand, z. B. einen Kinderfinger an der Ladekante. Durch die mechanische Trägheit erreicht die Klappe aber gerade noch die Vorraste, wodurch die Zuziehhilfe aktiv wird und damit den Reversierwunsch des Einklemmschutzes zunichtemacht. Der Kinderfinger würde gequetscht.
- Der Thermoschutz für den Heckklappenantrieb kann in Konflikt geraten mit einer letzten notwendigen Motoransteuerung, die vom Einklemmschutz angefordert wird.

Analysetechnik (Skizze) zum Aufdecken dieser Gefahren:

1. Erstellen Sie eine Matrix aus den Funktionen des Systems.
2. Stellen Sie für jede Zelle in der Matrix anhand von Guide-Words[2] folgende Fragen:

- NICHT bzw. TEILWEISE
  (Was passiert, wenn beide Funktionen parallel ablaufen sollen, aber eine versagt oder nicht vollständig ausgeführt wird?)
- SOWOHL ALS AUCH
  (Was passiert, wenn beide Funktionen *nicht* parallel ablaufen sollen, dies aber doch überlappend geschieht?)
- FRÜHER bzw. SPÄTER (zeitlich)
  (Was passiert, wenn beide Funktionen zu verschiedenen Zeitpunkten ablaufen sollen, die eine davon aber zu früh oder zu spät geschieht?
- VORHER bzw. NACHHER (kausal)
  (Was passiert, wenn beide Funktionen sequenziell ablaufen sollen, dies aber nicht der Fall ist?

---

2. Adaptiert aus [IEC 61882].

5.2 SYS.2 – Systemanforderungsanalyse

↓ VOR →	Zuziehhilfe	Schloss	EKS	Thermo
Zuziehhilfe	–	✓	☹	✓
Schloss	✓	–	☹	✓
EKS	✓	✓	–	✓
Thermo	✓	✓	☹ ☹	–
Legende:				
☹☹ – Produktsicherheitsrisiko				
☹ – Qualitätsrisiko (Verletzung des Nominalverhaltens)				
✓ – Entspricht Nominalverhalten oder kein Risiko				

Abb. 5–2 *Vereinfachtes Analyseergebnis für Guide-Word VORHER*

Aus diesen Erkenntnissen entstehen zusätzliche Anforderungen an das Gesamtsystem oder an Teilsysteme.

5.2.2 GP 2.1.6 – Ressourcen

Ressourcen sind die Anforderungsautoren sowie die benötigten Softwarewerkzeuge und Lizenzen.

Beachten Sie Exkurs 21 (S. 175): Die Bearbeiter von CRs sind diejenigen Mitarbeiter, die ohnehin für die Anforderungserzeugung verfügbar sind, es wird für CRs keine weiteren neuen Mitarbeiter geben.

5.2.3 GP 2.1.5 – Verantwortlichkeiten und Befugnisse

In vielen Fällen ist eine einzige Person verantwortlicher Autor für alle Systemanforderungen. Es kann aber auch sinnvoll sein, mehrere Autoren für verschiedene Teile von Systemanforderungen zu haben (siehe Beispiel 13 oben): Jede der Heckklappen-Teilfunktionen ist in sich komplex, sodass eine Einzelperson alle fachliche Kompetenz kaum auf sich vereinigen kann. Aufgrund funktionaler Abhängigkeiten, Schnittstellen und Signalverarbeitungszeiten

- muss zwischen und in den Autorengruppen eine ständige Kommunikation herrschen und
- dabei werden von den Autorengruppen mechanische sowie SW- und HW-technische Beratung und Zuarbeit benötigt.

Wenn Sie Produktlinien betreiben, dann sind die Autoren als Ressourcen einzuplanen, die für die entsprechenden Teilfunktionen innerhalb der Standardanforderungsspezifikation zuständig sind. Das ist notwendig, weil sie die projektspezifischen Anforderungsautoren beraten.

5.2.4 GP 2.1.7 – Stakeholder-Management

Empfänger und Prüfer von Anforderungen sind:

- Systemtester mit Blick auf Testbarkeit [Metz 09]
- Mechanikkonstrukteure, HW- und SW-Entwickler [Metz 09]. Sie müssen die Systemanforderungen insoweit verstehen, als dass sie von diesen
    - spezifische Mechanik-, HW- und SW-Anforderungen ableiten müssen (zur Erinnerung: Automotive SPICE weist darauf hin, dass sich SW-Anforderungen auch ohne Umweg über Architektur und Design direkt aus Systemanforderungen ergeben können wie z.B. zu benutzende Busprotokolle – dies wäre auch für Hardware der Fall bei z.B. elektrischen Anforderungen an das Gesamtsystem)
    - oder gar die Systemarchitektur, wenn es keine Systemingenieure gibt (vgl. Abschnitt 5.3.2, S. 109).

  Führen Sie Prüfungen durch diese Parteien als Präsenzdurchsprache mit den Systemanforderungsautoren durch. Der Grund ist, dass sich das Verständnis wirklicher *systemischer* Zusammenhänge nur durch eine gemeinsame Fachdiskussion ergibt – man kann von den Mechanikkonstrukteuren, SW- und HW-Entwicklern nicht erwarten, dass sie die Systemebene komplett verstehen, wenn sie sie allein in ihren Kämmerlein durchlesen. Auch wenn während der Präsenzveranstaltung nicht jeder zu jeder Zeit etwas beizutragen hat und scheinbar Zeit dabei verschleudert wird: Fällt aber auch nur eine relevante Frage oder Hinweis, kann derjenige sofort reagieren. Es kostet mehr, diese Erkenntnis erst während des Tests oder gar im Feld aufzudecken und zu korrigieren.

- Kundenrepräsentant(en) [Metz 09] im Falle eines klassischen Kundenprojekts. Diese müssen prüfen, ob ihre Anforderungen fachlich-inhaltlich richtig reflektiert wurden [Metz 09]. Sie müssen auch feststellen, ob die Präzisierungen nicht doch noch Auswirkungen auf Kundentermine oder vertraglich relevante Kosten haben [Metz 09]. Ebenso müssen sie die Befugnis für das Bestätigen und Abzeichnen haben [Metz 09].
- Der eigene technische Vertrieb und das eigene Marketing [Metz 09], im Falle von Neuentwicklungen und Akquise. Beide Parteien müssen das richtige Verständnis von der Produktleistungsfähigkeit haben, um realistische Versprechen und Verträge machen zu können.
- Die eigene Produktion und deren Qualitätsplanung. Aus der Entwicklung heraus entstehen Anforderungen an u.a. End-of-Line-Prüfungen und Voraussetzungen, in die die Produktions- und Qualitätsplaner eingebunden sein müssen.
- Die Autoren der Standardsystemanforderungsspezifikation aus der Produktlinie sind auch bei GP 2.1.7 zu betrachten, weil sie beratend wirken, aber

auch, weil sie sich für die Anpassungen in den nutzenden Projekten interessieren (müssen), um sie ggf. in den Standard einzuspeisen oder daraus neue Variantenmöglichkeit zu machen.

Beachten Sie, dass die genannten Parteien auch *Quellen* von Anforderungen sind, die es zu berücksichtigen gilt.

Räumen Sie den Qualitätssicherern das Recht ein, stichprobenhafte Plausibilitätsprüfungen auf Befundlisten zu machen, die aus Prüfungen der Systemanforderungsspezifikationen entstehen. Siehe hierzu auch GP 2.1.7 von SUP.1 (Abschnitt 5.14.5) und die dort angegebenen weiteren Verweise.

5.2.5   GP 2.1.2, GP 2.1.3, GP 2.1.4 – Planung, Überwachung und Anpassung

Die Feinplanung bezieht sich auf das Zusammenwirken der Autorengruppen und Stakeholder-Repräsentanten, sodass die Prozessziele eingehalten werden.

Die Abarbeitung von CRs ist zusätzlich als Teil der Steuerung dieses Prozesses zu beachten (siehe Exkurs 21, S. 175).

5.2.6   GP 2.2.1 – Anforderungen an die Arbeitsprodukte

In Abschnitt 4.2.1 über GP 2.2.1 (S. 56) wurde angegeben, dass strukturelle Vorgaben für Arbeitsprodukte eine Leistung auf CL2 sind, denn auf CL1 kann der Prozesszweck inhaltlich »irgendwie« erreicht werden (vgl. Abschnitt 3.3.2, S. 17). Für Anforderungsprozesse sind die nachfolgend aufgelisteten Elemente als Stand der Technik bereits durch BPs auf CL1 angesprochen. Daher können zumindest diese bereits auf CL1 erwartet werden:

- Eindeutiger Identifikator (SYS.2 BP 1 und BP 2)
- Verifikationskriterien (SYS.2 BP 6): Diese können auch als Abnahmekriterien für die Anforderungen gesehen werden, die oft in einschlägiger Fachliteratur genannt werden.
- Priorität (SYS.2 BP 2), da wegen Ressourcengrenzen u. U. nicht alle Anforderungen erfüllt werden. Dies kann auch genutzt werden, um Konflikte zwischen Anforderungen zu lösen, wenn solche im Verlauf von Sichtung und Prüfungen entdeckt werden.
- Produktrelease (SYS.2 BP 2), sofern nicht über ein separates Arbeitsprodukt im Releaseplan abgebildet (siehe hierzu auch Exkurs 8, S. 98).
- Angabe von direkten Traceability-Verweisen (SYS.2 BP 2, SYS.3 BP 6, SYS.5 BP 2, SWE.1 BP 6), wenn diese nicht bereits werkzeuggestützte Links darstellen. Beispiele wären auf der SW-Ebene (SWE.2) die Nennung von SW-Komponenten bzw. Units (siehe zum speziellen Terminologieproblem Unit vs. Komponente Exkurs 11, S. 124).

Strukturelle Vorgaben jedoch, die spätestens auf CL2 dazukommen, können z. B. sein:

- Status (siehe dazu auch unten bei GP 2.2.2)
- Kommentarfeld
- Anforderungstyp, z. B. *Anforderung*, *Kommentar*, *Überschrift* etc. als Orientierungshilfe für den Leser und als zusätzliche Filterungsmöglichkeiten
- Verantwortlicher Autor (*Owner*, s. o. bei GP 2.1.5)
- Weitere individuelle Felder

Beachten Sie, dass Sie auch für Anforderungen bereits Modellierungsrichtlinien wie z. B. SysML-Profile benötigen, und nicht erst bei Designprozessen, da Anforderungen mittels einer Kombination von textuellen und grafischen Notationen beschrieben werden.

Ebenso bestehen folgende *inhaltliche* Qualitätskriterien bereits auf CL1:

- **Designfrei**
  Anforderungen stellen Erwartungen dar, sie beschreiben niemals technische Realisierungslösungen. Andernfalls würde sich der Anforderungsprozess mit dem des Designs überlappen und insofern unvollständig bleiben.
- **Vollständig** [SophBl]
  ... für die Funktionalitäten des anstehenden Release, ansonsten könnte der Prozesszweck nicht als erfüllt gelten.
- **Eindeutig** [SophBl]
  Starke Interpretierbarkeit kann die Korrektheit infrage stellen, oder sie kann das Feststellen der Korrektheit erschweren bis unmöglich machen. Dies muss aber nicht zwingend so sein, denn sehr erfahrene Spezialisten in einem Produktlinienkontext unterliegen diesen Schwächen weniger als Unbedarfte. Dennoch rechne ich im Zweifel dieses Kriterium dem CL1 zu.

Korrekt [SophBl]	(siehe BP 3, BP 7)
Klassifiziert [SophBl]	(siehe BP 3)
Realisierbar [SophBl]	(siehe BP 3)
Bewertet [SophBl]	(siehe BP 3, BP 4)
Gültig und aktuell [SophBl]	(siehe BP 2, BP 6, BP 7)
Notwendig [SophBl]	(siehe BP 6, BP 7)
Verfolgbar [SophBl]	(siehe BP 6, BP 7)
Prüfbar/Testbar [SophBl]	(siehe BP 5 und Anmerkung 5)

Ab CL2 sehe ich zusätzlich als gültige inhaltliche Qualitätskriterien Wiederverwendbarkeit (insbesondere im Kontext von Produktlinien) und Modularität. Letzteres schimmerte bereits durch die Diskussion über Autorengruppen in Abschnitt 5.2.3 durch.

Zur Erinnerung aus Abschnitt 4.2.1: GP 2.2.1 muss sowohl die CL1- als auch die CL2-Qualitätskriterien garantieren.

Können Sie eine 100%-Prüfabdeckung in Ihrem Projekt nicht leisten, dann verfolgen Sie eine *risikobasierte* Strategie (Details siehe in Abschnitt 4.2.1.4 unter *Prüfabdeckung*) [Metz 09].

5.2.7 GP 2.2.4 – Prüfung der Arbeitsprodukte

Siehe zunächst alle Hilfestellungen in Abschnitt 4.2.4, S. 74.

Vergessen Sie nicht, auch die seit CL1 verlangte Traceability-Abdeckung und die Konsistenz der Inhalte entlang der Traceability-Links zu prüfen. Erinnern Sie sich dabei auch an Exkurs 4 (S. 62). Beachten Sie dabei auch, dass diese Traceability zu Stakeholder-Anforderungen (SYS.1) führen muss und dass Stakeholder-Anforderungen nicht nur Kundenlastenhefte und interne Vorgaben, sondern auch z.B. Rechtsvorschriften und technische Industriestandards etc. bedeuten.

Sofern werkzeugtechnisch machbar, richten Sie zum Effizienzgewinn automatische Reports über die Traceability zu den Kundenlastenheften und weiteren internen Anforderungsspezifikationen ein und werten Sie diese im Rahmen der Prüfungen der Systemanforderungen aus.

Prüfungen müssen nicht immer formeller Natur sein, informelle Prüfungen (z.B. Peer-Reviews) sind auch äußerst wertvoll! Als Nachweis geben Sie einen entsprechenden Kommentar mit Nennung der Mitarbeiter in der Revisionshistorie der Dokumente bzw. in den Eincheckkommentaren der Konfigurationselemente an.

Betreiben Sie Produktlinien, dann werden die Anforderungsautoren im Projekt von denen der Standardanforderungsspezifikationen beraten, nicht zuletzt, weil sich ein Projekt für diejenige Variantenausprägung entscheiden muss, die möglichst nahe an die Kundenanforderungen herankommt. Die gilt auch als implizite Prüfung: Erstens werden dadurch die Standardanforderungsspezifikationen ständig infrage gestellt und Wiederverwendung weiterentwickelt, zweitens haben die projektspezifischen Anforderungsspezifikationen dadurch eine bewährte, stets wiederverwendete Basis.

Beachten Sie im Falle mehrerer Autorengruppen, dass sie die Anforderungen gesamtheitlich prüfen. Grund: Es ist menschlich, dass verschiedene, auf Funktionalitäten spezialisierte Autorengruppen dazu neigen, nicht konsequent nach links und rechts zu schauen [Metz 09].

Haben Sie bzgl. Prüfabdeckung Schwierigkeiten, vollständig zu sein, führen Sie ein risikobasiertes Argument an (vgl. Abschnitt 4.2.1, S. 63).

5.2.8 GP 2.2.2, GP 2.2.3 – Handhabung der Arbeitsprodukte

Siehe zunächst alle Hilfestellungen in Abschnitt 4.2.2, S. 66.

Wie bereits oben genannt hat jede individuelle Anforderung (ähnlich bestimmter Arbeitsprodukte, vgl. Abb. 4–11, S. 69) einen Status wie z. B. *Erstellt, Angenommen, Abgelehnt*. Versionierung kann also für einzelne Anforderungen erfolgen, dies sollte werkzeuggestützt geschehen. Sinnvollerweise zeichnet das Werkzeug auch auf, von wem die Anforderung in ihrer Bearbeitungshistorie geändert wurde.

Legen Sie fest, sofern werkzeugseitig unterstützt, ob die Autorengruppen nur für ihre Anforderungsmenge Schreibrechte haben oder darüber hinaus. Hat jeder der Autoren Schreibzugriff, dann ist Disziplin notwendig. Lesezugriff muss für jeden Autor und die Prüfer (s. o. zu GP 2.1.7) vorhanden sein.

Exkurs 9
Abnahme von Systemarbeitsergebnissen

Zunächst zu CL1:
Gemäß der Logik eines qualitätsorientierten Vorgehens wird ein technisches System in der nachfolgenden Reihenfolge erstellt, damit auf der Verifikationsstufe *n* angenommen werden kann, dass die Fehlerursache in demjenigen Schritt des linken V-Asts zu vermuten ist, der der Verifikationsstufe *n-1* gegenüberliegt.

1. Systemanforderungen
2. Systemarchitektur
    … Entwicklung der Mechanik, Software und Hardware } Beachten Sie das »Plug-in«-Konzept, Automotive SPICE Annex D.1
3. Systemintegrationstest
4. Systemqualifizierungstest

Merke: Dies ist nicht als Wasserfallmodell o. Ä. misszuverstehen. Die Reihenfolge bezieht sich nicht auf die gesamthafte Menge aller Anforderungen, sondern jede Funktionalität (also eine Menge von Anforderungen) unterliegt dieser Reihenfolge. Das bedeutet, es kann parallel sowie iterativ und inkrementell vorgegangen werden. Ebenso können in einem Produktlinienkontext den Projekten bereits vorqualifizierte Teilsysteme zur Verfügung stehen. Vorqualifizierung bezieht sich hier dann auf Komponenten- und Integrationstests. Inwieweit Vorqualifizierung ausgenutzt werden kann, hängt aber auch davon ab, welche Variante einer Komponente oder eines Teilsystems im Projekt genutzt wird.

Dennoch kommt es in der Praxis vor, dass trotz B- oder C-Musterphase z. B. Softwarereviews oder SW-Unit-Tests erst nach Systemintegrations- oder gar nach Systemqualifizierungstests erfolgen.

Dies wird zeitlich und wirtschaftlich ineffizient sein, da Änderungen im Regelfall teurer werden, je später man sie entdeckt. Sie müssen außerdem davon ausgehen, dass der Assessor Sie nach einer argumentierten Begründung fragen wird, warum Sie eine solche nicht konforme Reihenfolge wählen.

→

5.2 SYS.2 – Systemanforderungsanalyse

Zu CL2 diesbezüglich:
In der Praxis ist es kein Ziel, die einzelnen Arbeitsprodukte von SYS.2 bis SYS.5 allein und isoliert voneinander freizugeben und sonst nichts mehr zu tun. Anstatt also nur Spezifikationen und Dokumente allein für sich zu betrachten, wird man auf die Freigabe von System-Gesamtleistungen abzielen. Das verlangt, Arbeitsprodukte über SYS.2 bis SYS.5 hinweg im Zusammenhang zu betrachten.

Beispiel:
- Anforderungen für Heckklappe Öffnen & Schließen: freigegeben
- Systemarchitektur: freigegeben
- ...
- Systemintegration, Testfälle: freigegeben
- Systemintegration, Testergebnisse: vorliegend + risikobewertet
- Systemqualifizierung, Testfälle: freigegeben
- Systemqualifizierung, Testergebnisse: vorliegend + risikobewertet

} Freigabe Systemfunktionalität Öffnen/ Schließen

Beachten Sie, dass nach Abbildung 4–11 (S. 69) dem Status *Freigegeben* bereits die Arbeitsproduktprüfung (i.S. eines Reviews) vorangegangen ist. Definieren Sie also über die GP 2.2.2 aller SYS- und SWE-Prozesse hinweg, aufgrund welcher Voraussetzungen die Freigabe von

- einzelnen System-Komponenten und
- Systemfunktionalitäten

geschehen kann.

Die o.g. Ineffizienz und Unwirtschaftlichkeit ist eine Frage, mit der man sich bei GP 2.1.1 bis GP 2.1.4 bzw. auf der Projektebene (d.h. CL1 von MAN.3) auseinandersetzen muss. Dies ist insbesondere dann der Fall, wenn bei zwar sinnvollen Freigabevoraussetzungen, aber nicht konformer Entwicklungsreihenfolge die Freigaben und damit z.B. Liefertermine verzögert werden.

Zur Abgrenzung von Freigaben auf CL2 und der Weitergabe von Inhalten auf CL1 siehe Hinweis 27 für Assessoren (S. 72).

Legen Sie gemäß Exkurs 9 eine Freigabestrategie für Systemleistungen über die SYS-Prozesse hinweg fest.

Diejenigen Anteile der Anforderungsspezifikation, die der betreffenden Iterationsstufe oder Inkrement entsprechen, sollen informal freigegeben werden von

- den Systemtestern,
- Mechanikkonstrukteuren, HW- und SW-Entwicklern (siehe die Kurzdiskussion hierzu GP 2.1.7 oben) und
- der eigenen Fertigungsplanung und deren Qualitätsplanung.

Alle Anteile der Anforderungsspezifikation sollen gesamthaft zudem formal abgenommen werden

- vom zeichnungsberechtigten Kundenrepräsentanten, da neben vertragsrechtlichen Gründen die Zulieferer oft größere Erfahrung und Kompetenz haben und die Anforderungsfestlegung im Detail oft besser beurteilen können.

Überlegen Sie, der Qualitätssicherung ein Vetorecht gegen Freigaben zu geben, z. B. bei unaufgelösten Befunden oder bei falschen Status einzelner Anforderungen (Details hierzu siehe bei GP 2.1.7 von SUP.1 in Abschnitt 5.14.5, S. 171). Alternativ dazu kann die Qualitätssicherung auch eine Freigabepartei werden.

Erinnern Sie sich auch an die psychologische Wirkung von (echten oder digitalen) Unterschriften.

Allen anderen genannten Stakeholdern reicht inhaltliche Kenntnisnahme durch deren Prüfungsmitwirkung.

5.3 SYS.3 – Systemarchitekturdesign

Beachten Sie hier zuerst Abschnitt 5.1, S. 95.

Exkurs 10
Frage vorab: Welche Arten von Schnittstellen sind auf CL1 zu betrachten?

Interface-Spezifikationen auf Systemebene umfassen im mechatronischen Falle u.a. Schnittstellen zwischen

- Mechanik und elektronischer Hardware (z.B. Ansteuerung einer Motorendstufe),
- elektronischer Hardware und Software (z.B. Konfigurierung von IO-Registern eines Mikrocontrollers) sowie
- Mechanik und Software (z.B. Inkonsistenz zwischen der logischen Position einer automatischen Heckklappe (die über Auswertung von z.B. Hall-Sensor-Signalen errechnet wird) und ihrer tatsächlichen physikalischen Position, wenn die Mechanik sich über die Zeit verformt).

Ist die Systemgrenze die Elektronik, dann umfassen die Interface-Spezifikationen Schnittstellen u.a. zwischen

- Hardware und Software (z.B. Konfigurierung von IO-Registern eines Mikrocontrollers) sowie
- die Kommunikation zwischen mehreren Mikrocontrollern (z.B. SPI).

5.3.1 GP 2.1.1 – Prozessziele (Performance Objectives)

Termine und Dauern

Systemarchitekturdesign inkl. Interface-Spezifikationen müssen nicht gesamthaft zu einem Termin fertiggestellt sein. Es müssen die technischen Lösungen für diejenigen System- oder Teilsystemanforderungen fertig definiert sein, die nach Release- und Musterplanung des Projekts [Metz 09] zeitlich vereinbart worden sind (siehe hier auch Fußnote 1, S. 97 und Beispiel 12, S. 97 sowie Exkurs 8, S. 98).

Aufwände

Sollte ein Projekt eine Übernahmeentwicklung oder eine Ausprägung einer Produktlinie sein, können Maximalaufwände für das Nachbetrachten und Abändern der Basisanforderungen gestellt werden. Hierzu ist es dann aber notwendig, dass Sie ermitteln, welche Aufwände für bestimmte Projekttypen und -kategorien typisch sind, was wiederum das Aufstellen von Schätzdatenbasen begünstigt (vgl. Abschnitt 4.1.1).

Maximalaufwände müssen mit Terminen und Dauern, s. o., konsistent sein.

Methoden und Techniken

Sie können Designregeln für die Elektronik und Mechanikentwicklung vorgeben.

5.3.2 GP 2.1.5, GP 2.1.6, GP 2.1.7 – Verantwortlichkeiten und Befugnisse, Ressourcen, Stakeholder-Management

Ressourcen sind zunächst die benötigten Softwarewerkzeuge und Lizenzen wie z.B.:

- CAD-Werkzeuge zur Entwicklung von Maßbild- sowie Richt- und Teilezeichnungen
- Softwarewerkzeuge
  - für Festigkeitsberechnungen wie Finite-Element-Modelle (FEM)
  - für Simulationen
  - für FMEAs
- Softwaremodellierungswerkzeuge, da z.B. SysML auch als Modellierungssprache oberhalb der SW-Ebene geeignet ist.

> **Hinweis 29 für Assessoren**
> **Sind FMEAs und FEM-Berechnungen tatsächlich bei SYS.3 zu bewerten?**
>
> Automotive SPICE PAM Annex D.6 beschreibt, wie der Prozess SUP.2 *Verifikation* zu verstehen und abzugrenzen ist: Alle Methoden zur *Verifikation* von etwas, die nicht zum Testen oder zur statischen Softwareverifikation gehören, sind bei SUP.2 zu bewerten.
> Sowohl statische Softwareverifikation (SWE.4) als auch Testen (SWE.4, SWE.5, SWE.6, SYS.4, SYS.5) prüfen ab CL1, ob ein Objekt, nachdem es realisiert vorliegt, diejenigen *Anforderungen* erfüllt, die für dieses Objekt spezifiziert worden sind.
> FEM-Berechnungen und FMEAs jeder Art stellen jedoch weder Verifikation noch Testen dar, da sie
>
> a) Fehlerbilder eines gegebenen *Designs* entdecken,
> b) damit Quelle *neuer* Anforderungen für das Design sind und
> c) dies *während des Designs* geschieht (und sie insofern auch keine wie auch immer geartete Nachdokumentation eines bereits entschiedenen Designs darstellen).
>
> Ich sehe FEM-Berechnungen und FMEAs daher als mögliche Methoden für die Erreichung von SYS.3 BP 5 *Evaluiere verschiedene Systemarchitekturen. Definiere Evaluierungskriterien für das Architekturdesign* ...

Weitere Ressourcen für Hardware und insbesondere Mechanik sind wieder zu verwendende Standardkomponenten, insbesondere bei einem Produktlinien- oder Baukastenansatz.

> **Hinweis 30 für Assessoren**
> **Sind Standardkomponenten für Mechanik und Hardware tatsächlich bei SYS.3 anzusiedeln?**
>
> Die Forderungen nach zu nutzenden Standardkomponenten wären bei Prozessen aufseiten der Mechanik und Hardware zuzuordnen, die der Ebene des Prozesses SWE.3 *Softwarefeindesign* entsprächen.
>
> - Da es jedoch derzeit noch keine veröffentlichten konsolidierten, in der Fachgemeinde akzeptierten Prozesse als Erweiterung des Automotive SPICE PAM im Rahmen dessen *Plug-in-Konzepts* (siehe dort in Annex D.1) gibt und
> - solche Informationen und Fragen in Assessments mit insbesondere mechatronischem Kontext auftauchen,
>
> schlage ich vor, dies für die Zwischenzeit bei SYS.3 zu bewerten. Betrachtungen von Standardsoftwarekomponenten erfolgen weiterhin bei SWE.2 bzw. SWE.3.

Systemarchitekturdesign ist eine zwingend multidisziplinäre Angelegenheit, und zwar sowohl für mechatronische als auch für elektronische Systeme. Existieren keine Systemingenieure der entsprechenden Ebene, dann benötigen Sie Mechanikkonstrukteure, HW- oder SW-Architekten. Diese entwickeln das Systemarchitekturdesign in gemeinsamen Präsenzveranstaltungen. Der Grund dafür ist, dass das Verständnis wirklicher »systemischer« Zusammenhänge sich nur durch eine gemeinsame Fachdiskussion ergibt – man kann von Mechanikkonstrukteuren, SW-und HW-Architekten nicht erwarten, dass sie die Systemebene komplett verstehen und eine optimierte Architekturlösung erzeugen, wenn sie isoliert voneinander arbeiten. Es ist auch ineffizient, erst beim Zusammenwerfen aller Teillösungsideen festzustellen, dass die Gesamtlösung fachlich und wirtschaftlich nicht optimiert ist.

Beispiel 14
Elektronikebene

- Die Wahl des Mikroprozessors muss von der HW-Ebene in Absprache mit der SW-Ebene geschehen. Die HW-Ebene würde aus (meist einkaufsabteilungsgetriebenen) Kostengründen einen möglichst kleinen Rechner wählen, die SW-Ebene benötigt aber eine bestimmte Rechenleistung (Taktrate, Speicher).
- Aufgrund einer gemeinsamen Fehleranalyse der HW-Ebene und der SW-Ebene stellt sich heraus, dass ein IO wakeup-fähig sein muss, was ebenso eine Frage der Mikroprozessorwahl als auch der Auslegung der HW-SW-Schnittstelle ist.

Beispiele 15
Mechatronikebene

- Siehe Beispiel 2 (S. 8) und Beispiel 3 (S. 9)
- **Automatischer Fensterheber**
  Das Einfahren der Scheibe mit voller Motorkraft in den oberen Türrahmen beeinträchtigt die Lebensdauer der Türmechanik. Aus der Mechanikperspektive stellt sich eine entsprechende neue Anforderung einer Vorabschaltungsfunktion, abhängig von der Position der Scheibe.
- **Automatische Heckklappe, Funktionalität Zuziehhilfe** (siehe Beispiel 12)
  Das an der Heckklappe angebrachte Schlosselement taucht beim Schließen in einen Spalt in der Karosserie ein, an dessen oberem Rand eine Vorraste sitzt. Sobald diese Vorraste erreicht wird, zieht die Zuziehhilfe als Komfortfunktion die Klappe in die Endposition. Gefährlich ist dies, wenn ein Kleinkind seinen Finger in oder auf den Spalt legt. Die Verletzung könnte nun durch einen zusätzlichen, technologisch geschickten Einklemmschutz verhindert werden (Zusammenwirken von Hardware und Software) oder alternativ dadurch, dass der Bauraum für den Spalt kleiner als der Durchmesser eines Kleinkindfingers gemacht wird (reine Mechaniklösung).

Dennoch werden, da die Systemarchitektur mehrere hierarchische Ebenen umfassen kann[3], für verschiedene Teilsysteme ggf. auch verschiedene Personen verantwortlich sein, also nicht zwingend die ganze Gruppe für die oberste Architekturebene. So können z. B. bei der automatischen Heckklappe die technischen Umsetzungslösungen für die Komponenten *Heckklappenantrieb* und *Zuziehhilfe* (beide bestehend aus Mechanik, Motor und Elektrik) sowie *Hands Free Access* (bestehend aus Hard- und Software sowie elektrischen Bauteilen) separat weiter spezifiziert werden. Voraussetzung dafür ist allerdings, dass alle funktionalen Abhängigkeiten und Schnittstellen identifiziert und analysiert worden sind (siehe Methodenempfehlung in Abschnitt 5.2.1, S. 97, bei Rubrik *Methoden und Techniken*).

Prüfer und gleichzeitig Inputgeber für das Systemarchitekturdesign sind folgende Personen:

- Haben ein oder mehrere Systemingenieure (Erklärung siehe Abschnitt 2.5, S. 8) die Systemarchitektur bestimmt, dann wird diese von Mechanikkonstrukteuren und HW- und SW-Entwicklern geprüft. Existieren keine Systemingenieure, dann ist die Prüfung durch das Zusammenarbeiten in Präsenzworkshops implizit gegeben, s. o.
- Systemintegrationstester mit Blick auf Testbarkeit [Metz 09]
- Fertigungsplaner und Qualitätsplaner der eigenen Produktion sowie ggf. der direkten Lieferanten. Aus der Architektur ergeben sich Stücklisten, Bestückungs- und Baurauminformationen etc., die für die Fertigungslinie wichtig sind.
- Die Verantwortlichen für die Pflege von Standardsystemarchitekturen der Produktlinie. Diese wirken beratend und interessieren sich für die Anpassungen in den nutzenden Projekten, um sie ggf. in den Standard einzuspeisen oder eine neue Variante daraus zu machen.
- Der eigene Einkauf hinsichtlich Einschränkungen von Bauteilen. Dies kann ansonsten späte Designänderungen zur Folge haben.

Erinnern Sie sich daran, dass die Systemingenieure bzw. Mechanikkonstrukteure, HW- und SW-Entwickler auch Prüfer der Systemanforderungen sind (siehe Abschnitt 5.2.4, S. 102).

Gewähren Sie den Qualitätssicherern das Recht, stichprobenhafte Plausibilitätsprüfungen auf Befundlisten zu machen, die aus Prüfungen der Systemarchitektur entstehen. Siehe hierzu auch GP 2.1.7 von SUP.1 (Abschnitt 5.14.5) und die dort angegebenen weiteren Verweise.

Siehe auch hier Exkurs 21 (S. 175): Es wird für CRs keine weiteren neuen Mitarbeiter geben.

---

3. Dies ist analog zu Software: Automotive SPICE v3.0 Annex C und Annex D.3 sagen, dass alles, was oberhalb einer »Software Unit« liegt, zur »Softwarearchitektur« gehört.

5.3.3 GP 2.1.2, GP 2.1.3, GP 2.1.4 – Planung, Überwachung und Anpassung

Die Feinplanung bezieht sich auf das Zusammenwirken aller personellen Ressourcen und Stakeholder-Repräsentanten, sodass die Prozessziele eingehalten werden.

Die Abarbeitung von CRs ist zusätzlich als Teil der Steuerung dieses Prozesses zu beachten (siehe dazu Exkurs 21, S. 175).

5.3.4 GP 2.2.1 – Anforderungen an die Arbeitsprodukte

Siehe zunächst alle Hilfestellungen in Abschnitt 4.2.1 (S. 56).

Stellen Sie strukturelle Qualitätskriterien auf. Beachten Sie dabei, dass Sie auch Modellierungsrichtlinien und z. B. SysML-Profile benötigen, da Systemarchitekturdesign im Wesentlichen mittels grafischer Modelle ausgedrückt wird, bereichert um textuelle Erklärungen, die mindestens die Begründungen umfassen für:

> SYS.3 BP 5 »*Evaluiere verschiedene Systemarchitekturen. ... Halte die Argumente für die gewählte Architektur fest.*«

Anwendbare CL1-Qualitätskriterien nach ISO/IEC 25010 sind (Details siehe Abschnitt 4.2.1, S. 56):

- **Funktionalität**
- **Effizienz**
  (Z. B. mechanisches Ressourcenverbrauchsverhalten von Schmierstoffen, Wasser, Leim oder auch Laufzeitaspekte wie z. B. Laufzeiten von Wirkketten, Echtzeit, Fehlertoleranzzeiten)
- **Zuverlässigkeit**
- **Security**
- **Maintainability**

Ab CL2 sind zusätzlich als gültige qualitative Qualitätskriterien nach ISO/IEC 25010 denkbar:

- **Kompatibilität**
  (Um aus wirtschaftlichen Gründen z. B. Legacy-Komponenten oder Teilsysteme weiter nutzen zu können)
- **Skalierbarkeit**
- **Erweiterbarkeit**
- **Usability**
  (Ergonomische und intuitive Benutzerschnittstellen, siehe auch Abschnitt 4.2.1, S. 56)

- **Modularität**
  (Z. B. niedrige Entwicklungskosten durch standardisierte wiederverwendbare Einzelkomponenten, die durch verschiedene Kombinationen auch die Produktvariantenvielfalt und Baukastenansätze unterstützen)
- **Wiederverwendbarkeit**

Die letzten beiden Kriterien schimmerten bereits in der Diskussion um verschiedene Autorengruppen oben bei GP 2.1.5 durch.

Zur Erinnerung aus Abschnitt 4.2.1: GP 2.2.1 muss sowohl die CL1- als auch die CL2-Qualitätskriterien garantieren.

Können Sie eine 100 %-Prüfabdeckung in Ihrem Projekt nicht leisten, dann verfolgen Sie eine *risikobasierte* Strategie (Details siehe in Abschnitt 4.2.1.4 unter *Prüfabdeckung*) [Metz 09].

5.3.5 GP 2.2.4 – Prüfung der Arbeitsprodukte

Siehe zunächst alle Hilfestellungen in Abschnitt 4.2.4, S. 74.

Prüfungen müssen nicht immer formeller Natur sein, informelle Prüfungen (z. B. Peer-Reviews) sind auch *äußerst* wertvoll! Als Nachweis geben Sie einen entsprechenden Kommentar mit Nennung der Mitarbeiter in der Revisionshistorie der Dokumente bzw. in den Eincheckkommentaren der Konfigurationselemente an.

Nutzen Sie Produktlinien, dann beraten die Verantwortlichen für die Pflege von Standardsystemarchitekturen das Projekt nicht zuletzt deshalb, weil man sich im Projekt für eine Variantenausprägung entscheiden muss. Das gilt als implizite Prüfung: Erstens werden dadurch die Standardsystemarchitekturen ständig infrage gestellt und weiterentwickelt (s. o. zu GP 2.1.7), zweitens haben die projektspezifischen Systemarchitekturen dadurch eine bewährte, stets wiederverwendete Basis.

Vergessen Sie nicht, auch die seit CL1 verlangte Traceability-Abdeckung und die Konsistenz der Inhalte entlang der Traceability-Links zu prüfen. Erinnern Sie sich dabei auch an Exkurs 4 (S. 62). Sofern werkzeugtechnisch machbar, richten Sie zum Effizienzgewinn automatische Reports über die Traceability zu den Systemanforderungen ein und werten Sie diese während der Prüfungen des Systemarchitekturdesigns aus.

Haben Sie bzgl. Prüfabdeckung Schwierigkeiten, vollständig zu sein, führen Sie ein risikobasiertes Argument an (vgl. Abschnitt 4.2.1, S. 63).

5.3.6 GP 2.2.2, GP 2.2.3 – Handhabung der Arbeitsprodukte

Siehe zunächst alle Hilfestellungen in Abschnitt 4.2.2 (S. 66).

Die Prüfer des Systemarchitekturdesigns haben nur Lesezugriff, Schreibzugriff dagegen hat allein der Systemingenieur bzw. die Gruppe der Ersteller (siehe oben bei GP 2.1.6 und GP 2.1.7).

Legen Sie gemäß Exkurs 9 (S. 106) eine Freigabestrategie für Systemleistungen über die SYS-Prozesse hinweg fest.

Die Systemarchitektur soll informal freigegeben werden von
- den Systemintegrationstestern,
- den Systemingenieuren bzw. Mechanikkonstrukteuren sowie HW- und SW-Entwicklern (siehe die Kurzdiskussion hierzu bei GP 2.1.7 oben) und
- der eigenen Fertigungsplanung und deren Qualitätsplanung.

Allen anderen Stakeholder-Repräsentanten reicht inhaltliche Kenntnisnahme durch deren Prüfungsmitwirkung.

Überlegen Sie, der Qualitätssicherung ein Vetorecht gegen Freigaben einzuräumen, z. B. bei unaufgelösten Befunden oder bei falschen Status einzelner Anforderungen (Details hierzu siehe bei GP 2.1.7 von SUP.1 in Abschnitt 5.14.5, S. 171). Alternativ dazu kann die Qualitätssicherung auch eine Freigabepartei werden.

Denken Sie auch an die psychologische Wirkung von (echten oder digitalen) Unterschriften.

5.4 SWE.1 – Softwareanforderungsanalyse

Beachten Sie hier zuerst Abschnitt 5.1, S. 95.

5.4.1 GP 2.1.1 – Prozessziele (Performance Objectives)

Alle Informationen bei SYS.2 (Abschnitt 5.2.1, S. 97) sind analog übertragbar.

5.4.2 GP 2.1.6 – Ressourcen

Ressourcen sind die Anforderungsautoren sowie die benötigten Softwarewerkzeuge und Lizenzen.

Beachten Sie Exkurs 21 (S. 175): Die Bearbeiter von CRs sind diejenigen Mitarbeiter, die ohnehin für die Anforderungserzeugung verfügbar sind, es wird für CRs keine weiteren neuen Mitarbeiter geben.

5.4.3 GP 2.1.5 – Verantwortlichkeiten und Befugnisse

In vielen Fällen ist eine einzige Person verantwortlicher Autor für alle Softwareanforderungen. Es kann aber auch sinnvoll sein, mehrere Autoren für verschiedene Teilfunktionalitäten zu haben. Am Beispiel der automatischen Heckklappe (siehe Abb. 5–1, S. 99 und dazugehörige Beschreibung) sind dies z. B. auch:

- Zuziehhilfe
- Hands Free Access
- Schlossansteuerung
- Einklemmschutz
- Thermoschutz

Jede dieser Teilfunktionen ist in sich komplex, sodass eine Einzelperson alle fachliche Kompetenz kaum auf sich vereinigen kann. Aufgrund funktionaler Abhängigkeiten zwischen den Teilfunktionen, Schnittstellen und Signalverarbeitungszeiten

- muss ein ständiger Abgleich der Autorengruppen herrschen und
- dabei werden für die Autorengruppen mechanische sowie SW- und HW-technische Beratung bzw. Zuarbeit benötigt.

Wenn Sie Produktlinien betreiben, dann sind die Autoren als Ressourcen einzuplanen, die für die entsprechenden Teilfunktionen innerhalb der Standardanforderungsspezifikation zuständig sind. Das ist notwendig, weil sie die projektspezifischen Anforderungsautoren beraten.

Denken Sie daran, dass sich die Softwareanforderungsautoren in Abwesenheit von Systemingenieuren an der Prüfung der Systemarchitektur beteiligen (siehe Abschnitt 5.3.2, S. 109).

5.4.4 GP 2.1.7 – Stakeholder-Management

Empfänger und Prüfer von Anforderungen sind:

- Softwaretester (SWE.6) mit Blick auf Testbarkeit [Metz 09]
- Die Softwarearchitekten oder, wenn es keine solchen explizit gibt, die Softwareentwickler der SW-Komponenten [Metz 09]. Sie müssen die Softwareanforderungen insoweit verstehen, als dass sie diese in Lösungen für eine Architektur und für Feindesign umsetzen müssen.
- Kundenrepräsentant(en), falls das zu liefernde Produkt nur die Software und kein elektronisches oder mechatronisches System ist. Kundenrepräsentanten müssen prüfen, ob deren Anforderungen fachlich-inhaltlich richtig reflektiert wurden [Metz 09]. Sie müssen auch feststellen, ob die Präzisierung nicht doch noch Auswirkungen auf Kundentermine oder vertraglich relevante Kosten hat [Metz 09]. Ebenso müssen sie die Befugnis für das Bestätigen und Abzeichnen haben [Metz 09].
- Die Autoren der Standardsoftwareanforderungen aus der Produktlinie. Diese wirken beratend auf das Projekt, interessieren sich aber auch für die Anpassungen in den nutzenden Projekten, um sie ggf. in den Standard einzuspeisen oder eine neue Variantenmöglichkeit zu erzeugen.

5.4 SWE.1 – Softwareanforderungsanalyse

Räumen Sie den Qualitätssicherern das Recht ein, stichprobenhafte Plausibilitätsprüfungen auf Befundlisten zu machen, die aus Prüfungen der Softwaresystemanforderungsspezifikationen entstehen. Siehe hierzu auch GP 2.1.7 von SUP.1 (Abschnitt 5.14.5) und die dort angegebenen weiteren Verweise.

5.4.5 GP 2.1.2, GP 2.1.3, GP 2.1.4 – Planung, Überwachung und Anpassung

Die Feinplanung bezieht sich auf das Zusammenwirken der Autorengruppen und Stakeholder-Repräsentanten, sodass die Prozessziele eingehalten werden.

Die Abarbeitung von CRs ist hier zusätzlich besonders zu beachten (siehe Exkurs 21, S. 175).

5.4.6 GP 2.2.1 – Anforderungen an die Arbeitsprodukte

Alle Informationen bei SYS.2 (Abschnitt 5.2.6, S. 103) sind analog übertragbar.

5.4.7 GP 2.2.4 – Prüfung der Arbeitsprodukte

Siehe zunächst alle Hilfestellungen in Abschnitt 4.2.4, S. 74.

Vergessen Sie nicht, auch die seit CL1 verlangte Traceability-Abdeckung und die Konsistenz der Inhalte entlang der Traceability-Links zu prüfen. Erinnern Sie sich dabei auch an Exkurs 4 (S. 62). Beachten Sie dabei auch, dass diese Traceability nicht nur zur Systemebene führen muss, sondern auch zu internen SW-Anforderungsspezifikationen.

Sofern werkzeugtechnisch machbar, richten Sie zum Effizienzgewinn automatische Reports über die Traceability zu den Kundenlastenheften und weiteren internen Anforderungsspezifikationen ein und werten Sie diese im Rahmen der Prüfungen der Softwareanforderungen aus.

Prüfungen müssen nicht immer formeller Natur sein, informelle Prüfungen (z.B. Peer-Reviews) sind auch **äußerst** wertvoll! Als Nachweis geben Sie einen entsprechenden Kommentar mit Nennung der Mitarbeiter in der Revisionshistorie der Dokumente bzw. in den Eincheckkommentaren der Konfigurationselemente an.

Betreiben Sie Produktlinien, dann werden die Anforderungsautoren im Projekt von denen der Standardanforderungsspezifikationen beraten, nicht zuletzt, weil sich ein Projekt für die Variantenausprägung entscheiden muss, die möglichst nahe an die Kundenforderungen herankommt. Dies gilt auch als implizite Prüfung: Erstens werden dadurch die Standardanforderungsspezifikationen ständig infrage gestellt und Wiederverwendung weiterentwickelt, zweitens haben die projektspezifischen Anforderungsspezifikationen dadurch eine bewährte, stets wiederverwendete Basis.

Beachten Sie im Falle mehrerer Autorengruppen, dass sie die Anforderungen gesamtheitlich prüfen. Grund: Es ist menschlich, dass verschiedene, auf Funktionalitäten spezialisierte Autorengruppen dazu neigen, nicht konsequent nach links und rechts zu schauen [Metz 09].

Können Sie eine 100%-Prüfabdeckung in Ihrem Projekt nicht leisten, dann verfolgen Sie eine *risikobasierte* Strategie (Details siehe in Abschnitt 4.2.1.4 unter *Prüfabdeckung*) [Metz 09].

5.4.8 GP 2.2.2, GP 2.2.3 – Handhabung der Arbeitsprodukte

Siehe zunächst alle Hilfestellungen in Abschnitt 4.2.4, S. 74.

Wie bereits bei SYS.2 genannt, hat jede individuelle Anforderung (ähnlich bestimmter Arbeitsprodukte, vgl. Abb. 4–11, S. 69) einen Status wie z.B. *Erstellt, Angenommen, Abgelehnt*. Versionierung kann ebenso für einzelne Anforderungen erfolgen, dies sollte aber werkzeuggestützt geschehen. Sinnvollerweise zeichnet das Werkzeug auch auf, von wem die Anforderung in ihrer Bearbeitungshistorie geändert wurde.

Legen Sie fest, sofern werkzeugseitig unterstützt, ob die Autorengruppen nur für ihre Anforderungsmenge Schreibrechte haben oder darüber hinaus. Hat jeder der Autoren Schreibzugriff auf alle Anforderungen, dann ist Disziplin notwendig. Lesezugriff muss für jeden Autor und die Prüfer (s.o. zu GP 2.1.7) vorhanden sein.

Legen Sie gemäß Exkurs 15 (S. 134) eine Freigabestrategie für Softwareleistungen über die SWE-Prozesse hinweg fest.

Diejenigen Anteile der Anforderungsspezifikation, die der betreffenden Iterationsstufe oder Inkrement entsprechen, sollen informal freigegeben werden von

- Anforderungsautoren,
- den Softwarequalifizierungstestern (SWE.6) und
- Softwarearchitekten bzw. Softwareentwicklern. Der Grund ist, dass Softwareanforderungen oft fälschlicherweise Designvorgaben enthalten. Zudem müssen sie die Verständlichkeit der Anforderungen prüfen, da sie diese schließlich umsetzen müssen.

Im Falle eines reinen Softwareprojekts soll die Anforderungsspezifikation gesamthaft zusätzlich vom zeichnungsberechtigten Kundenrepräsentanten formal abgenommen werden, da neben vertragsrechtlichen Gründen die Zulieferer oft größere Erfahrung und Kompetenz haben und die Anforderungsfestlegung im Detail oft besser beurteilen können.

Überlegen Sie, der Qualitätssicherung ein Vetorecht gegen Freigaben einzuräumen, z.B. bei unaufgelösten Befunden oder bei falschen Status einzelner Anforderungen (Details hierzu siehe bei GP 2.1.7 von SUP.1 in Abschnitt 5.14.5, S. 171). Alternativ dazu kann die Qualitätssicherung auch eine Freigabepartei werden.

Erinnern Sie sich an die psychologische Wirkung von (echten oder digitalen) Unterschriften.

5.5 SWE.2 – Softwarearchitekturdesign

Siehe zunächst

- Abschnitt 5.1, S. 95
- und zur Unterscheidung zwischen *SW-Komponente* und *SW-Unit* den Exkurs 11, S. 124.

5.5.1 GP 2.1.1 – Prozessziele (Performance Objectives)

Termine und Dauern

Das Softwarearchitekturdesign inkl. Interface-Spezifikationen muss nicht gesamthaft zu einem Termin fertiggestellt sein. Es müssen die technischen Lösungen für diejenigen Softwareanforderungen fertig definiert sein, die nach Release- und Musterplanung des Projekts [Metz 09] zeitlich vereinbart worden sind (siehe hierzu Beispiel 12, S. 97 und Exkurs 8, S. 98).

Beispiele von meist früh fertigzustellenden Elementen:
- Betriebssystem und jede Art von Middleware, Basissoftware, AUTOSAR MCAL auf Mikrocontroller-Ebene
- Komponenten wie NVRAM-Manager, Bustreiber, Auswertung von Hall-Sensor-Pulsen als Teil der magnetischen Systemschnittstelle zum Motor

Beispiele von meist später zu ergänzenden Komponenten:
- SW-Applikations-Funktionalitäten wie z.B. Thermoschutz, Einklemmschutz, Diagnoseschnittstelle für eine automatische Heckklappe

Aufwände

Sollte ein Projekt eine Übernahmeentwicklung oder eine Ausprägung einer Produktlinie sein, können Maximalaufwände für das Nachbetrachten und Abändern der Basisanforderungen gestellt werden. Hierzu ist es dann aber notwendig, dass Sie ermitteln, welche Aufwände für bestimmte Projekttypen und -kategorien typisch sind, was wiederum das Aufstellen von Schätzdatenbasen begünstigt (vgl. Abschnitt 4.1.1).

Maximalaufwände müssen mit Terminen und Dauern, s. o., konsistent sein.

Methoden und Techniken

Entscheiden Sie die Modellierungssprache(n), die von allen SW-Architekten bzw. SW-Entwicklern (s. u. zu GP 2.1.5) im Projekt zu nutzen sind.

Überlegen Sie, an welche Entwurfs- und Analysemuster sowie Anti-Patterns sich alle SW-Architekten bzw. SW-Entwickler halten sollen [Metz 09]. Insbesondere dann, wenn am Projekt mehr als ein SW-Architekt oder Entwickler beteiligt ist (s. u. zu GP 2.1.5), sorgen Sie so für homogeneres Architekturdesign. Verfolgen Sie einen Produktlinienansatz, dann werden Muster bereits vorbestimmt bzw. integriert sein.

Seien Sie in allem konsistent mit den Entscheidungen bei SWE.3 für die SW-Implementierung (Abschnitt 5.6.1, S. 126). Berücksichtigen Sie speziell bei der Vorgabe von Entwurfs- und Analysemustern auch eventuelle Konflikte mit der Codeebene (siehe hierzu die Kurzdiskussion in Abschnitt 5.6.1, S. 126, unter *Methoden und Techniken*).

5.5.2 GP 2.1.5, GP 2.1.6, GP 2.1.7 – Verantwortlichkeiten und Befugnisse, Ressourcen, Stakeholder

Technische Ressourcen sind zunächst die entsprechenden Softwaremodellierungswerkzeuge und Lizenzen.

Insbesondere bei einem Produktlinienansatz sind weitere Ressourcen Softwarestandardkomponenten, und zwar inkl. deren

- Anforderungsspezifikationen (da diese die Varianten von angebotenen Funktionalitäten beschreiben) und
- technischer Schnittstellendefinitionen (auch diese unterliegen Varianten)

für sowohl die SW-Applikations- als auch die Basis-SW-Ebene.

Wenn Sie nur einen SW-Architekten bestimmt haben, so ist es er, der die SW-Architektur und ggf. auch die zu benutzenden Entwurfsmuster (siehe oben zu GP 2.1.1) festlegt.

Da SW-Architektur im Regelfall

- nicht nur eine, sondern mehrere Ebenen umfasst (siehe hierzu Exkurs 11, S. 124)
- und üblicherweise mindestens in Basissoftware und Applikationssoftware getrennt wird (es ist sogar üblich, dass diese organisatorisch voneinander getrennt sind),

werden Sie mehrere SW-Architekten haben. Haben Sie keinen ausgewiesenen SW-Architekten, so bestimmen die Entwickler, die jeweils für das Feindesign verschiedener Komponenten verantwortlich sind (vgl. Abschnitt 5.6.2, S. 129), die Architektur gemeinsam. Führen Sie Architekturdesign als gemeinsame Workshops durch.

5.5 SWE.2 – Softwarearchitekturdesign

Prüfer und gleichzeitig Inputgeber für die SW-Architektur sind folgende Personen(gruppen):

- Wenn Sie keinen SW-Architekten haben, dann prüfen die SW-Entwickler, die dafür die passenden Komponenten entwickeln, die Architektur.
- Softwareintegrationstester (sofern verschieden von den SW-Entwicklern) mit Blick auf Verständlichkeit und damit auch Testbarkeit [Metz 09]
- Die Verantwortlichen für die Pflege von Standard-SW-Architekturen und Standard-SW-Komponenten der Produktlinie. Diese interessieren sich für die Anpassungen in den nutzenden Projekten, um sie ggf. in den Standard einzuspeisen oder eine neue Varianten zu erstellen.

Nur Inputgeber, aber nicht Prüfer für die SW-Architektur ist:

- der eigene Einkauf im Falle von zugekauften SW-Komponenten wie z.B. AUTOSAR- oder CAN-Stacks, Betriebssystemen oder Funktionsbibliotheken.

Denken Sie daran, dass in Abwesenheit von Systemingenieuren die SW-Architekten oder SW-Entwickler, die an der SW-Architektur beteiligt sind, als Prüfer der Systemanforderungen mitwirken (siehe Abschnitt 5.3.2, S. 109).

Räumen Sie den Qualitätssicherern das Recht ein, stichprobenhafte Plausibilitätsprüfungen auf Befundlisten zu machen, die aus Prüfungen der Softwareanforderungsspezifikationen entstehen. Siehe hierzu auch GP 2.1.7 von SUP.1 (Abschnitt 5.14.5) und die dort angegebenen weiteren Verweise.

Siehe auch hier Exkurs 21 (S. 175): Es wird für CRs keine weiteren neuen Mitarbeiter geben.

5.5.3   GP 2.1.2, GP 2.1.3, GP 2.1.4 – Planung, Überwachung und Anpassung

Die Feinplanung bezieht sich auf das Zusammenwirken aller personellen Ressourcen und Stakeholder-Repräsentanten, sodass die Prozessziele eingehalten werden.

Die Abarbeitung von CRs ist zusätzlich als Teil der Steuerung dieses Prozesses zu beachten (siehe dazu Exkurs 21, S. 175).

5.5.4   GP 2.2.1 – Anforderungen an die Arbeitsprodukte

Siehe zunächst alle Hilfestellungen in Abschnitt 4.2.1 (S. 56).

Da Softwarearchitekturdesign im Wesentlichen mittels grafischer Modelle ausgedrückt wird, achten Sie beim Aufstellen von strukturellen Qualitätskriterien darauf, dass Sie auch Modellierungsrichtlinien und -sprachprofile benötigen, die ausdrücken, welche Diagrammtypen und Modellierungselemente Sie warum wie einsetzen. Bereichern Sie diese Modelle um textuelle Kommentare, die zumindest die Begründungen und Erklärungen umfassen für:

SWE.2 BP 6 »Evaluiere verschiedene Softwarearchitekturen. ... Halte die Argumente für die gewählte Architektur fest.«

Beachten Sie: Modellierungsrichtlinien und -sprachprofile sind immer notwendig, egal, ob Sie rein modellbasiert entwickeln oder Software auf Basis von nur grafisch dokumentierter Modelle handcodiert erstellen. Die Tatsache, dass rein modellbasierte Entwicklung von der Architektur über das Feindesign hinweg mittels Modellierungssprachen geschehen kann[4], die durch ein Werkzeug eindeutig interpretierbar sein muss (wie Matlab/Simulink, Rhapsody, Ascet etc.), ändert daran nichts.

Anwendbare CL1-Qualitätskriterien nach ISO/IEC 25010 sind (Details siehe Abschnitt 4.2.1, S. 56):

- **Funktionalität**
(hier: fachliche Korrektheit der Architektur gegen die Softwareanforderungen, fachliche Korrektheit des erwarteten Ressourcenverbrauchsverhaltens sowie Laufzeitaspekte für das Erbringen der Funktion, z.B. Echtzeit, Fehlertoleranzzeiten. Dies kann als explizite Anforderung bei SWE.1 formuliert sein.)

- **Effizienz**
(hier: Ressourcenverbrauchsverhalten, Laufzeitaspekte für das Erbringen der Funktion, z.B. Echtzeit, Fehlertoleranzzeiten. Dies kann als explizite Anforderung formuliert sein.)

- **Zuverlässigkeit**
(Die Funktionalität muss korrekt ablaufen in den Zeiträumen, in denen sie in Anspruch genommen wird. Dies kann z.B. durch logische Fehler, aber auch durch Überschreiben von Stack- und Nutzdaten, durch Korruption von Programm-, Stack- und anderen Zeigern, Bitkippern, Registern, Über- und Unterläufe des Stacks oder von Datenbereichen, Speicherlecks, zu lange Tasklaufzeiten, Verhungern von Tasks, Kommunikationsfehlern etc. geschehen.)

- **Security**

- **Wartbarkeit**

Ab CL2 sind zusätzlich als gültige qualitative Qualitätskriterien nach ISO/IEC 25010 denkbar:

- **Kompatibilität**
(um aus wirtschaftlichen Gründen z.B. Legacy-Komponenten oder Teilsysteme weiter nutzen zu können)

- **Skalierbarkeit**

- **Erweiterbarkeit**

---

4. Modellierungssprachen haben jedoch meist, je nach Domäne und Einsatzzweck, nur verschiedene Stärken und Schwächen, z.B. Ausdrücken einer Architektur vs. das Modellieren von Reglern und Filtern.

- **Modularität**
(z. B. niedrige Entwicklungskosten durch standardisierte wiederverwendbare Einzelkomponenten, die durch verschiedene Kombinationen auch die Produktvariantenvielfalt und Baukastenansätze unterstützt)
- **Wiederverwendbarkeit**

Zur Erinnerung aus Abschnitt 4.2.1: GP 2.2.1 muss sowohl die CL1- als auch die CL2-Qualitätskriterien garantieren.

Können Sie eine 100 %-Prüfabdeckung in Ihrem Projekt nicht leisten, dann verfolgen Sie eine *risikobasierte* Strategie (Details siehe in Abschnitt 4.2.1.4 unter *Prüfabdeckung*) [Metz 09].

5.5.5 GP 2.2.4 – Prüfung der Arbeitsprodukte

Siehe zunächst alle Hilfestellungen in Abschnitt 4.2.4, S. 74.

Die Architektur ist gegen die Qualitätskriterien und die Modellierungsrichtlinien sowie Sprachprofile zu prüfen.

Sie müssen nicht immer formale Prüfungen durchführen, informelle Prüfungen (z. B. Peer-Reviews) sind auch äußerst wertvoll! Als Nachweis geben Sie einen entsprechenden Kommentar mit Nennung der Mitarbeiter in der Revisionshistorie der Dokumente bzw. in den Eincheckkommentaren der Konfigurationselemente an.

Nutzen Sie Produktlinien, dann beraten die Verantwortlichen für die Pflege von Standardsoftwarearchitekturen das Projekt nicht zuletzt deshalb, weil man sich im Projekt für eine Variantenausprägung entscheiden muss. Das gilt als implizite Prüfung in beide Richtungen: Erstens werden dadurch die Standardsoftwarearchitekturen ständig infrage gestellt und weiterentwickelt (s. o. zu GP 2.1.7), zweitens hat das projektspezifische Softwarearchitekturdesign dadurch eine bewährte, stets wiederverwendete Basis.

Vergessen Sie nicht, auch die seit CL1 verlangte Traceability-Abdeckung und die Konsistenz der Inhalte entlang der Traceability-Links zu prüfen. Erinnern Sie sich dabei auch an Exkurs 4 (S. 62). Dies gilt auch für die Verweise zwischen Architekturdesign und Schnittstellendefinitionen, wenn dies verschiedene Arbeitsprodukte sind.

Richten Sie zum Effizienzgewinn automatische Reports über die Traceability zu den Softwareanforderungen ein, sofern werkzeugtechnisch machbar, und werten Sie diese während der Prüfungen des Softwarearchitekturdesigns aus.

Haben Sie bzgl. Prüfabdeckung Schwierigkeiten, vollständig zu sein, führen Sie ein risikobasiertes Argument an (vgl. Abschnitt 4.2.1, S. 63).

5.5.6 GP 2.2.2, GP 2.2.3 – Handhabung der Arbeitsprodukte

Siehe zunächst alle Hilfestellungen in Abschnitt 4.2.2 (S. 66).

Für die Prüfer der Softwarearchitektur reicht Lesezugriff, wobei das Unterscheiden von Lese- und Schreibrechten von den Verwaltungsmöglichkeiten des Werkzeugs abhängt. Schreibzugriff haben alle diejenigen, die an der Erstellung beteiligt sind.

Legen Sie eine Freigabestrategie für Softwareleistungen über die SWE-Prozesse hinweg fest (siehe hierzu die Diskussion im Exkurs 15, S. 134).

Die Softwarearchitektur soll informal freigegeben werden von

- den Softwarearchitekten, wenn Sie mehrere einsetzen, sowie
- den Softwareintegrationstestern.

Überlegen Sie, der Qualitätssicherung ein Vetorecht gegen Freigaben einzuräumen, z.B. bei unaufgelösten Befunden oder bei falschen Status einzelner Anforderungen (Details hierzu siehe bei GP 2.1.7 von SUP.1 in Abschnitt 5.14.5, S. 171). Alternativ dazu kann die Qualitätssicherung auch eine Freigabepartei werden.

Allen anderen Stakeholder-Repräsentanten reicht inhaltliche Kenntnisnahme durch deren Prüfungsmitwirkung. Einzige Ausnahme ist der Einkauf, der die Softwarearchitektur aber auch nicht zu kennen braucht, da er höchstens strategische Vorgaben, wie z.B. zuzukaufende Softwarekomponenten, macht.

Denken Sie auch an die psychologische Wirkung von (echten oder digitalen) Unterschriften.

5.6 SWE.3 – Softwarefeindesign und Codierung

Beachten Sie hier zuerst Abschnitt 5.1, S. 95.

Exkurs 11
Zur Grenze zwischen *Softwarekomponente* und *Software-Unit* [Bühler & Metz 16]

Aus Sicht des Designs gehören diese Begriffe nicht zur Implementierungsebene, sondern sind logische Begriffe der *Modellierung*sebene. Das liegt daran, dass Software-Units und Hierarchien von Softwarekomponenten physisch immer aus den *.h- und *.c-Dateien bestehen.

Welche Mengen solcher Dateien als eine Softwarekomponente und welche als Software-Unit zu sehen sind, können Sie nicht generisch festlegen. Wo die Grenze zu einer Software-Unit liegt, stellen Sie als Erstes zur Modellierungszeit und danach zur Implementierungszeit fest. Zur Modellierungszeit geschieht dies, indem Sie für jedes Element des statischen Designs die dynamische Modellierung genau betrachten:

→

5.6 SWE.3 – Softwarefeindesign und Codierung

- Besitzt es eine große und/oder bzgl. der übergebenen Funktionsargumente komplexe öffentliche Schnittstelle, weil z. B. sehr viele Pfeile in UML-Sequenzdiagrammen auf es weisen, dann ist dies ein Hinweis darauf, dass das Element eine Softwarekomponente und keine Unit ist. Unterteilen Sie das Kästchen weiter (unter Anpassung der dynamischen Modellierung) und stellen Sie die Frage erneut – es sein denn, das Kästchen stellt z. B. eine *Fassade* nach dem gleichnamigen Entwurfsmuster [Gamma et al. 96] dar, die gerade den Zweck eines großen und komplexen Interface zur Kapselung der dahinterliegenden Elemente verfolgt.

  Ist das öffentliche Interface aber klein und ist es für den Softwarearchitekten aus der *fachlichen* Perspektive nicht mehr sinnvoll unterteilbar, dann handelt es sich wahrscheinlich um eine Unit (Merke: Implementierungstechnisch ist ein Interface immer weiter unterteilbar, bis man im Extremfall nur noch eine Funktion pro Interface hätte). Um die Übersichtlichkeit im Innern einer solchen Software-Unit zu steigern, können hinter dem öffentlichen Interface natürlich Unterfunktionen angelegt sein.

- Verhaltensseitig müssen Software-Units keine primitiven oder unintelligenten Elemente sein. Sie können z. B. Zustandssemantik besitzen, wenn sie dabei eine *fachlich sinnvolle Einheit verbleiben*. Dies ist wichtig, denn implementierungstechnisch kann man eine Zustandsmaschine immer beliebig weit in separate *.c-Dateien auftrennen. Dies bringt jedoch keinen fachlichen Vorteil und erschwert im Gegenteil Codereviews. Unterfunktionen *innerhalb* derselben *.c-Datei, die z. B. aus einem `switch-case`-Zweig heraus aufgerufen werden, sind zur weiteren Übersichtlichkeit möglich und sinnvoll.

  Zustandssemantik für ein Element liegt vor, wenn Sie eine der folgenden Fragen mit Ja beantworten können:
  - Gibt es bestimmte Reihenfolgen, in denen die Funktionen des Interface nur aufgerufen werden dürfen (z. B. ist die Verarbeitung der Taste *Stop* eines CD-Players nur sinnvoll nach Taste *Start*)?
  - Muss derselbe Funktionsaufruf teilweise zu verschiedenem Verhalten führen (z. B. lässt die Taste *Pause* eines CD-Players die Musik verstummen, bei nochmaliger Verwendung aber wieder weiterlaufen)?

Aus all dem folgt, dass eine Software-Unit beides sein kann, eine einzelne C-Funktion, aber auch eine ganze *.c-Datei. Beispiele:

- Die C-Funktion, die die Zustandsmaschine implementiert und daher aus so vielen `switch-case`-Anweisungen besteht, wie es Zustände im SysML-Zustandsdiagramm gibt.
- Die *.c-Datei *Motortreiber*, die Ansteuerbefehle für einen Motor in IO-Signale für die Drehrichtung sowie in PWM-Signale für die Drehzahl umsetzt.

Es ist jedoch durchaus normal, auch erst zur Implementierungszeit festzustellen, wo die Grenze zwischen einer Softwarekomponente und einer Software-Unit liegt: Merkt der Softwareentwickler während des Programmierens, dass die vom Softwarearchitekten vermeintlich bestimmte Software-Unit aus fachlichen und Komplexitätsgründen noch weiter unterteilt werden sollte, dann kehrt man zum Architekturdesign zurück und verändert es entsprechend (siehe hierzu aber Exkurs 13, S. 126). Stellt der Entwickler fest, dass sich die fachliche Komplexität durch Aufteilung nicht mehr reduzieren lässt, dann handelt es sich um eine Unit.

Softwarekomponenten bleiben dabei in jedem Fall fachlich-logische, rekursive Zusammenfassungen von Software-Units und wiederum von Komponenten.

Exkurs 12
Interrupts sind immer Software-Units [Bühler & Metz 16]
Obwohl Interrupt-Behandlungen als einzelne C-Funktionen implementiert sind, sind sie prinzipiell kritisch, weil sie de facto Nebenläufigkeit beschreiben, Zeitressourcen verbrauchen und (bei geschachtelten Interrupts umso mehr) einen parallelen Programmfluss darstellen. Sehen Sie Interrupts daher als einzige Ausnahme zu Exkurs 11 an und betrachten Sie sie pauschal *immer* als Software-Units. So erzwingen Sie automatisch, dass die potenziellen Nebenläufigkeiten, Zeitressourcen und Programmflüsse explizit analysiert und im dynamischen Design berücksichtigt werden.

Exkurs 13
Codemetrik-Ziele sind kein Dogma
Aus Exkurs 11 ergibt sich auch, dass z.B. eine zu hohe zyklomatische Komplexität einer C-Funktion *allein* kein Grund ist, sie weiter aufzuteilen. Codemetriken geben sinnvolle *Hinweise* darauf, wo Restrukturierung sich lohnen *könnte* – eine Restrukturierung muss aber immer eine wirkliche *Verbesserung* sein. Bringt sie weder einen fachlichen noch didaktischen Vorteil, dann ist das ein Grund gegen das Einhalten eines Metrikziels.

Als Beispiel siehe die Kurzdiskussion zu `switch-case`-Strukturen in Exkurs 11 oben (S. 124).

5.6.1 GP 2.1.1 – Prozessziele (Performance Objectives)

Termine und Dauern (Standard-SW-Komponenten einer Produktlinie)

Standardsoftware-Units bzw. -komponenten (siehe hierzu Exkurs 11 oben) werden parallel zu Entwicklungsprojekten gepflegt und durch sie befruchtet, da sich die Entwicklungsprojekte nah an den Kundenbedürfnissen des Marktes befinden. Dadurch sind auch die Termine, zu denen Änderungen oder Erweiterungen an Standard-SW-Komponenten fertig sein müssen, durch die Zeitplanung der Entwicklungsprojekte getrieben.

Daher werden Änderungen oder Erweiterungen von Standard-SW-Elementen über CRs gehandhabt. Diese CRs werden von den Entwicklungsprojekten gestellt, aber auch von den Entwicklern der Standardelemente selbst, z.B. Optimierung von Algorithmen und Schnittstellen. Die CRs umfassen Änderungen an den Unit- bzw. komponentenspezifischen Anforderungen, deren Design oder Implementierung sowie deren statische Softwareverifikation und Unit Test. Die erwarteten Fertigstellungstermine dieser CRs entsprechen dann den Datumsangaben von z.B. Lieferterminen in Entwicklungsprojekten.

Es ist wichtig, dass Sie wirklich das konkrete Datum selbst im CR eintragen und nicht die bloßen Releasebezeichnungen der Entwicklungsprojekte, da sonst die Komponentenentwickler ständig die wirklichen Termine in Hunderten verschiedenen Release- oder Zeitplänen nachschlagen müssten, was ineffizient und fehlerträchtig ist, von der Frage des Zugriffs auf die Ablage solcher Pläne für jedermann ganz abgesehen. Es ist Sache der Entwicklungsprojekte, deren CRs an Standard-SW-Elemente zu aktualisieren, sollte sich ein Termin im Projekt ändern.

Aufwände (Standard-SW-Komponenten einer Produktlinie)

Da Standard-SW-Units bzw. Standard-SW-Komponenten meist parallel zu Entwicklungsprojekten gepflegt werden, schaffen Sie am besten einen einzigen gemeinsamen Aufwandsbuchungsposten für die Arbeit an allen Standard-SW-Elementen. Es kann auch als Orientierung ein Maximalaufwand z.B. pro Jahr vorgegeben werden. Hierzu ist es dann aber notwendig, dass Sie über die Zeit und CRs (s.o.) ermitteln, was typisch oder der Durchschnitt an Aufwand ist.

Gegebenenfalls interessiert es Sie jedoch zusätzlich, welche Aufwände für Standard-SW-Elemente auf z.B. konstruktive Änderungen vs. Test und Qualitätssicherung entfallen. Wenn dies der Fall ist, lesen Sie nochmal in Abschnitt 4.1.1 zum Thema Granularität von Aufwandsbuchungsposten nach.

Termine und Dauern (Ebene eines gesamten Entwicklungsprojekts)

Es muss nicht das Feindesign und der Code aller Units gleichzeitig zu einem Termin fertiggestellt werden. Welche wann benötigt werden, hängt über die Softwarearchitektur ebenso von der Release- und Musterplanung des Projekts [Metz 09] ab (beachten Sie auch Exkurs 8, S. 98).

Die Abarbeitung von CRs aus dem und für den gesamten Projektkontext bildet einen Teil der Steuerung des Prozesses (siehe auch Exkurs 21, S. 175).

Aufwände (Ebene eines gesamten Entwicklungsprojekts)

Sollte ein Projekt eine Übernahmeentwicklung oder eine Ausprägung einer Produktlinie sein [Metz 09], können Maximalaufwände für das Anpassen des Feindesigns und Codes gestellt werden, sofern sich Softwareanforderungen ändern müssen. Hierzu ist es dann aber notwendig, dass Sie ermitteln, welche Aufwände für bestimmte Projekttypen und -kategorien hier typisch sind. Das wiederum macht das Aufstellen von Schätzdatenbasen notwendig (vgl. hierzu Abschnitt 4.1.1).

Beachten Sie: Aufwände werden in der Praxis nicht auf Ebene von Software-Units geplant, diese Detailebene bringt Ihnen keinen Vorteil. Ihre Basis sind die Softwareanforderungen (siehe SWE.1 in Abschnitt 5.4.1, S. 115), allenfalls gehen Sie maximal auf die Ebene von Architekturkomponenten hinunter (siehe SWE.2 in Abschnitt 5.5.1, S. 119).

Maximalaufwände müssen aber mit Terminen und Dauern, s.o., konsistent sein.

Es gilt auch hier, dass die Abarbeitung von CRs zusätzlich als Teil der Steuerung dieses Prozesses zu beachten ist.

Methoden und Techniken (beide Ebenen)

Entscheiden Sie die Modellierungssprache(n), die von allen Softwareentwicklern zu nutzen sind. Sie müssen hier natürlich konsistent mit den Entscheidungen bei SWE.2 *Softwarearchitekturdesign* sein.

Überlegen Sie konsistent mit SWE.2, an welche

- Entwurfs- und Analysemuster sowie Anti-Patterns auf Feindesignebene sowie
- Idiome und Anti-Patterns auf Codeebene

sich die Softwareentwickler halten sollen [Metz 09]. Auch hier verbessert sich dadurch die Homogenität der Software-Units. Es ergeben sich daraus u.U. sogar auch die Refactoring-Ziele für Standard-SW-Komponenten.

Wenn Sie Legacy-Code nutzen, überlegen Sie, ob Sie Refactoring fordern müssen, um so diesen Codeumfang über die Zeit und Projekte hinweg zu verbessern [Metz 09], [intacsPA]. Die Notwendigkeit zur Verbesserung kann z.B. über den Vergleich mit zu setzenden Zielwerten für Codemetriken identifiziert werden, die während statischer Verifikation ermittelt werden (siehe Abschnitt 5.7.1, S. 136). Für Refactoring sind auch die o.g. Idiome und Patterns zu beachten.

Im Zusammenhang mit vorzugebenden Entwurfsmustern für Unit-, aber auch Architekturdesign ist es wichtig, sich für effiziente Implementierungstechniken zu entscheiden. Wenn z.B.

- Laufzeiteffizienz,
- eine hohe Sicherheitsintegrität (z.B. ASIL C und D nach ISO 26262) und damit einhergehend die Argumentation der Methodenwahl,
- geringer Speicher
- oder gar einkaufsseitige Vorgaben wie z.B. die Nutzung kleinerer oder zumindest keiner größeren Mikrocontroller

Ihr Problem ist, dann kann das ggf. gegen die Einführung von zusätzlichen Indirektionen, Nutzung von Zeigern, zusätzlichen Code oder zusätzliche Variablen sprechen. Dies kann wiederum bedeuten, dass Sie sich ggf. nur auf bestimmte Entwurfsmuster fokussieren.

5.6.2 GP 2.1.5, GP 2.1.6, GP 2.1.7 – Verantwortlichkeiten und Befugnisse, Ressourcen, Stakeholder

Technische Ressourcen sind zunächst die entsprechenden Softwaremodellierungswerkzeuge und Lizenzen. Weitere technische Ressourcen sind:

- 3rd-Party-Softwareumfänge wie z. B. AUTOSAR- oder CAN-Stacks und deren Dokumentation
- Eigene oder kommerzielle Funktionsbibliotheken
- Eigene oder kommerziell erwerbbare Frameworks und deren Dokumentation
- Open-Source-Software

Insbesondere bei einem Produktlinienansatz sind weitere Ressourcen die Standard-Units bzw. -komponenten, und zwar konkret deren

- statisches wie dynamisches Feindesign (dies wird Varianten unterliegen) und
- technische Schnittstellendefinitionen (auch diese unterliegen Varianten).

Die personellen Ressourcen sind die Softwareentwickler.

Bestimmen Sie bei Nutzung von Open-Source-Software zunächst, wer diese zu sichten und zu beschaffen und die anderen Entwickler bei deren Einbindung zu beraten hat.

Legen Sie im Projekt auch fest, wie Sie die Verantwortlichkeit für projektspezifische Units bzw. Komponenten verteilen. Standard-Units bzw. -komponenten sollten ohnehin einen festen Verantwortlichen haben. Dieser ist für alle Projekte der beratende Ansprechpartner, was die Integration einer Variante davon in das Projekt anbelangt.

Als Alternative zum letzten Absatz können Sie bei Nutzung agiler Ansätze wie z. B. Extreme Programming die Praktik der kollektiven Eigentümerschaft von Code und ggf. auch des Feindesigns (dieses stellt letztendlich eine Dokumentation dar) verfolgen. Dies ist allerdings abhängig von Anzahl und Größe von insbesondere Standard-SW-Elementen. Zur Erinnerung: Extreme Programming ist ursprünglich als Ansatz für kleine Teams veröffentlicht worden.

Prüfer und gleichzeitig Inputgeber für das SW-Feindesign und den Code sind folgende Personen(gruppen):

- Die SW-Entwickler anderer Units; wenn Sie personell trennen in Entwickler der Units und Test der Units (siehe Abschnitt 5.7.2, S. 137), dann beteiligen Sie die Unit-Tester an der Prüfung des Unit-Designs aus der Perspektive Verständlichkeit und Testbarkeit.
- Die Verantwortlichen für die Pflege von Standardkomponenten bzw. Standard-Units und damit Standardcodeumfängen der Produktlinie. Da solche

Softwareumfänge meist zahlreiche Variantenmöglichkeiten abbilden, also konfigurierbar sind (Techniken dazu siehe Abschnitt 2.2, S. 7), interessieren sich die Verantwortlichen für die Variantenauswahl, aber auch für Anpassungen und Erweiterungen der nutzenden Projekte, um das ggf. in den Standard zurückzuspiegeln.
- Die eigene Einkaufsabteilung im Falle von z.B. zugekauften SW-Komponenten wie AUTOSAR- oder CAN-Stacks, Betriebssystemen oder Funktionsbibliotheken.

Denken Sie daran, dass die Entwickler der Units bzw. Komponenten als Prüfer der Softwareanforderungen und Softwarearchitektur mitwirken (siehe Abschnitt 5.4.4, S. 116) bzw. Abschnitt 5.5.2, S. 120). Die SW-Architektur mit ihren Schnittstellendefinitionen wird geprüft (z.B. durch Review), siehe GP 2.2.1 und GP 2.2.4 unten, woraus ggf. Befundlisten entstehen. Gewähren Sie zur Absicherung den Qualitätssicherern das Recht, diese Befundlisten stichprobenhaft auf Plausibilität zu überprüfen. Siehe hierzu auch GP 2.1.7 von SUP.1 (Abschnitt 5.14.5) und die dort angegebenen weiteren Verweise.

Siehe auch hier Exkurs 21 (S. 175): Es wird für CRs keine weiteren neuen Mitarbeiter geben.

5.6.3 GP 2.1.2, GP 2.1.3, GP 2.1.4 – Planung, Überwachung und Anpassung

Die Feinplanung bezieht sich auf das rechtzeitige planerische Zurverfügungstellen und Zusammenwirken aller technischen und personellen Ressourcen und Stakeholder-Repräsentanten, sodass die Prozessziele von SWE.3 eingehalten werden. Diese müssen wiederum konsistent sein mit denen für SWE.4.

Die Abarbeitung von CRs ist hier zusätzlich besonders zu beachten (siehe Exkurs 21, S. 175).

5.6.4 GP 2.2.1 – Anforderungen an die Arbeitsprodukte

Siehe zunächst alle Hilfestellungen in Abschnitt 4.2.2, S. 66.

Softwarefeindesign

Softwarefeindesign wird durch Modelle ausgedrückt:
- Bei modellbasierter Entwicklung geschieht dies mittels formaler Modellierungssprachen, die durch ein Werkzeug eindeutig interpretierbar sein müssen (wie Matlab/Simulink, Rhapsody, Ascet etc.), damit sie ausführbaren Code automatisiert erzeugen können. Es findet keine Codeerzeugung per Hand statt. Das Unit- und weitestgehend das Integrationstesten erfolgt dann ebenfalls auf der Modellebene.

5.6 SWE.3 – Softwarefeindesign und Codierung

- Bei nicht modellbasierter Entwicklung dienen grafische Modelle, bereichert um textuelle Erklärungen, als eine abstraktere Dokumentation, um auf dieser Basis sowohl den Nutzcode als auch den Testcode per Hand zu erstellen.

Geben Sie in *beiden* Fällen daher für Ihre gewählte(n) Modellierungssprache(n) Modellierungsrichtlinien und Sprachprofile an, die ausdrücken, welche Diagrammtypen und Modellierungselemente Sie warum wie einsetzen. Modellierungsrichtlinien und -sprachprofile sind also immer notwendig. Seien Sie hierbei konsistent mit den Entscheidungen beim Softwarearchitekturdesign (siehe Abschnitt 5.5.1, S. 119).

Quellcode

Auch für die Codierung benötigen Sie Programmierrichtlinien. Dies gilt nicht nur für handcodierten, sondern genauso für autogenerierten Code im Falle modellbasierter Entwicklung. Solche Coderichtlinien hängen jedoch stark vom Werkzeug ab.

Qualitätskriterien für beide Arten der Entwicklung

Über Prüfung auf Einhaltung der Modellierungsrichtlinien und Sprachprofile hinaus wären folgende CL1-Qualitätskriterien nach ISO/IEC 25010 (Details siehe Abschnitt 4.2.1, S. 56) zu prüfen:

- **Funktionalität**
 (hier: Fachliche Korrektheit des Feindesigns gegen die Architektur und die Softwareanforderungen. Der Quellcode muss fachlich korrekt gegenüber dem Feindesign und den Softwareanforderungen sein. Gibt es technische Lessons Learned, so ist dagegen auch zu prüfen.)
- **Zuverlässigkeit**
 (Die Funktionalität muss korrekt ablaufen in den Zeiträumen, in denen sie in Anspruch genommen wird. Dies kann durch logische Fehler, aber auch durch z.B. Überschreiben von Stack- und Nutzdaten durch Korruption von Programm-, Stack- und anderen Zeigern, Bitkippern, Registern, Über- und Unterläufe des Stacks oder von Datenbereichen, Speicherlecks, zu lange Tasklaufzeiten, Verhungern von Tasks, Kommunikationsfehlern etc. geschehen.)
- **Security**
- **Wartbarkeit**

Ab CL2 sind zusätzlich als gültige qualitative Qualitätskriterien nach ISO/IEC 25010 denkbar (Details siehe Abschnitt 4.2.1, S. 56):

- **Kompatibilität**
 (Um aus wirtschaftlichen Gründen z.B. Legacy-SW-Komponenten oder eine Produktlinie weiter nutzen zu können)

- Skalierbarkeit
- Expandability
- Modularität
(Z. B. niedrige Entwicklungskosten durch standardisierte wiederverwendbare Einzelkomponenten, die durch verschiedene Kombinationen auch die Produktvariantenvielfalt und Baukastenansätze unterstützen)
- Wiederverwendbarkeit
Portabilität (Lässt sich der Quellcode effizient z. B. auf ein anderes Betriebssystem, Middleware oder Mikrocontroller übertragen?)

Zur Erinnerung aus Abschnitt 4.2.1: GP 2.2.1 muss sowohl die CL1- als auch die CL2-Qualitätskriterien garantieren.

Überlegen Sie, welche Codemetriken Sie in welcher Kombination und mit welchen Zielwerten heranziehen, um Verständnis über die Komplexität Ihres Codes zu bekommen, damit Sie bewerten können, ob etwaige Refactoring-Ziele (s. o. bei GP 2.1.1) erreicht wurden.

Beachten Sie hierbei: Diese Vorgaben macht man im Rahmen von SWE.3, obwohl die echten Werte meist im Rahmen von SWE.4 *Software-Unit-Verifikation* ermittelt werden.

> **Exkurs 14**
> **CL1 von SWE.3 – Muss aller Quellcode pauschal und immer reviewt werden?**
>
> Gemäß Exkurs 16 bei SWE.4 (S. 136) muss nicht jeder Quellcode Unit-getestet werden.
> Bei der Quellcodeprüfung (i.S.v. Reviews) hingegen ist eine solche Argumentation schwieriger bzw. hängt von den vorgegebenen Qualitätskriterien ab: Nicht alle sind durch Unit Test beurteilbar, so z. B. die Wiederverwendbarkeit oder Skalierbarkeit. Diese müssen dann in Checklisten für Codeprüfungen enthalten sein.

Können Sie eine 100%-Prüfabdeckung in Ihrem Projekt nicht leisten, dann verfolgen Sie eine *risikobasierte* Strategie (Details siehe in Abschnitt 4.2.1.4 unter *Prüfabdeckung*) [Metz 09].

5.6.5 GP 2.2.4 – Prüfung der Arbeitsprodukte

Siehe zunächst alle Hilfestellungen in Abschnitt 4.2.4, S. 74.

Die Architektur ist gegen die Qualitätskriterien und die Modellierungsrichtlinien sowie Sprachprofile zu prüfen. Der Vorteil bei modellbasierter Entwicklung ist hier, dass Sie z. B. die Konsistenz der Modelle bereits durch die Werkzeuge prüfen lassen können oder sich durch Simulation im Werkzeug leichter tun, die korrekte Funktionalität zu beurteilen.

Beachten Sie: Wenn das Design, die Implementierung und das Testen einer Unit durch *denselben* Entwickler geschieht (wie z. B. bei testgetriebener Unit-Entwicklung), dann ist die Prüfung des Unit-Designs der einzige und letzte Eingriffspunkt zum Finden von fachlichen Fehlern, den Sie haben! Andernfalls werden sich Fehler im Unit-Design unentdeckt hindurchziehen, da der Entwickler dann sowohl die Implementierung (und deren Prüfung) sowie die Testfallentwicklung (und deren Prüfung) gegen das fehlerhaftes Unit-Design betreibt. Legen Sie daher den Fokus auf die Prüfung von Unit-Design (SWE.3)!

Prüfungen müssen nicht immer formeller Natur sein, informelle Prüfungen (z. B. Peer-Reviews) sind auch äußerst wertvoll! Als Nachweis geben Sie einen entsprechenden Kommentar mit Nennung der Mitarbeiter im Quellcode in den Eincheckkommentaren des Konfigurationsmanagementwerkzeugs an. Daraus ergibt sich auch, dass z. B. Pair Programming (eine Praktik des agilen Ansatzes Extreme Programming) als Codeprüfung gilt [Metz 09].

Nutzen Sie Produktlinien, dann beraten die Verantwortlichen für die Pflege von Standard-SW-Units und -Komponenten das Projekt. Dies tun sie nicht zuletzt deshalb, weil man sich im Projekt für eine Variantenausprägung entscheiden muss.

Auch dies gilt als implizite Prüfung: Erstens werden dadurch die Standard-SW-Komponenten bzw. -Units ständig infrage gestellt und weiterentwickelt (s. o. zu GP 2.1.7), zweitens haben die Projekte dadurch eine bewährte, stets wiederverwendete Basis.

Vergessen Sie nicht, auch die seit CL1 verlangte Traceability-Abdeckung und die Konsistenz der Inhalte entlang der Traceability-Links zu prüfen. Erinnern Sie sich dabei auch an Exkurs 4 (S. 62). Richten Sie zum Effizienzgewinn automatische Reports über die Traceability zu den Softwareanforderungen ein, sofern werkzeugtechnisch machbar, und werten Sie diese während der Prüfung aus.

5.6.6 GP 2.2.2, GP 2.2.3 – Handhabung der Arbeitsprodukte

Siehe zunächst alle Hilfestellungen in Abschnitt 4.2.2 (S. 66).

Haben Sie die Verantwortung für SW-Units bzw. SW-Komponenten auf verschiedene Entwickler verteilt, dann benötigen Sie die Autoren der jeweils anderen Units und Komponenten und auch die o. g. Prüfer. Für Prüfer ist dabei nur Lesezugriff erforderlich. Nutzen Sie den Ansatz des Extreme Programming und damit kollektive Codeeigentümerschaft, dann ist dies nicht notwendig [Metz 09].

Exkurs 15
Abnahme von Softwarearbeitsergebnissen in Zusammenhang mit der Reihenfolge von Codeprüfungen, statischer Softwareverifikation und Softwaretestaktivitäten

Zunächst zu CL1:

Gemäß der Logik eines qualitätsorientierten Vorgehens wird Software in der nachfolgenden kausalen Reihenfolge erstellt, damit auf der Verifikationsstufe n angenommen werden kann, dass die Fehlerursache in demjenigen Schritt des linken V-Asts zu vermuten ist, der der Verifikationsstufe n-1 gegenüberliegt:

1. Softwareanforderungen
2. Softwarearchitektur
3. Softwarefeindesign
4. Implementierung und statische Verifikation
5. Quellcodeprüfung
6. Unit-Testen } siehe hierzu Exkurs 14 (S. 132) und Exkurs 16 (S. 136)
7. SW-SW-Integrationstest
8. Softwarequalifizierungstest

Merke: Dies ist nicht als Wasserfallmodell o. Ä. misszuverstehen. Die Reihenfolge bezieht sich nicht auf die gesamthafte Menge aller Anforderungen, sondern jede Funktionalität (also eine Menge von Anforderungen) unterliegt dieser Reihenfolge. Das bedeutet, es kann parallel sowie iterativ und inkrementell vorgegangen werden. Ebenso können in einem Produktlinienkontext den Projekten bereits vorqualifizierte Standard-SW-Units bzw. -Komponenten (siehe hierzu Exkurs 11, S. 124) zur Verfügung stehen. Vorqualifizierung bezieht sich hier auf Quellcodeprüfungen, statische Verifikation und Unit-Testen. Der Grad an Vorqualifizierung hängt aber davon ab, welche Variante der SW-Units bzw. -komponenten im Projekt genutzt wird. Variantenorientierung von Standard-SW-Units bzw. -Komponenten ist auch der Grund, weswegen ein SW-SW-Integrationstest über SW-Komponenten hinweg nur im Projektkontext geschehen kann. Ein SW-SW-Integrationstest innerhalb einer SW-Komponente ist ebenfalls denkbar, es kommt auf die Komplexität und fachliche Aufgabe der Komponente an: Die Funktionalität z.B. eines NVRAM-Managers (der bestimmte Bytes an Daten mit einem bestimmten Timing an einen bestimmten Ort speichern bzw. laden muss) oder eines LIN-Bus-Treibers wird per Blackbox-Test getestet, nachdem der Quellcode Unit Tests erfahren hat.

Dennoch kommt es in der Praxis vor, dass z.B. trotz B- oder C-Musterphase Prüfungen des Softwarecodes erst nach Unit Tests, nach SW-SW-Integrationstests oder gar nach Softwarequalifizierungstests erfolgen.

Dies wird zeitlich und wirtschaftlich ineffizient sein, da Änderungen im Regelfall teurer werden, je später man sie entdeckt. Sie müssen außerdem davon ausgehen, dass der Assessor Sie nach einer argumentierten Begründung fragen wird, warum Sie eine solche nicht konforme Reihenfolge wählen.

→

5.6 SWE.3 – Softwarefeindesign und Codierung

Zu CL2 diesbezüglich:

In der Praxis ist es kein Ziel, die einzelnen Arbeitsprodukte von SWE.1 bis SWE.6 allein und isoliert voneinander freizugeben und sonst nichts mehr zu tun. Anstatt also nur Spezifikationen und Dokumente allein für sich zu betrachten, wird man auf die Freigabe von Software-*Gesamtleistungen* abzielen. Das verlangt, Arbeitsprodukte über SWE.1 bis SWE.6 hinweg im Zusammenhang zu betrachten. Beispiel:

- Anforderungen für Heckklappe Öffnen & Schließen: freigegeben
- Softwarearchitektur und Feindesign: freigegeben
- Unit-Testfälle: freigegeben
- Ergebnisse Unit Test & statische Verifikation: vorliegend
- Quellcode: freigegeben
- Softwareintegration, Testfälle: freigegeben
- Softwareintegration, Testergebnisse: vorliegend
- Softwarequalifizierung, Testfälle: freigegeben
- Softwarequalifizierung, Ergebnisse: vorliegend + risikobewertet

} Freigabe SW-Funktionalität Öffnen/Schließen

Beachten Sie, dass nach Abbildung 4–11 (S. 69) dem Status *Freigegeben* bereits die Arbeitsproduktprüfung (i.S. eines Reviews) vorangegangen ist. Definieren Sie also über die GP 2.2.2 aller SWE-Prozesse hinweg, aufgrund welcher Voraussetzungen die Freigabe von

- einzelnen Softwarekomponenten und
- Softwarefunktionalitäten

geschehen kann.

Die o.g. Ineffizienz ist eine Frage, mit der man sich bei GP 2.1.1 und GP 2.1.2 bis GP 2.1.4 bzw. auf der Projektebene (d.h. CL1 von MAN.3) auseinandersetzen muss. Dies ist insbesondere dann der Fall, wenn bei zwar sinnvoller Definition von Freigabevoraussetzungen, aber nicht konformer Entwicklungsreihenfolge die Freigaben und damit z.B. Liefertermine verzögert werden.

Zur Abgrenzung von Freigaben auf CL2 und der Weitergabe von Inhalten auf CL1 siehe Hinweis 27 für Assessoren (S. 72).

Legen Sie eine Freigabestrategie für Softwareleistungen über die SWE-Prozesse hinweg fest (siehe hierzu die Diskussion im Exkurs 15, S. 134).

Nehmen Sie dabei den Quellcode anhand der Ergebnisse folgender Überprüfungen ab:

- Statische Softwareverifikation (SWE.4)
- Quellcodeprüfungen (SWE.3)
- Unit Tests (SWE.4) und damit einhergehend das Feindesign (SWE.3)

Das Feindesign soll informal von den Prüfern der SW-Units freigegeben werden.

Überlegen Sie, der Qualitätssicherung ein Vetorecht gegen Freigaben einzuräumen, z. B. bei unaufgelösten Befunden für Designmodelle (Details hierzu siehe bei GP 2.1.7 von SUP.1 und auch die dort angegebenen weiteren Verweise auf SUP.8). Alternativ dazu kann die Qualitätssicherung auch eine Freigabepartei werden.

Alle anderen genannten Stakeholder (siehe GP 2.1.7) bekommen automatisch Kenntnis vom Feindesign und dem Code durch deren Prüfungsmitwirkung. Einzige Ausnahme ist der Einkauf, der beides aber auch inhaltlich nicht zu kennen braucht, da er höchstens strategische Vorgaben, wie z. B. zuzukaufende Softwarekomponenten, macht.

Denken Sie auch an die psychologische Wirkung von (echten oder digitalen) Unterschriften.

5.7 SWE.4 – Software-Unit-Verifikation

Siehe zunächst

- Abschnitt 5.1, S. 95
- und zur Unterscheidung zwischen *Softwarekomponente* und *Software-Unit* den Exkurs 11, S. 124.

> **Exkurs 16**
> **CL1 von SWE.4 – Muss aller Quellcode pauschal immer Unit-getestet werden?**
>
> Nach BP 1 von SWE.4 ist die Strategie der Unit-Verifikation festzulegen. Es heißt dort, dass es um »*Konformität ... mit dem Feindesign ...*« geht und daher Anmerkung 1 von BP 1 zeigt, dass verschiedene Methoden dazu geeignet sein können:
>
> »*Mögliche Methoden für die Unit-Verifikation sind statische/dynamische Analyse, Codeprüfung, Unit-Testen etc.*«
>
> Es müssen also nicht zwingend nur Unit Tests sein. Korrektheit und Anforderungserfüllung kann z. B. bei begründeter geringer Komplexität auch allein durch Quellcodereview ohne Unit Test geprüft werden. Ein Beispiel hierzu findet sich in Abbildung 6–7 (S. 204).

5.7.1 GP 2.1.1 – Prozessziele (Performance Objectives)

Termine, Dauern und Aufwände (Standard-SW-Komponenten einer Produktlinie)

Alle Informationen bei SWE.3 (siehe Abschnitt 5.6.1, S. 126) sind analog übertragbar.

Termine, Dauern und Aufwände (Ebene eines gesamten Entwicklungsprojekts)

Alle Informationen bei SWE.3 (siehe Abschnitt 5.6.1, S. 126) sind analog übertragbar.

Methoden und Techniken (beide Ebenen)

Methoden und Techniken müssen bereits für CL1 vorgegeben werden. Dies ergibt sich durch BP 1 *Verifikationsstrategie* zusammen mit Exkurs 16, s. o. Dasselbe gilt für Aussagen oder Einschränkungen zur Testabdeckung.

Ein Testabdeckung geht automatisch mit einher, wenn Sie

- Standard-SW-Units nutzen, die vorqualifiziert sind,
- oder in Übernahmeprojekten etwas nicht noch einmal testen müssen, weil es unverändert bleibt.

Daher sind solche Vorgaben nicht erst eine CL2-Leistung [Metz 09] (siehe hierzu auch noch einmal Exkurs 11, S. 124 und Exkurs 15, S. 134).

5.7.2 GP 2.1.5, GP 2.1.6, GP 2.1.7 – Verantwortlichkeiten und Befugnisse, Ressourcen, Stakeholder

Technische Ressourcen sind zunächst die entsprechenden Testwerkzeuge wie Unit-Test-Software, Software-Debugger und statische Analysewerkzeuge.

Um Target-Abhängigkeiten auszuschalten, ist es sinnvoll, Unit Tests auf dem Target auszuführen (dies wäre allerdings bereits eine Forderung der Teststrategie auf CL1), daher sind die entsprechenden Targets und Hardware-Debugger weitere technische Ressourcen.

Wenn Sie z. B. einen Produktlinienkontext haben, dann gehören die Standard-SW-Komponenten, Standardtestfälle mit Standardtestvektoren sowie Standardskripte zu den technischen Ressourcen.

Das Aufteilen von Implementierung und Unit-Testen auf verschiedene Personen ist möglich, aber für SWE.4 nicht gefordert.

- Wenn Sie dies tun, dann beteiligen Sie die Softwareentwickler an der Prüfung des Unit-Test-Codes bzw. der Testvektoren. Denken Sie daran, dass Unit-Tester dann auch an der Prüfung des Unit-Designs beteiligt werden (siehe Abschnitt 5.6.2, S.129).

Wenn Sie sich beim Prüfen des fachlichen Quellcodes und des Unit-Test-Codes für formalere Prüfungsmethoden entscheiden, dann können Sie den Qualitätssicherern das Recht einräumen, stichprobenhafte Plausibilitätsprüfungen auf Befundlisten durchzuführen (siehe hierzu auch GP 2.1.7 von SUP.1 (Abschnitt 5.14.5) und die dort angegebenen weiteren Verweise). Insgesamt halte ich Plausibilitätsprüfungen durch die Qualitätssicherung auf der detaillierten Ebene von Unit-Entwicklung jedoch nicht für notwendig.

■ Wenn Sie keine Aufteilung vornehmen, dann gibt es natürlich keine formalen Befundlisten, die die Qualitätssicherung auf Plausibilität prüft.

Denken Sie daran, dass die Entwickler der Units bzw. Komponenten als Prüfer der Softwareanforderungen und Softwarearchitektur mitwirken (siehe Abschnitt 5.4.4, S. 116 bzw. Abschnitt 5.5.2, S. 120). Die Arbeitsprodukte des Prozesses werden geprüft (z.B. durch Review), siehe GP 2.2.1 und GP 2.2.4 unten, woraus ggf. Befundlisten entstehen. Gewähren Sie zur Absicherung den Qualitätssicherern das Recht, diese Befundlisten stichprobenhaft auf Plausibilität zu überprüfen.

Siehe auch hier Exkurs 21 (S. 175): Es wird für CRs keine weiteren neuen Mitarbeiter geben.

5.7.3 GP 2.1.2, GP 2.1.3, GP 2.1.4 – Planung, Überwachung und Anpassung

Die Feinplanung bezieht sich auf das rechtzeitige planerische Zurverfügungstellen und Zusammenwirken aller technischen und personellen Ressourcen und Stakeholder-Repräsentanten, sodass die Prozessziele von SWE.4 eingehalten werden. Diese müssen wiederum konsistent sein mit denen für SWE.3.

Die Abarbeitung von CRs ist hier zusätzlich besonders zu beachten (siehe Exkurs 21, S. 175).

5.7.4 GP 2.2.1 – Anforderungen an die Arbeitsprodukte

Siehe zunächst alle Hilfestellungen in Abschnitt 4.2.1 (S. 56).

Für die Codetestfälle, und im Falle von modellbasierter Entwicklung für die Modelltestfälle, ist als ein qualitatives Qualitätskriterium ab CL2 nach ISO/IEC 25010 Wiederverwendbarkeit denkbar.

Ein Kriterium für Test-Stubs (z.B. für Interrupt-Routinen, Simulieren von Input aus Mikroprozessor-Registern etc.) ist die Portabilität. Die Frage wäre hier, ob sich der Quellcode für diese Stubs, um sie wiederverwenden zu können, effizient z.B. auf ein anderes Betriebssystem, Middleware oder Mikrocontroller übertragen lässt?

Wenn als Verifikationsstrategie in BP 1 auf CL1 nicht nur Unit Tests, sondern stattdessen auch Reviews verwendet werden (z.B. abhängig von der zyklomatischen Komplexität und Schachtelungstiefe des Kontrollflusses einer SW-Unit, wie in Abb. 6–7, S. 204), dann stellt sich die Frage, gegen welche Kriterien diese Reviews erfolgen. Eines davon muss natürlich *Funktionalität* sein (nachzuschlagen in Abschnitt 5.6.4, S. 130), denn wenn ein Review in solch einem Fall den Unit Test ersetzen soll, muss es immer noch den Zweck von SWE.4 *Software-Unit-Verifikation* erfüllen, und der besteht darin, festzustellen, ob die SW-Units u.a. dem Feindesign genügen.

Die daraus entstehende Folgefrage lautet: In welchem Prozess werden dann die CL2-Qualitätskriterien des Codes geprüft? Dies geschieht bei SWE.3 *Softwarefeindesign und Codierung*, denn dort entsteht ja der Quellcode und nicht hier bei SWE.4. Ist aber dann das Review bei SWE.3 GP 2.2.4 ein anderes als das, was man für SWE.4 BP 3 anstelle eines Unit Test durchführt? Die Antwort ist Nein: Reviews des Quellcodes derjenigen Units, die Unit Tests ersetzen sollen, erfolgen einmal und prüfen natürlich gleichzeitig

- die Modellierungsrichtlinien und Sprachprofile, festgelegt bei SWE.3,
- die CL1-Qualitätskriterien, festgelegt bei SWE.3; eines davon ist *Funktionalität*, was genau dem Ziel der BP 1 und BP 3 von SWE.4 gleichkommt, sowie
- die CL2-Qualitätskriterien für diejenigen SW-Units.

Können Sie für die CL1- und die CL2-Qualitätskriterien keine 100 %-Prüfabdeckung

- desjenigen Codes, der die Testfälle und Stubs darstellt,
- und der Testvektoren sowie Testskripte

garantieren, dann verfolgen Sie eine *risikobasierte* Strategie (siehe Abschnitt 4.2.1.4, S. 63, unter *Prüfabdeckung*) [Metz 09].

> **Hinweis 31 für Assessoren**
> **Kann eine *risikobasierte* Teststrategie auch auf CL1 gelten?**
>
> Kann die bei der allgemeinen Erklärung für GP 2.2.4 diskutierte risikobasierte Strategie (siehe Abschnitt 4.2.1.4, S. 63, unter *Prüfabdeckung*) auch bereits für Testprozesse auf CL1 angewendet werden? Stellen Sie im Assessment bei SWE.4, SWE.5, SWE.6, SYS.4 und SYS.5 eine Testabdeckung unter 100 % fest, dann lassen Sie sich ein solches technisches risikobasiertes Argument vortragen. Wird Ihnen tatsächlich eines vorgelegt und erachten Sie dies für den assessierten Kontext in der aktuellen Situation als eine angemessene, proaktive Auseinandersetzung mit der Realität (wie z.B. vom Kunden verschuldete Terminverzerrung oder nicht ad hoc behebbarer Ressourcenmangel), dann können Sie CL1 dennoch hoch bewerten.

5.7.5 GP 2.2.2, GP 2.2.3, GP 2.2.4 – Handhabung und Prüfung der Arbeitsprodukte

Siehe zunächst alle Hilfestellungen in Abschnitt 4.2.2 (S. 66) und Abschnitt 4.2.4 (S. 74).

Beachten Sie: Wenn das Design, die Implementierung und das Testen einer Unit durch *denselben* Entwickler geschieht (wie z. B. bei testgetriebener Unit-Entwicklung), dann ist die Prüfung des Unit-Designs der einzige und letzte Eingriffspunkt zum Finden von fachlichen Fehlern, den Sie haben! Andernfalls werden sich Fehler im Unit-Design unentdeckt hindurchziehen, da der Entwickler dann sowohl die Implementierung (und deren Prüfung) sowie die Testfallentwicklung (und deren Prüfung) gegen das fehlerhaftes Unit Design betreibt. Legen Sie daher den Fokus auf die Prüfung von Unit-Design (SWE.3)!

Teilen Sie jedoch die Implementierung und das Unit-Testen auf verschiedene Personen auf, dann sind die Unit-Tester an der Prüfung des Unit-Designs beteiligt (siehe GP 2.1.5).

Prüfungen müssen nicht immer formeller Natur sein, informelle Prüfungen (z. B. Peer-Reviews) sind auch äußerst wertvoll (als Nachweis geben Sie einen entsprechenden Kommentar mit Nennung der Mitarbeiter in den Eincheckkommentaren der Konfigurationselemente an). Dies gilt insbesondere dann, wenn Sie die Verantwortlichkeit für Implementierung und Unit-Testen nicht auftrennen und bei denselben Personen belassen (s. o. zu GP 2.1.5). Daraus ergibt sich auch, dass z. B. Pair Programming (eine Praktik des agilen Ansatzes *Extreme Programming*) als Prüfung des Testcodes, der Testvektoren und der Testskripte gilt [Metz 09].

Jeder Testfall hat, ähnlich Abbildung 4–11 (S. 69), einen Status wie z. B. *Erstellt*, *ZuPrüfen*, *Geprüft* oder *Obsolet* (in letzterem Status befindet sich z. B. ein Testfall eines B-Musters, der wegen einer Funktionsänderung für C-Muster nicht mehr gültig ist oder zu einer anderen Produktvariante gehört).

Testcode wird ebenso wie der Quellcode versioniert. Die Testergebnisse selbst benötigen jedoch weder Baselines noch eine explizite Versionierung: Da für jeden Testlauf eine neue Instanz von Testergebnissen erzeugt wird, repräsentiert das per se eine Versionierung.

Vergessen Sie nicht, auch die seit CL1 verlangte Traceability-Abdeckung und die Konsistenz der Inhalte entlang der Traceability-Links zu prüfen (erinnern Sie sich dabei auch an Exkurs 4, S. 62). Da man sich hier auf Feindesign- und Codeebene bewegt, werden dies meist Namenskonventionen sein, d. h. intuitive erkennbare, konsistente Benennung von Codeelementen, SW-Unit-Namen und dynamischen Modellen im Feindesign.

Wenn Sie Traceability zwischen Quellcode zu Softwareanforderungen direkt setzen wollen, anstatt über die Architekturhierarchie zu gehen, was Automotive SPICE erlaubt (z. B. die Nutzung bestimmter Kommunikationsprotokolle), dann richten Sie zum Effizienzgewinn dennoch automatische Reports über die Traceability zu den Softwareanforderungen ein, sofern werkzeugtechnisch machbar, und werten Sie diese während der Prüfung aus.

Legen Sie eine Freigabestrategie für Softwareleistungen über die SWE-Prozesse hinweg fest (siehe hierzu die Diskussion im Exkurs 15, S. 134). Nehmen Sie dabei den Quellcode anhand der Ergebnisse der folgenden Überprüfungen ab:

- Statische Softwareverifikation (SWE.4)
- Quellcodeprüfungen (SWE.3)
- Unit Tests (SWE.4) und damit einhergehend das Feindesign (SWE.3)

Die letzten beiden Arbeitsprodukte sollen von den Prüfern informal freigegeben werden.

Die Einbindung von Qualitätssicherern wäre auf das beschränkt, was oben bei GP 2.1.5 beschrieben ist (Abschnitt 5.7.2, S. 137). Ich halte dies auf der granularen Ebene von Unit-Verifikation allerdings nicht für notwendig.

5.8   SWE.5 – Softwareintegration und Softwareintegrationstest

Siehe zunächst Abschnitt 5.1, S. 95.

5.8.1   GP 2.1.1 – Prozessziele (Performance Objectives)

Termine und Dauern

Softwareintegration und Softwareintegrationstest erfolgt auf Basis der SW-Architektur und damit ebenso entlang der Release- und Musterplanung des Projekts [Metz 09]. Siehe hierzu auch die Beispiele bei SWE.2 (Abschnitt 5.5.1, S. 119) von früh vs. später fertigzustellenden SW-Komponenten bzw. Units (zu deren Begriffsunterschied siehe Exkurs 11, S. 124).

Softwareintegration und Softwareintegrationstest im Projekt hängen aber ebenso von Fertigstellungsterminen der Weiterentwicklung von Standard-SW-Komponenten bzw. Standard-SW-Units ab. Daher sind die Termine auf der Standardseite mit denen des Projekts zu koordinieren.

Die Abarbeitung von CRs ist zusätzlich als Teil der Steuerung dieses Prozesses zu beachten (siehe dazu Exkurs 21, S. 175).

Aufwände

Zu möglichen Aufwandsbuchungsposten siehe die Diskussion um Beispiel 7 (S. 36).

Methoden und Techniken

Vorgaben wie z. B.

- Testabdeckung,
- Testmethoden wie z. B. *Fault Injection* oder exploratives Testen,
- Techniken zur Erstellung von Testfällen und Test-Inputdaten und
- wie mit negativen Testergebnissen umzugehen ist,

sind *kein* Aspekt auf CL2, denn sie sind als Teil einer Teststrategie bereits auf CL1 gefordert und zu erwarten.

5.8.2 GP 2.1.5, GP 2.1.6, GP 2.1.7 – Verantwortlichkeiten und Befugnisse, Ressourcen, Stakeholder

Technische Ressourcen sind zunächst der PC und die entsprechenden Testwerkzeuge und Software-Debugger ebenso wie u. a.

- eine Simulation der Kommunikationspartner, z. B. Body-Controller, Restbussimulation etc.,
- der PC, auf dem diese Simulation abläuft, und die dazugehörige Verbindungshardware zum Breadboard oder der Elektronik,
- eine Datenbasis mit den gültigen Signal- und Nachrichtendefinitionen, wie z. B. CAN-DB oder LDF-Datei für einen LIN-Bus, sowie
- Hardware zum Messen, z. B. Oszilloskop.

Um Target-Abhängigkeiten auszuschalten, ist es oft sinnvoll, Integrationstests auf dem Target auszuführen (dies wäre allerdings bereits eine Forderung der Teststrategie auf CL1), daher sind die entsprechenden Targets und Hardware-Debugger weitere technische Ressourcen. Wenn Sie z. B. einen Produktlinienkontext haben, dann gehören die Standard-SW-Komponenten, Standardtestfälle mit Standardtestvektoren sowie Standardskripte zu den technischen Ressourcen.

Das Aufteilen von Unit- und Integrations-Testen auf verschiedene Personen ist möglich, aber wird von Automotive SPICE nicht gefordert. Dies ist in der Praxis auch nicht zwingend anzustreben, da Softwareintegration eine kompetente Absprache benötig zwischen

- den SW-Architekten,
- den Entwicklern, die für die SW-Komponenten zuständig sind, und
- den Entwicklern, die für die *Standard*-SW-Komponenten bzw. Standard-SW-Units zuständig sind, wenn das Projekt eine bestimmte Variante einer Standardkomponente einbindet.

Insofern gibt es über diese Personenkreise hinaus auch keine weiteren, die sich an der Prüfung der SW-Architektur beteiligen.

Räumen Sie den Qualitätssicherern das Recht ein, stichprobenhafte Plausibilitätsprüfungen auf Befundlisten durchzuführen, die aus Prüfungen der Integrationstestfälle und Testvektoren sowie Skripten entstehen. Siehe hierzu auch GP 2.1.7 von SUP.1 (Abschnitt 5.14.5) und die dort angegebenen weiteren Verweise.

Siehe auch hier Exkurs 21 (S. 175): Es wird für CRs keine weiteren neuen Mitarbeiter geben.

5.8.3 GP 2.1.2, GP 2.1.3, GP 2.1.4 – Planung, Überwachung und Anpassung

Die Feinplanung bezieht sich auf das rechtzeitige planerische Zurverfügungstellen und Zusammenwirken aller technischen und personellen Ressourcen und Stakeholder-Repräsentanten, sodass die Prozessziele von SWE.5 eingehalten werden. Diese müssen wiederum konsistent sein mit denen für SWE.2.

Die Abarbeitung von CRs ist hier zusätzlich besonders zu beachten (siehe Exkurs 21, S. 175).

5.8.4 GP 2.2.1 – Anforderungen an die Arbeitsprodukte

Siehe zunächst alle Hilfestellungen in Abschnitt 4.2.1 (S. 56).

Für die Codetestfälle, und im Falle von modellbasierter Entwicklung für die Simulationen und Teststimuli, ist als ein inhaltliches Qualitätskriterium ab CL2 nach ISO/IEC 25010 denkbar:

- **Wiederverwendbarkeit**

Ein Kriterium für Test-Stubs wäre:

- **Portabilität**
(Ist effiziente Übertragbarkeit auf ein anderes Betriebssystem, Middleware oder Mikrocontroller möglich?)

Zur Erinnerung aus Abschnitt 4.2.1: GP 2.2.1 muss sowohl die CL1- als auch die CL2-Qualitätskriterien garantieren.

Können Sie eine 100%-Prüfabdeckung (hier im Sinne von Review, Walkthrough etc.)

- desjenigen Codes bzw. der Modelle, der bzw. die die Testfälle darstellen,
- und der Testvektoren sowie Testskripte

nicht garantieren, dann verfolgen Sie eine *risikobasierte* Strategie (Details siehe in Abschnitt 4.2.1.4 unter *Prüfabdeckung*) [Metz 09].

Mit der Frage, ob eine solche Strategie bereits für den Testumfang auf CL1 angewendet werden kann, beschäftigt sich Hinweis 31 für Assessoren (S. 139).

5.8.5 GP 2.2.2, GP 2.2.3, GP 2.2.4 – Handhabung und Prüfung der Arbeitsprodukte

Siehe zunächst alle Hilfestellungen in Abschnitt 4.2.4, S. 74.

Die Architektur ist gegen die Qualitätskriterien und die Modellierungsrichtlinien sowie Sprachprofile zu prüfen.

Prüfungen müssen nicht immer formeller Natur sein, informelle Prüfungen (z.B. Peer-Reviews) sind auch **äußerst** wertvoll. Als Nachweis geben Sie einen entsprechenden Kommentar mit Nennung der Mitarbeiter in der Revisionshistorie der Testspezifikation an. Das kostet nicht viel Zeit und sichert Sie in Assessments ab.

Vergessen Sie nicht, auch die seit CL1 verlangte Traceability-Abdeckung und die Konsistenz der Inhalte entlang der Traceability-Links zu prüfen (erinnern Sie sich dabei auch an Exkurs 4, S. 62).

Jeder Testfall hat, ähnlich Abbildung 4–11 (S. 69), einen Status wie z. B. *Erstellt*, *ZuPrüfen*, *Geprüft* oder *Obsolet* (in letzterem Status befindet sich z. B. ein Testfall eines B-Musters, der wegen einer Funktionsänderung für C-Muster nicht mehr gültig ist oder zu einer anderen Produktvariante gehört). Die Testergebnisse selbst benötigen jedoch weder Baselines noch eine explizite Versionierung: Da für jeden Testlauf eine neue Instanz von Testergebnissen erzeugt wird, repräsentiert das per se eine Versionierung.

Wir haben bei den Prozessen der linken V-Seite (siehe SYS.2 und SYS.3 sowie SWE.1 bis SWE.3) gesehen, dass eine Freigabestrategie für Gesamtsystem- und -softwareleistungen (also über die reinen Automotive SPICE-Prozessgrenzen hinweg) notwendig ist (siehe dazu Exkurs 9, S. 106 und Exkurs 15, S. 134). In diese Freigabestrategie sind natürlich auch die Testprozesse einzubinden.

Für die Testprozesse untereinander bedeutet das zusätzlich, dass es für das Starten von Tests neben den zeitlichen Vorgaben (s. o. bei GP 2.1.1) weitere *Vorbedingungen* geben wird. Beispiel: Es müssen diejenigen Tests auf Komponenten- bzw. Unit-Ebene erfolgreich gewesen sein, die integriert werden. Dies geht aus der Logik und Diskussion bei Exkurs 15 (S. 134) hervor.

Beachten Sie also im Rahmen der Freigabestrategie über die SYS- und SWE-Prozesse hinweg nicht nur die Horizontale zwischen linkem und rechtem V-Ast, sondern auch den rechten V-Ast in sich!

5.9 SWE.6 – Softwarequalifizierungstest

Siehe zunächst Abschnitt 5.1, S. 95.

5.9.1 GP 2.1.1 – Prozessziele (Performance Objective)

Termine, Dauern und Aufwände

Die Start- oder spätesten Endetermine für Qualifizierungstestaktivitäten werden aus den Entwicklungsprojekten heraus vorgegeben. Diese Termine wiederum entstammen der Release- und Musterplanung des Projekts [Metz 09]. Somit sind meist die Aufwände und Ressourcen die mögliche Planungs- und Stellgrößen, wie in Beispiel 4 (S. 33) beschrieben.

Zu möglichen Aufwandsbuchungsposten siehe die Diskussion um Beispiel 7 (S. 36).

Die Abarbeitung von CRs ist zusätzlich als Teil der Steuerung dieses Prozesses zu beachten (siehe Exkurs 21, S. 175).

Methoden und Techniken

Vorgaben wie z. B.

- Testabdeckung,
- Testmethoden wie z. B. *Fault Injection* oder exploratives Testen,
- Techniken zur Erstellung von Testfällen und Test-Inputdaten und
- wie mit negativen Testergebnissen umzugehen ist,

sind *kein* Aspekt auf CL2, denn sie sind als Teil einer Teststrategie bereits auf CL1 gefordert und zu erwarten.

5.9.2 GP 2.1.5, GP 2.1.6, GP 2.1.7 – Verantwortlichkeiten und Befugnisse, Ressourcen, Stakeholder-Management

Es ist von Automotive SPICE nicht vorgeschrieben, dass das Testen auf den Ebenen Gesamtsoftware und System organisatorisch unabhängig von der Entwicklung erfolgen muss. Unabhängigkeit für Softwaretests auf Systemebene (z. B. durch organisatorisch andere Abteilungen oder Bereiche) ist jedoch sinnvoll und weit verbreitet [Metz 09]. Wenn Sie sich für eine organisatorische Eigenständigkeit entscheiden, dann bedeutet das, dass Sie damit sogar eine Entscheidung auf CL3 getroffen haben, denn die Testabteilungen fungieren dann als interner Dienstleister für alle Projekte.

Technische Ressourcen sind:

- Das zu testende Produkt selbst, d. h. die kompilierte Software
- Die benötigte Testinfrastruktur und ihre Testmittel für Tests auf dem realen Target, z. B.:
  - Das Target selbst (z. B. der Mikroprozessor)
  - Breadboard oder echte Elektronik, auf der das Target montiert ist
  - Spannungsversorgung dafür
  - Simulation der Kommunikationspartner, z. B. Body-Controller, Restbussimulation etc.
  - PC, auf dem diese Simulation abläuft, und die dazugehörige Verbindungshardware zum Breadboard oder der Elektronik
  - Kabelbaum zum Anschluss des Breadboards oder der Elektronik an die Peripherie
  - Datenbasis mit den gültigen Signal- und Nachrichtendefinitionen wie z. B. CAN-DB oder LDF-Datei für einen LIN-Bus
  - Reale Last oder Mess-Hardware (Oszilloskop, Multimeter etc.) zum Beobachten und Messen der Reaktion

- Benötigte Testinfrastruktur und ihre Testmittel für Tests auf einem durch einen PC simulierten Target
  - Simulation des Targets, z. B. eine Software-in-the-Loop-Umgebung
  - Umgebung, auf der die Targetsimulation abläuft (typischerweise ein Entwicklungsrechner)
  - Simulation der Kommunikationspartner in der Umgebung, z. B. Restbussimulation
- Wiederzuverwendende Skripte und Testfälle, wenn Sie z. b. einen Produktlinien- oder Baukastenkontext haben

---

Exkurs 17
Eignung von Prüfmitteln – Ist dies für Automotive SPICE ein Thema, und wenn ja ab welchem CL?

Eignung von Prüfmitteln ist eine Anforderung der ISO TS 16949 für Qualitätsmanagement im Automotivebereich. Solche Anforderungen existieren in Automotive SPICE zunächst nicht explizit.

Das Sicherstellen geeigneter Prüfmittel während der Entwicklung darf man auch für Testprozesse ab CL1 erwarten, da

- ISO TS 16949 wie Automotive SPICE einen Marktstandard darstellt,
- Automotive SPICE den Entwicklungsausschnitt für softwarebasierte Systeme (und aufgrund des *Plug-in-Konzepts* in Automotive SPICE Annex D.1 zukünftig mechatronische Systeme) detailliert und ergänzt, und ISO TS 16949 daher als die Basis für Automotive SPICE betrachtet werden kann,
- man fachlich nicht argumentieren kann, dass Prüfmitteleignung nur ein fertigungsnaher Aspekt und daher für die Entwicklungsseite nicht relevant sei.

Die personellen Ressourcen sind die Tester. Siehe hierzu auch Exkurs 21 (S. 175): Die Bearbeiter von CRs sind diejenigen Mitarbeiter, die ohnehin für die Anforderungserzeugung verfügbar sind, es wird für CRs keine weiteren neuen Mitarbeiter geben.

Prüfer der Testspezifikation und Skripte sind folgende Personen(gruppen):

- Andere Tester
- Gegebenenfalls Systemingenieure bzw. Mechanikkonstrukteure, Hardware- und Softwareentwickler (vgl. SYS.2, Abschnitt 5.2.4, S. 102), damit diese feststellen können, ob ihre Ideen und Gedanken, die ihnen während des Definierens der Anforderungen gekommen sind, als Testfall-Input richtig umgesetzt wurden (Stichwort *Verifikationskriterien*, siehe SYS.2 BP 5 und dazugehörige Anmerkung 5 bzw. SWE.1 BP 5 und dazugehörige Anmerkung 6).
- Die Autoren der Standardtestspezifikation und -skripte aus der Produktlinie, weil sie beratend wirken, aber auch, weil sie sich für die Anpassungen in den

nutzenden Projekten interessieren (müssen), um sie ggf. in den Standard einzuspeisen.

Denken Sie daran, dass Tester auch als Prüfer der Softwareanforderungen wirken (siehe Abschnitt 5.4.4 (S. 116).

Weitere Stakeholder, die Input für den Prozess liefern:

- Feldbeobachtung. Nutzen Sie dies, um ggf. Testprozeduren und Testfälle weiterzuentwickeln oder neue hinzuzufügen. Vergessen Sie dabei nicht, dass solche Testfalländerungen und -ergänzungen sehr wahrscheinlich auch das Anpassen von Softwareanforderungen (SWE.1) erfordern.
- Elektronik-HW-Entwickler bzw. Elektronik-Musterbau, die die Elektronikmuster oder Breadboards liefern (typischerweise für A- und B-Muster)
- Die Elektronikfertigung für serienfallende Elektroniken (typischerweise für C-Muster und Serienänderungen)

Gewähren Sie den Qualitätssicherern das Recht, stichprobenhafte Plausibilitätsprüfungen auf Befundlisten durchzuführen, die aus Prüfungen der Softwaresystemanforderungsspezifikationen entstehen. Siehe hierzu auch GP 2.1.7 von SUP.1 (Abschnitt 5.14.5) und die dort angegebenen weiteren Verweise.

5.9.3 GP 2.1.2, GP 2.1.3, GP 2.1.4 – Planung, Überwachung und Anpassung

Die Feinplanung bezieht sich auf das Zusammenwirken aller technischen und personellen Ressourcen und Stakeholder-Repräsentanten, um die Prozessziele zu erreichen (siehe hierzu auch das spezifische Beispiel bei Abwertungsgrund 17, S. 87).

5.9.4 GP 2.2.1 – Anforderungen an die Arbeitsprodukte

Siehe zunächst alle Hilfestellungen in Abschnitt 4.2.1 (S. 56).

Als qualitatives Qualitätskriterium ab CL2 wird Ihnen Wiederverwendbarkeit wichtig sein, insbesondere dann, wenn Sie einen Produktlinien- oder Baukastenansatz betreiben.

Können Sie eine 100%-Prüfabdeckung in Ihrem Projekt nicht leisten, dann verfolgen Sie eine *risikobasierte* Strategie (Details siehe in Abschnitt 4.2.1.4 unter *Prüfabdeckung*) [Metz 09].

Mit der Frage, ob eine solche Strategie bereits für den Testumfang auf CL1 angewendet werden kann, beschäftigt sich Hinweis 31 für Assessoren (S. 139).

5.9.5 GP 2.2.2, GP 2.2.3, GP 2.2.4 – Handhabung und Prüfung der Arbeitsprodukte

Siehe zunächst alle Hilfestellungen in Abschnitt 4.2.2 (S. 66) und Abschnitt 4.2.4 (S. 74).

Jeder Testfall hat, ähnlich Abbildung 4–11 (S. 69), einen Status wie z. B. *Erstellt*, *ZuPrüfen*, *Geprüft* oder *Obsolet* (in letzterem Status befindet sich ein Testfall eines B-Musters, der z. B. wegen einer Funktionsänderung für C-Muster nicht mehr gültig ist oder zu einer anderen Produktvariante gehört).

Testprozeduren und Skripte werden versioniert, ebenso Testspezifikationen. Wird Versionierung für die Testfälle einzeln betrieben, dann stellt eine Version der gesamten Testspezifikation de facto eine Baseline für sie dar. Versionierung sollte werkzeuggestützt sein. Dieses zeichnet sinnvollerweise auch auf, von wem die Testspezifikation bzw. der Testfall in seiner Bearbeitungshistorie geändert wurde.

Die Testergebnisse selbst benötigen jedoch weder Baselines noch eine explizite Versionierung: Da für jeden Testlauf eine neue Instanz von Testergebnissen erzeugt wird, repräsentiert das per se eine Versionierung.

Rohdaten, aus denen die einzelnen Testergebnisse hervorgehen und ggf. in einem Testübersichtsbericht zusammengefasst werden, brauchen nicht aufgehoben und damit auch nicht versioniert zu werden. Die Datenmenge kann schlicht zu groß sein. Ein Beispiel ist das Loggen der kompletten Buskommunikation während des Tests.

Lesezugriff muss für jeden Prüfer (s. o. zu GP 2.1.7) vorhanden sein.

Prüfungen von Testspezifikationen bzw. Testfällen und Skripten müssen nicht immer formeller Natur sein, informelle Prüfungen (z. B. Peer-Reviews) sind auch äußerst wertvoll! Als Nachweis geben Sie einen passenden Kommentar mit Nennung der Mitarbeiter und der Änderungen in der entsprechenden Bearbeitungshistorie an. Das kostet nicht viel Zeit und sichert Sie in Assessments ab.

Eine Prüfung von Testfällen erfolgt nach deren Erstellung und bei Änderungen. Zusätzlich ist es sinnvoll, einen Testfall auch nach einem negativen Ergebnis nochmals zu prüfen. Der Grund kann sehr menschlich sein: Nach der Prüfung des x-ten Testfalls nimmt die Aufmerksamkeit des Prüfers langsam ab.

Ein aggregierter Testübersichtsbericht (vgl. BP 7 *Aggregiere und verteile die Ergebnisse*) sollte vor seiner Verteilung nochmals gegen die wirklichen Testergebnisse abgeglichen werden.

Vergessen Sie nicht, auch die seit CL1 verlangte Traceability-Abdeckung und die Konsistenz der Inhalte entlang der Traceability-Links zu prüfen. Erinnern Sie sich dabei auch an Exkurs 4 (S. 62). Richten Sie zum Effizienzgewinn automatische Reports über die Traceability zu den Softwareanforderungen ein, sofern werkzeug-technisch machbar, und werten Sie diese während der Prüfungen aus.

Wir haben bei den Prozessen der linken V-Seite (siehe SYS.2 und SYS.3 sowie SWE.1 bis 3) gesehen, dass eine Freigabestrategie für Gesamtsystem- und -softwareleistungen (also über die reinen Automotive SPICE-Prozessgrenzen hinweg) notwendig ist (siehe dazu Exkurs 9, S. 106 und Exkurs 15, S. 134). In diese gesamte Freigabestrategie sind natürlich auch die Testprozesse einzubinden.

Für die Testprozesse untereinander bedeutet das zusätzlich, dass es für das Starten von Tests neben den zeitlichen Vorgaben (s.o. bei GP 2.1.1) weitere *Vorbedingungen* geben wird. Beispiel: Es müssen diejenigen Softwareintegrationstestfälle erfolgreich gewesen sein, die fachlich-inhaltlich die danach erstellten Qualifizierungstestfälle berühren. Dies geht aus der Logik und Diskussion bei Exkurs 15 (S. 134) hervor.

Beachten Sie also im Rahmen der Freigabestrategie über die SYS- und SWE-Prozesse hinweg nicht nur die Horizontale zwischen linkem und rechtem V-Ast, sondern auch den rechten V-Ast in sich!

Erinnern Sie sich bzgl. Freigaben auch an die psychologische Wirkung von (echten oder digitalen) Unterschriften.

Überlegen Sie, der Qualitätssicherung ein Vetorecht gegen Freigaben einzuräumen, z.B. bei unaufgelösten Befunden oder bei falschen Status einzelner Anforderungen (Details hierzu siehe bei GP 2.1.7 von SUP.1 in Abschnitt 5.14.5, S. 171). Alternativ dazu kann die Qualitätssicherung auch eine Freigabepartei werden.

5.10 SYS.4 – Systemintegration und Systemintegrationstest

Siehe zunächst Abschnitt 5.1, S. 95.

5.10.1 GP 2.1.1 – Prozessziele (Performance Objective)

Termine, Dauern und Aufwände

Die Start- oder spätesten Endetermine für Systemintegrationstestaktivitäten, und damit auch für die vorhergehende Integration der Teile durch den Musterbau bei A- und B-Mustern bzw. die Fertigung bei serienfallenden Teilen bei C-Mustern, werden aus den Entwicklungsprojekten heraus vorgegeben. Diese Termine wiederum entstammen der Release- und Musterplanung des Projekts [Metz 09]. Somit sind für Systemintegration und Systemintegrationstest meist die Aufwände und Ressourcen die möglichen Planungs- und Stellgrößen, wie in Beispiel 4 (S. 33) beschrieben.

Zu möglichen Aufwandsbuchungsposten siehe die Diskussion um Beispiel 7 (S. 36).

Die Abarbeitung von CRs ist zusätzlich als Teil der Steuerung dieses Prozesses zu beachten (siehe Exkurs 21, S. 175).

Methoden und Techniken

Vorgaben wie z. B.

- Testabdeckung,
- Testmethoden wie z. B. *Fault Injection* oder exploratives Testen,
- Techniken zur Erstellung von Testfällen und Test-Inputdaten und
- wie mit negativen Testergebnissen umzugehen ist,

sind *kein* Aspekt auf CL2, denn sie sind als Teil einer Teststrategie bereits auf CL1 gefordert und zu erwarten.

5.10.2 GP 2.1.5, GP 2.1.6, GP 2.1.7 – Verantwortlichkeiten und Befugnisse, Ressourcen, Stakeholder-Management

Es ist von Automotive SPICE nicht vorgeschrieben, dass Testen organisatorisch unabhängig von der Entwicklung geschehen muss. Unabhängigkeit für Systemintegration und Systemintegrationstest (z. B. durch organisatorisch andere Abteilungen oder Bereiche) ist jedoch sinnvoll und weit verbreitet [Metz 09]. Wenn Sie sich für eine organisatorische Eigenständigkeit entscheiden, dann bedeutet das, dass Sie damit sogar eine Entscheidung auf CL3 getroffen haben, denn die Testabteilungen fungieren dann als interner Dienstleister für alle Projekte.

Technische Ressourcen sind:

- Das zu testende Produkt selbst (wie Testmuster)
  - Mikrocontroller mit Basissoftware
  - Elektronik mit Software
  - Elektronik mit Software und ein Stellglied (z. B. Aktuatoren wie Motor, Pneumatik, Hydraulik etc.)
  - Elektronik mit Software, Stellglied und mechanische Elemente (bei einem Fensterhebersystem z. B. Bowdenzüge, Schienen, Kunststoffträger etc., die die rotatorische Motorbewegung in eine Hebebewegung der Scheibe in einem Türsystem übertragen)
- Die jeweils benötigte Testinfrastruktur und ihre Testmittel, z. B.:
  - Hardware-in-the-Loop zum Ansteuern des Prüflings und Rücklesen z. B. seiner Diagnosesignale
  - Restbussimulation
  - Für EMV, ESD und elektrische Tests
  - Kammern für klimatische Wechselbelastung über Lebensdauer
  - Kammern für das Aussetzen gegen applikationsspezifische Einsatzbedingungen in und außerhalb der Fahrzeugkarosserie (z. B. Spritzwasser, Salz, Staub)
  - Vibration
- Wiederzuverwendende Skripte, Testfälle, Sequenzen von Prüfprogrammen, wenn Sie z. B. einen Produktlinien- oder Baukastenkontext haben

Zu technischen Ressourcen siehe auch Exkurs 17 (S. 146) über die Eignung von Prüfmitteln.

Die personellen Ressourcen auf Elektronikebene sind:

- Basissoftwareentwickler zusammen mit dem Hardwareentwickler für die HW-SW-Schnittstelle
- Hardwareentwickler im Falle von mehrstufiger HW-Architektur
- Mitarbeiter des Elektronik-Musterbaus, die während des Zusammenbaus von nicht serienfallenden Teilen z. B. elektrische Inbetriebnahmetests durchführen.

Die personellen Ressourcen auf der Mechatronikebene sind:

- Tester. Diese gehören meist zu denselben Abteilungen, die auch die Systemqualifizierungstests (siehe SYS.5, Abschnitt 5.11, S. 155) durchführen. Die Tester können für verschiedene Fachthemen verantwortlich sein, wie z. B. Veränderungen von Metallkontakten, Kunststoff, Aufbau- und Verbindungstechnik (Dichtung, Durchkontaktierungen, Anbindung von Elektroniken an Kühlelemente etc.) im Anschluss von z. B. Lebensdauerprüfungen unter klimatischen Bedingungen.
- Musterbau-Mitarbeiter, die während des Zusammenbaus von nicht serienfallenden, mechanischen oder mechatronischen Teilen einfache Funktionstests durchführen. Es sind hier auch Lieferanten betroffen, wenn diese Komponenten liefern.
- Der Kunde für z. B. Ermittlung von Mission Profiles

Siehe auch hier Exkurs 21 (S. 175): Die Bearbeiter von CRs sind diejenigen Mitarbeiter, die ohnehin für die Anforderungserzeugung verfügbar sind, es wird für CRs keine weiteren neuen Mitarbeiter geben.

> **Hinweis 32 für Assessoren**
> **Wo wäre der Musterbau einzuordnen?**
>
> Wie oben gesehen führt der Musterbau der Elektronikhardware bzw. Mechanik sowie Mechatronik während des Zusammenbaus vor serienfallenden Teilen meist elektrische Inbetriebnahmetests bzw. einfache Funktionstests durch.
> Aus der Perspektive eines Assessmentmodells wäre die Ebene der Elektronikhardware und reinen Mechanik bei einem Prozess HWE.5 *Hardwareintegration und Hardwareintegrationstest* bzw. MEE.5 *Mechanikintegration und Mechanikintegrationstest* zu bewerten. Da für Automotive SPICE v3.0 gegenwärtig in der Fachgemeinde noch keine solchen Prozesse konsolidiert veröffentlicht wurden, führe ich dies hier bei SYS.4 auf.
>
> **Anmerkung:** MEE-Prozesse werden jedoch in einem ersten Vorschlag gegenwärtig durch eine intacs™-Arbeitsgruppe erarbeitet (siehe hier *www.intacs.info* → *Community Menue* → *intacs Working Groups*).

Prüfer von Testprozeduren und Testfällen sind:

- Auf Elektronikebene die Hardware- und Basissoftwareentwickler
- Auf Mechatronikebene die Tester desselben thematischen Bereichs
- Systemingenieure bzw. Mechanikkonstrukteure, Hardware- und Softwareentwickler (vgl. hier mit der Diskussion bei SYS.2 in Abschnitt 5.2.4, S. 102). Diese sind involviert, damit sie feststellen können, ob ihre Ideen und Gedanken, die ihnen während des Definierens der Anforderungen gekommen sind, als Testfall-Input richtig umgesetzt wurden (Stichwort *Verifikationskriterien* in Automotive SPICE SYS.2 BP 5 mit Anmerkung 5 bzw. SWE.1 BP 5 mit Anmerkung 6).
- Die Autoren der Standardprüfprogramme, Standardtestfälle und Standardskripte der Produktlinie, weil sie beratend wirken, aber auch, weil sie sich für die Anpassungen in den nutzenden Projekten interessieren (müssen), um sie ggf. in den Standard einzuspeisen.

Denken Sie daran, dass Tester als Prüfer des Systemdesigns wirken (siehe Abschnitt 5.3.2, S. 109).

Weitere Stakeholder, die Input für den Prozess liefern:

- Feldbeobachtung. Nutzen Sie dies, um Testprozeduren und Testfälle weiterzuentwickeln oder neue hinzuzufügen. Vergessen Sie dabei nicht, dass solche Testfalländerungen und -ergänzungen sehr wahrscheinlich auch das Anpassen von Systemanforderungen (SYS.2) erfordern.
- Fertigung, wenn die Tests für die Systemebene auf Basis serienfallender Teile stattfinden.
- Musterbau, wenn die Tests für die Systemebene nicht auf Basis serienfallender Teile stattfinden.

Räumen Sie den Qualitätssicherern das Recht ein, stichprobenhafte Plausibilitätsprüfungen auf Befundlisten durchzuführen, die aus Prüfungen der Softwaresystemanforderungsspezifikationen entstehen. Siehe hierzu auch GP 2.1.7 von SUP.1 (Abschnitt 5.14.5) und die dort angegebenen weiteren Verweise.

5.10.3 GP 2.1.2, GP 2.1.3, GP 2.1.4 – Planung, Überwachung und Anpassung

Die Feinplanung bezieht sich

- auf das Zusammenwirken aller technischen und personellen Ressourcen und Stakeholder-Repräsentanten [Metz 09],
- Verfügbarkeit des zu testenden Produkts,
- Verfügbarkeit und Einsatzbereitschaft von Materialien [Metz 09] sowie
- Verfügbarkeit und Einsatzbereitschaft von Testmittel und Testinfrastruktur [Metz 09],

sodass die Prozessziele eingehalten werden (siehe hierzu auch das spezifische Beispiel bei Abwertungsgrund 17, S. 87).

5.10.4 GP 2.2.1 – Anforderungen an die Arbeitsprodukte

Siehe zunächst alle Hilfestellungen in Abschnitt 4.2.1 (S. 56).

Als qualitatives Qualitätskriterium ab CL2 wird Ihnen Wiederverwendbarkeit wichtig sein, insbesondere dann, wenn Sie einen Produktlinien- und Baukastenansatz betreiben.

Können Sie eine 100%-Prüfabdeckung in Ihrem Projekt nicht leisten, dann verfolgen Sie eine *risikobasierte* Strategie (Details siehe in Abschnitt 4.2.1.4 unter *Prüfabdeckung*) [Metz 09].

Mit der Frage, ob eine solche Strategie bereits für den Testumfang auf CL1 angewendet werden kann, beschäftigt sich Hinweis 31 für Assessoren (S. 139).

5.10.5 GP 2.2.2, GP 2.2.3, GP 2.2.4 – Handhabung und Prüfung der Arbeitsprodukte

Siehe zunächst alle Hilfestellungen in Abschnitt 4.2.2 (S. 66) und Abschnitt 4.2.4 (S. 74).

Jeder Testfall hat, ähnlich Abbildung 4–11 (S. 69) einen Status wie z.B. *Erstellt*, *ZuPrüfen*, *Geprüft* oder *Obsolet* (in letzterem Status befindet sich z.B. ein Testfall eines B-Musters, der wegen einer Funktionsänderung für C-Muster nicht mehr gültig ist oder zu einer anderen Produktvariante gehört).

Testprozeduren und Skripte werden versioniert, ebenso Testspezifikationen. Wird Versionierung für die Testfälle einzeln betrieben, dann stellt eine Version der gesamten Testspezifikation de facto eine Baseline für sie dar.

All dies sollte werkzeuggestützt erfolgen. Sinnvollerweise zeichnet das Werkzeug auch auf, von wem die Anforderung in ihrer Bearbeitungshistorie geändert wurde. In jedem Fall sind für Testspezifikation Baselines zu ziehen.

Die Testergebnisse selbst benötigen weder Baselines noch eine explizite Versionierung: Da für jeden Testlauf eine neue Instanz von Testergebnissen erzeugt wird, repräsentiert das per se eine Versionierung. Die Testergebnisse müssen die Muster und ihre Stücklisten referenzieren, die sich unter Test befunden haben.

Rohdaten, aus denen die einzelnen Testergebnisse hervorgehen, müssen ebenfalls nicht versioniert und nicht aufgehoben werden. Die Datenmenge kann schlicht zu groß sein. Es muss bei der Prüfung der Test- bzw. Versuchsberichte (die im Falle von negativen Ergebnissen auch eine Risikobewertung enthalten, was bereits ein CL1-Aspekt in der Praxis ist) sichergestellt sein, dass diese alle Ergebnisse korrekt und vollständig beschreiben. Es reichen dann die Test- bzw. Versuchsberichte als Ergebnisdokumentation aus.

Lesezugriff muss für jeden Prüfer (s.o. zu GP 2.1.7) vorhanden sein.

Prüfungen von Testprozeduren, Testfällen und Skripten müssen nicht immer formeller Natur sein, informelle Prüfungen (z.B. Peer-Reviews) sind auch äußerst wertvoll! Als Nachweis geben Sie einen passenden Kommentar mit Nennung der

Mitarbeiter und der Änderungen in der entsprechenden Bearbeitungshistorie an. Das kostet nicht viel Zeit und sichert Sie in Assessments ab.

Eine Prüfung von Testfällen erfolgt nach deren Erstellung und bei Änderungen. Zusätzlich ist es sinnvoll, den Testfall auch nach einem negativen Ergebnis nochmals zu prüfen. Der Grund kann sehr menschlich sein: Nach der Prüfung des x-ten Testfalls nimmt die Aufmerksamkeit des Prüfers langsam ab.

Ein aggregierter Testübersichtsbericht (vgl. BP 9 *Aggregiere und verteile die Ergebnisse*) sollte vor seiner Verteilung nochmals gegen die wirklichen Testergebnisse abgeglichen werden.

Vergessen Sie nicht, auch die seit CL1 verlangte Traceability-Abdeckung und die Konsistenz der Inhalte entlang der Traceability-Links zu prüfen. Erinnern Sie sich dabei auch an Exkurs 4 (S. 62). Richten Sie zum Effizienzgewinn automatische Reports über die Traceability zu den Systemanforderungen ein, sofern werkzeugtechnisch machbar, und werten Sie diese während der Prüfungen aus.

Wir haben bei den Prozessen der linken V-Seite (siehe SYS.2 und 3 sowie SWE.1 bis 3) gesehen, dass eine Freigabestrategie für Gesamtsystem- und -softwareleistungen (also über die reinen Automotive SPICE-Prozessgrenzen hinweg) notwendig ist (siehe dazu Exkurs 9, S. 106 und Exkurs 15, S. 134). In diese Freigabestrategie sind natürlich auch die Testprozesse einzubinden.

Für die Testprozesse untereinander bedeutet das zusätzlich, dass es für das Starten von Tests neben den zeitlichen Vorgaben (s. o. bei GP 2.1.1) weitere *Vorbedingungen* geben wird. Beispiel: Es müssen diejenigen Systemintegrationstestfälle erfolgreich gewesen sein, die fachlich-inhaltlich die danach erstellten Qualifizierungstestfälle berühren. Dies geht aus der Logik und Diskussion bei Exkurs 9 (S. 106) hervor.

Beachten Sie also im Rahmen der Freigabestrategie über die SYS- und SWE-Prozesse hinweg nicht nur die Horizontale zwischen linkem und rechtem V-Ast, sondern auch den rechten V-Ast in sich!

Erinnern Sie sich bzgl. Freigaben auch an die psychologische Wirkung von (echten oder digitalen) Unterschriften.

Überlegen Sie, der Qualitätssicherung ein Vetorecht gegen Freigaben einzuräumen, z.B. bei unaufgelösten Befunden oder bei falschen Status einzelner Anforderungen (Details hierzu siehe bei GP 2.1.7 von SUP.1 in Abschnitt 5.14.5, S. 171). Alternativ dazu kann die Qualitätssicherung auch eine Freigabepartei werden.

5.11 SYS.5 – Systemqualifizierungstest

Siehe zunächst Abschnitt 5.1, S. 95.

5.11.1 GP 2.1.1 – Prozessziele (Performance Objective)

Termine, Dauern und Aufwände

Für Qualifizierungstestaktivitäten werden Start- oder späteste Endetermine aus den Entwicklungsprojekten vorgegeben. Diese Termine wiederum entstammen der Release- und Musterplanung des Projekts [Metz 09]. Somit sind meist die Aufwände und Ressourcen die möglichen Planungs- und Stellgrößen, wie in Beispiel 4 (S. 33) beschrieben.

Zu möglichen Aufwandsbuchungsposten siehe die Diskussion um Beispiel 7 (S. 36).

Die Abarbeitung von CRs ist zusätzlich als Teil der Steuerung dieses Prozesses zu beachten, siehe Exkurs 21 (S. 175).

Methoden und Techniken

Beachten Sie, Vorgaben bzgl. z. B.

- Testabdeckung,
- Testmethoden wie z. B. *Fault Injection* oder exploratives Testen,
- Techniken zur Erstellung von Testfällen und Test-Inputdaten,
- Reihenfolgen von Testfällen in einem Prüfprogramm und
- wie mit negativen Testergebnissen umzugehen ist,

sind *kein* Aspekt auf CL2, denn dies wird als Teil einer Teststrategie bereits auf CL1 gefordert.

5.11.2 GP 2.1.5, GP 2.1.6, GP 2.1.7 – Verantwortlichkeiten und Befugnisse, Ressourcen, Stakeholder-Management

Es ist von Automotive SPICE nicht vorgeschrieben, dass Testen organisatorisch unabhängig von der Entwicklung geschehen muss. Unabhängigkeit für diese Testebene (z. B. durch organisatorisch andere Abteilungen oder Bereiche) ist jedoch sinnvoll und weit verbreitet [Metz 09]. Wenn Sie sich für eine organisatorische Eigenständigkeit entscheiden, dann bedeutet das, dass Sie damit sogar eine Entscheidung auf CL3 getroffen haben, denn die Testabteilungen fungieren dann als interner Dienstleister für alle Projekte.

Technische Ressourcen sind:

- Das zu testende Produkt selbst (wie Testmuster)
  - Elektronik mit Software
  - Elektronik mit Software und ein Stellglied (z. B. Aktuatoren wie Motor, Pneumatik, Hydraulik etc.)
  - Elektronik mit Software, Stellglied und mechanische Elemente (z. B. die Bowdenzüge, Schienen, Kunststoffträger etc., die die rotatorische Motorbewegung in eine Hebebewegung der Scheibe eines Fensterhebers übertragen)
- Die jeweils benötigte Testinfrastruktur und ihre Testmittel, z. B.:
  - Hardware-in-the-Loop zum Ansteuern des Prüflings und Rücklesen z. B. seiner Diagnosesignale
  - Restbussimulation
  - Für EMV, ESD und elektrische Tests
  - Kammern für klimatische Wechselbelastung über Lebensdauer
  - Kammern für das Aussetzen gegen applikationsspezifische Einsatzbedingungen in und außerhalb der Fahrzeugkarosserie (z. B. Spritzwasser, Salz, Staub)
  - Akustikkammern
  - Vibrationskammern
- Wiederzuverwendende Skripte, Testfälle, Sequenzen von Prüfprogrammen, wenn Sie z. B. einen Produktlinien- oder Baukastenkontext haben

Zu technischen Ressourcen siehe auch Exkurs 17 über die Eignung von Prüfmitteln (S. 146).

Die personellen Ressourcen sind die Tester. Diese sind für verschiedene Fachthemen verantwortlich wie Funktionalität, Umwelttests, Lebensdauer etc. Siehe auch hier Exkurs 21 (S. 175): Die Bearbeiter von CRs sind diejenigen Mitarbeiter, die ohnehin für die Anforderungserzeugung verfügbar sind, es wird für CRs keine weiteren neuen Mitarbeiter geben.

Prüfer von Prüfprogrammen und deren Testfällen sowie Skripte sind:

- Andere Tester desselben thematischen Bereichs
- Systemingenieure bzw. Mechanikkonstrukteure, HW- und SW-Entwickler (vgl. SYS.2), damit diese feststellen können, ob ihre Ideen und Gedanken, die ihnen während des Definierens der Anforderungen eingefallen sind, als Testfall-Input richtig umgesetzt wurden (Stichwort *Verifikationskriterien*, siehe SYS.2 BP 5 und Anmerkung 5 bzw. SWE.1 BP 5 und Anmerkung 6).
- Die Autoren der Standardprüfprogramme, Standardtestfälle und Standardskripte aus der Produktlinie, weil sie beratend wirken, aber auch, weil sie sich für die Anpassungen in den nutzenden Projekten interessieren (müssen), um sie ggf. in den Standard einzuspeisen.

5.11 SYS.5 – Systemqualifizierungstest

Denken Sie daran, dass Tester als Prüfer der Systemanforderungen wirken (siehe Abschnitt 5.2.4, S. 102).

Weitere Stakeholder, die Input für den Prozess liefern:

- Musterbau, wenn die Tests für die Systemebene nicht auf Basis serienfallender Teile stattfinden. Es sind hier auch Lieferanten betroffen, wenn diese Komponenten liefern.
- Eigen- oder Fremdfertigung, wenn die Tests für die Systemebene auf Basis serienfallender Teile stattfinden (typischerweise für C-Muster und Serienänderungen).
- Informationen aus Feldbeobachtung. Wenn ermittelbar dann nutzen Sie dies, um ggf. Prüfprogramme, Testmethoden und Testfälle weiterzuentwickeln oder neue hinzuzufügen. Vergessen Sie dabei nicht, dass solche Testfalländerungen und -ergänzungen sehr wahrscheinlich auch das Anpassen von Systemanforderungen (SYS.2) erfordern.
- Der Kunde für z. B. Ermittlung von Mission Profiles

Weitere Stakeholder, die Informationsempfänger ab der Systemebene sind:

- Testfahrer der OEMs für Versuchsträger. Diese validieren vor Straßenfreigaben und Zulassungen die Fahrzeugfunktionen und damit die Systeme, durch die die Fahrzeugfunktionen realisiert sind. Testfahrern sind somit nicht zuletzt aus Produktsicherheitsgründen Nutzungseinschränkungen und Anleitungen zur Verfügung zu stellen, die sich u. a. aus negativ ausgefallenen Testfällen der Systeme der Zulieferer und daraus resultierenden Risikobewertungen und Freigabeaussagen ergeben.

Räumen Sie den Qualitätssicherern das Recht ein, stichprobenhafte Plausibilitätsprüfungen auf Befundlisten durchzuführen, die aus Prüfungen entstehen (siehe hierzu auch GP 2.1.7 von SUP.1 und die dort angegebenen weiteren Verweise).

Exkurs 18
Sind Testfahrer der OEMs erst auf CL2 zu betrachten und nicht schon auf CL1?

Die o. g. Informationen, die Testfahrer letztendlich bekommen, sind bereits auf CL1 von SYS.5 zu sehen (dort aber leicht zu übersehen, da sich der Markt von Automotive SPICE-Assessments im Wesentlichen bei bzw. auf Zulieferern abspielt). Der Grund ist, dass

- der Prozesszweck von SYS.5 besagt, dass das System zu testen ist, um nachzuweisen, dass die Systemanforderungen eingehalten werden, und dass es für die Auslieferung bereit ist;
- Prozessziel 6 und damit BP 7 besagen, dass die Ergebnisse an betroffene Parteien für diese sinnvoll aggregiert kommuniziert werden müssen.

OEM-Testfahrer sind deshalb nicht zuletzt aus Produktsicherheitsgründen eindeutig betroffene Parteien.

5.11.3 GP 2.1.2, GP 2.1.3, GP 2.1.4 – Planung, Überwachung und Anpassung

Die Feinplanung bezieht sich

- auf das Zusammenwirken aller technischen und personellen Ressourcen und Stakeholder-Repräsentanten [Metz 09],
- Verfügbarkeit des zu testenden Produkts,
- Verfügbarkeit und Einsatzbereitschaft von Materialien [Metz 09] sowie
- Verfügbarkeit und Einsatzbereitschaft von Testmittel und Testinfrastruktur [Metz 09],

sodass die Prozessziele eingehalten werden (siehe hierzu auch das spezifische Beispiel bei Abwertungsgrund 17, S. 87).

5.11.4 GP 2.2.1 – Anforderungen an die Arbeitsprodukte

Siehe zunächst alle Hilfestellungen in Abschnitt 4.2.1 (S. 56).

Als qualitatives Qualitätskriterium ab CL2 wird Ihnen Wiederverwendbarkeit wichtig sein, insbesondere dann, wenn Sie einen Produktlinien- und Baukastenansatz betreiben.

Zur Erinnerung aus Abschnitt 4.2.1: GP 2.2.1 muss sowohl die CL1- als auch die CL2-Qualitätskriterien garantieren.

Können Sie eine 100%-Prüfabdeckung der Arbeitsprodukte (hier i.S.v. Review, Walkthrough etc.) nicht garantieren, dann verfolgen Sie eine *risikobasierte* Strategie (Details siehe in Abschnitt 4.2.1.4 unter *Prüfabdeckung*) [Metz 09].

Mit der Frage, ob eine solche Strategie bereits für den Testumfang auf CL1 angewendet werden kann, beschäftigt sich Hinweis 31 für Assessoren (S. 139).

5.11.5 GP 2.2.2, GP 2.2.3, GP 2.2.4 – Handhabung und Prüfung der Arbeitsprodukte

Siehe zunächst alle Hilfestellungen in Abschnitt 4.2.4, S. 74.

Jeder Testfall hat, ähnlich Abbildung 4–11 (S. 69), einen Status wie z.B. *Erstellt*, *ZuPrüfen*, *Geprüft* oder *Obsolet* (in letzterem Status befindet sich z.B. ein Testfall eines B-Musters, der wegen einer Funktionsänderung für C-Muster nicht mehr gültig ist oder zu einer anderen Produktvariante gehört).

Testprozeduren und Skripte werden versioniert, ebenso Testspezifikationen. Wird Versionierung für die Testfälle einzeln betrieben, dann stellt eine Version der gesamten Testspezifikation de facto eine Baseline für sie dar. Versionierung sollte werkzeuggestützt sein. Sinnvollerweise zeichnet das Werkzeug auch auf, von wem die Testspezifikation bzw. der Testfall in seiner Bearbeitungshistorie geändert wurde.

Testergebnisse benötigen weder Baselines noch eine einfache Versionierung: Da für jeden Testlauf eine neue Instanz von Testergebnissen erzeugt wird, repräsentiert das per se eine Versionierung. Die Testergebnisse müssen die Testmuster und ihre Stückliste referenzieren, die sich unter Test befunden haben.

Rohdaten, aus denen die einzelnen Testergebnisse hervorgehen, müssen nicht aufgehoben und damit auch nicht versioniert werden. Die Datenmenge kann schlicht zu groß sein. Es muss bei der Prüfung der Test- bzw. Versuchsberichte (die im Falle von negativen Ergebnissen auch eine Risikobewertung enthalten) sichergestellt sein, dass diese alle Ergebnisse korrekt und vollständig beschreiben. Es reichen dann die Test- bzw. Versuchsberichte als Ergebnisdokumentation aus.

Lesezugriff muss für jeden Prüfer (s. o. zu GP 2.1.7) vorhanden sein.

Prüfungen von Testspezifikationen bzw. Testfällen und Skripten müssen nicht immer formeller Natur sein, informelle Prüfungen (z. B. Peer-Reviews) sind auch äußerst wertvoll. Als Nachweis geben Sie einen passenden Kommentar mit Nennung der Mitarbeiter und der Änderungen in der entsprechenden Bearbeitungshistorie an. Das kostet nicht viel Zeit und sichert Sie in Assessments ab.

Eine Prüfung von Testfällen erfolgt nach deren Erstellung und bei Änderungen. Zusätzlich ist es sinnvoll, einen Testfall auch nach einem negativen Ergebnis nochmals zu prüfen. Der Grund kann sehr menschlich sein: Nach der Prüfung des 100sten Testfalls nimmt die Aufmerksamkeit des Prüfers ab.

Ein aggregierter Testübersichtsbericht (vgl. BP 7 *Aggregiere und verteile die Ergebnisse*) sollte vor seiner Verteilung nochmals gegen die wirklichen Testergebnisse abgeglichen werden.

Vergessen Sie nicht, auch die seit CL1 verlangte Traceability-Abdeckung und die Konsistenz der Inhalte entlang der Traceability-Links zu prüfen. Erinnern Sie sich dabei auch an Exkurs 4 (S. 62). Richten Sie zum Effizienzgewinn automatische Reports über die Traceability zu den Systemanforderungen ein, sofern werkzeugtechnisch machbar, und werten Sie diese der während Prüfungen aus.

Wir haben bei den Prozessen der linken V-Seite (siehe SYS.2 und SYS.3 sowie SWE.1 bis 3) gesehen, dass eine Freigabestrategie für Gesamtystem- und -softwareleistungen (also über die reinen Automotive SPICE-Prozessgrenzen hinweg) notwendig ist (siehe dazu Exkurs 9, S. 106 und Exkurs 15, S. 134). In diese gesamte Freigabestrategie sind natürlich auch die Testprozesse einzubinden.

Für die Testprozesse untereinander bedeutet das zusätzlich, dass es für das Starten von Tests neben den zeitlichen Vorgaben (s. o. bei GP 2.1.1) weitere *Vorbedingungen* geben wird. Beispiel: Es müssen diejenigen Systemintegrationstestfälle erfolgreich gewesen sein, die fachlich-inhaltlich die danach erstellten Qualifizierungstestfälle berühren.

Beachten Sie also im Rahmen der Freigabestrategie über die SYS- und SWE-Prozesse hinweg also nicht nur die Horizontale zwischen linkem und rechtem V-Ast, sondern auch den rechten V-Ast in sich!

Erinnern Sie sich bzgl. Freigaben auch an die psychologische Wirkung von (echten oder digitalen) Unterschriften.

Überlegen Sie, der Qualitätssicherung ein Vetorecht gegen Freigaben einzuräumen (siehe hierzu auch GP 2.1.7 von SUP.1 in Abschnitt 5.14.5 und die dort angegebenen weiteren Verweise auf SUP.8). Alternativ dazu kann die Qualitätssicherung selbst auch eine Freigabepartei werden.

5.12 MAN.3 – Projektmanagement

Siehe zunächst Abschnitt 5.1, S. 95.

5.12.1 GP 2.1.1 – Prozessziele (Performance Objectives)

Termine und Dauern

Tätigkeiten, die das Projektmanagement selbst darstellen und die Terminvorgaben unterliegen (alles weitere ist Feinplanung, siehe GP 2.1.2), sind z. B.:

- Übergang von der Periode des Aufsetzens des Projekts zum echten Projektstart
- Projekt-Kick-off
- Einladungen zu Berichterstattung an Steuerkreise oder Quality Gates
- Jährlicher Buchungsschluss gegenüber dem Controlling

> **Hinweis 33 für Assessoren**
> **MAN.3 BP 10 (Reporting des Projektfortschritts) ist nicht mit CL2 für MAN.3 zu verwechseln**
>
> **Frage:** In BP 10 »*Prüfe und berichte den Projektfortschritt*« ist bereits Berichterstattung verlangt. Können Besuche bei Steuerkreisen oder Quality Gates dann noch einmal auf CL2 veranschlagt werden? Ist dies nicht eine Doppelbewertung?
>
> **Antwort:** Der *Inhalt* der Berichterstattung in BP 10 bezieht sich auf Status und Information des Projekts als solches und ist damit klar CL1. Jedoch verbraucht der Projektleiter für das Einholen dieser Informationen Zeit und das Berichterstatten *selbst* findet zu einem bestimmten Zeitpunkt statt. Diese Aktivitäten sind also Gegenstand dessen, was der Projektleiter für sich selbst organisieren muss, und gehören daher zu CL2 für MAN.3.

Aufwände

Notwendige Aufwände für das Projektmanagement werden sich durch die Projektperiode, wie z. B. das Projekt aufsetzen, technische Entwicklung, Serienbetreuung/Wartungsprojekt, unterscheiden.

Allerdings ist der Aufwand für das Projektmanagement insbesondere dann schwer zu fassen, wenn die projektleitenden Personen noch andere (z. B. technische) Aufgaben im Projekt übernehmen. Wenn Sie ermitteln wollen, welcher Aufwand bei Ihnen normal ist, setzen Sie eine Aufwandsobergrenze für Kategorien und Typen von Projekten fest. Damit sind Sie gezwungen, dass dagegen überwacht wird (siehe GP 2.1.3). Die Erkenntnisse daraus bilden den Input für zukünftige Schätzdatenbasen (vgl. bei GP 2.1.1 allgemein in Abschnitt 4.1.1, S. 29). Es geht natürlich nicht darum, alle Projektmanagementtätigkeit abzubrechen, wenn die Aufwandsgrenze erreicht ist.

In jedem Fall aber muss der Aufwand für alle Projektleitertätigkeiten selbst auch als Posten in der Gesamtprojekt-Aufwandsschätzung auftauchen.

Leistungsformeln [Metz 09], [intacsPA]

Ein mögliches metrikorientiertes Prozessziel ist z. B. die Vorgabe, wie viele Einträge in Offene-Punkte-Listen pro Zeitabschnitt mit welcher Priorität maximal in einem bestimmten Status (z. B. Offen, InBearbeitung) sein dürfen. Dies stellt dann ein Abarbeitungsmaß dar, das überwacht werden kann (siehe GP 2.1.3). Einträge von Offene-Punkte-Listen können sich als Probleme entpuppen, die über SUP.9 *Problemlösungsmanagement* verfolgt werden müssen. Das bedeutet, dass Leistungsformeln von MAN.3 mit denen von SUP.9 gekoppelt sein können.

Methoden und Techniken

Legen Sie fest, ob und wenn ja welche Tätigkeiten des Projektmanagements selbst ab welchem Mindeststundenumfang in Zeitplänen auftauchen sollen [Metz 09].

Bezüglich reichhaltiger Methoden und Techniken des Projektmanagements sei auf einschlägige Literatur verwiesen.

5.12.2 GP 2.1.2, GP 2.1.3, GP 2.1.4 – Planung, Überwachung und Anpassung

Die Projektleiter aller Ebenen (siehe GP 2.1.6) verbuchen ihren Aufwand wie alle anderen Mitarbeiter. Sollte es Obergrenzen für den Aufwand von Projektleitern geben (s. o. zu GP 2.1.1), dann ist dagegen zu überwachen.

Wenn

- die Projektleiter aller Ebenen keine anderen Tätigkeiten als die der Projektleitung ausüben
- und pauschal auf ein Projekt gebucht wird (d. h., wenn keine feineren Buchungsposten bestehen),

dann ist durch die Namenszuordnung klar, was der auf das Projektmanagement entfallende Aufwand ist.

Führen sie jedoch nicht zu 100 % nur Projektleitungstätigkeit aus (z. B. der Softwareprojektleiter ist gleichzeitig Softwarearchitekt oder Entwickler), dann braucht es, um die Aufwandsobergrenze überhaupt überwachen zu können, einen gemeinsamen Buchungsposten *Projektmanagement* (vgl. hierzu allgemein Abschnitt 4.1.1, S. 36 und Beispiel 7).

Sitzungen jeder Projektleiterebene, ob Regeltermine oder ereignisgetrieben, tauchen in Zeitplänen, in jedem Fall jedoch in elektronischen Kalendern auf. Dasselbe gilt für Einladungen zu Steuerkreisen oder Quality Gates.

Projektleiter jeder Ebene sind meist stark frequentiert, nicht nur von den Projektmitarbeitern, sondern auch von Stakeholder-Repräsentanten, u. a. dem Kunden. Für das eigene Zeitmanagement ist es sinnvoll, strenge Sprechzeiten für bestimmte Parteien festzulegen und strikt einzuhalten, sofern es sich nicht tatsächlich um dringende Fälle handelt (erzieherischer Effekt) [Metz 09].

5.12.3 GP 2.1.6 – Ressourcen

Der Projektleiter wird ggf. nicht allein alle Aktivitäten planen und technisch wie kaufmännisch verfolgen können. Daher ist es oft sinnvoll, einen

- Hauptprojektleiter zu installieren, der zusammen mit dem Vertrieb und Einkauf für alles Kaufmännische und für den Meilensteinplan gegenüber Kunden verantwortlich ist,
- und einen technischen Projektleiter zu haben, der für die Zusammenführung der technischen Gewerke aller Teildomänen (Mechanik, Hardware, Software) verantwortlich ist und insofern den Unterprojektleitern (siehe nachfolgend) vorsteht, dem Hauptprojektleiter aber untersteht,
- sowie Unterprojektleiter für die Teildomänen Mechanik und Elektronik. Der Elektronikprojektleiter kann wiederum einen koordinierenden Softwareprojektleiter unter sich haben. Diese empfangen von oben Meilensteintermine, Aktivitäten und Aufwandsvorgaben, setzen diese in Feinplanungen um, und melden Fortschritt sowie Auswirkungen von Problemen und Verzug nach oben.

Sollten Ebenen der Projektleitung administrative Unterstützung wie ein Project Office benötigen, zählen diese ebenso zu den Ressourcen für das Projektmanagement.

Weitere Ressourcen sind Softwarewerkzeuge für Planung und Aufwandsverfolgung sowie PC-Standardwerkzeuge. Die projektleitenden Personen müssen sie effektiv nutzen können, d. h., es sind ggf. Ausbildungen nötig.

5.12.4 GP 2.1.5 – Verantwortlichkeiten und Befugnisse

Verantwortlichkeiten und Befugnisse für Projektleiterebenen scheinen trivial. Klären Sie jedoch präzise folgende Punkte:

- Verfügen Projektleiter tatsächlich auch über die Abrufhoheit über bereits formal gewährtes Projektbudget oder müssen sie Abrufe nochmals separat beantragen und sind dabei von der Freigabe anderer Funktionen abhängig, z.B. dem Controlling? Ab welcher Höhe? Was ist (reales Beispiel), wenn z.B. wegen einer Abteilungsfeier beim Controlling niemand erreichbar ist und der Projektleiter deshalb akut nicht an den Standort eines ausländischen Werks reisen kann, weil dort das Band steht?
- Können sie die einmal vom Linienmanagement zugesagten Kapazitäten auch behalten? Wie scharf ist das Schwert der Projektleiter, wenn sie ihnen trotz Zusage entzogen werden?
- Haben die Projektleiter echte Vetomöglichkeit gegen (aus Sicht der Projektziele) störende oder widersprüchliche Aufgaben, die Projektmitarbeiter von ihren Vorgesetzten der Linie bekommen?
- Haben sie echte lebbare Eskalationsmöglichkeiten und nicht nur auf dem Papier? Können sie Linienmanager und Mitglieder vom Steuerkreis scheuchen, oder benötigen sie z.B. Quality Gates, um überhaupt Gehör zu bekommen?
- Haben sie echten weisungsbefugten, steuernden Einfluss innerhalb ihrer Projektleitungshierarchie oder sind sie nur bessere Verwalter von Informationen?
- Können sich Teilprojektleiter auch direkt an die Nachbar-Teilprojektleiter wenden oder herrscht eine Kultur des strengen *von oben* nach unten? (Beispiel: Kann der Softwareprojektleiter, ohne den Elektronikprojektleiter behelligen zu müssen, direkt an die Hardware eskalieren, wenn es mit der HW-SW-Schnittstellen-Definition nicht vorangeht?)

Nicht-Abwertungsgrund 13
MAN.3: Rechtelose Projektleiter sind nicht grundsätzlich ein Problem

Ist grundsätzlich abzuwerten, wenn ein Projektleiter bzgl. Budget- und Kapazitätshoheit mehr oder weniger machtlos ist? Antwort: Nein, nicht pauschal. Wenn die Unternehmenskultur oder gar ein Standardprozess passiv verwaltende Projektleiter favorisiert bzw. vorgibt, dann kann dies in Ordnung sein, allerdings nur unter der Voraussetzung, dass

- der Projektleiter nach seinem Anfordern das Geld auch tatsächlich zeitnah zur Verfügung gestellt bekommt und
- die Stakeholder-Parteien (siehe GP 2.1.7) aktiv agieren: Entzogene Ressourcen werden entweder zeitnah ausgeglichen, oder das Verändern von Meilensteinen und Terminen wird für den Projektleiter übernommen und zeitnah bestätigt.

Abwertungsgrund 28
MAN.3: Projektleiter ohne effektives Eskalationsrecht sind ein Problem

Aus Nicht-Abwertungsgrund 13 ergibt sich umgekehrt jedoch auch, dass die Eskalationsmöglichkeiten für einen Projektleiter definitiv und immer da sein müssen, hierüber darf er nicht rechtlos sein. Andernfalls ist ein Steuern des Projekts auch unter den Bedingungen wie bei Nicht-Abwertungsgrund 13 (s. o.) nicht erfolgreich.

Klären Sie, welche Aufgaben genau ein Project Office hat, z. B.:

- Einladungen zu Projektsitzungen verschicken, dazugehörige Buchungen von Meetingräumen etc.
- Anwesenheitsdisziplin von Projektsitzungen und technischen Meetings verfolgen
- Übernehmen der Aufwandsbuchung für die Projektmitarbeiter (Sammel-Buchen)
- Verfolgen der Aufwandsaufzehrung und rechtzeitiges Informieren des entsprechenden Projektleiters

5.12.5 GP 2.1.7 – Stakeholder-Management

Stakeholder sind:

- Steuerkreise oder Quality Gates
- Linienmanagement, da dieses in einer Matrixorganisation Ressourcen bereitstellt und sich an Kapazitätsschätzungen beteiligt
- Der Einkauf
- Der Kunde, wenn die Schnittstelle zu ihm direkt von Projektleitern der verschiedenen Ebenen wahrgenommen wird
- Der technische Vertrieb, wenn die Schnittstelle zum Kunden nicht direkt von Projektleitern der verschiedenen Ebenen wahrgenommen wird
- Die Zulieferer
- Die Produktion, da für C-Musterphasen üblicherweise serienfallende Teile verlangt werden. Software ist als Elemente der Stückliste ebenso als *Teile* anzusehen.

5.12.6 GP 2.2.1, GP 2.2.4 – Anforderungen an die Arbeitsprodukte und Prüfung

Die Ressourcenschätzungen und Budgetierung sowie Zeitpläne (Termine und Bearbeitungszeiträume beinhaltend) gelten als implizit inhaltlich reviewt, wenn

- sie zu Projektstart mit den Stakeholder-Repräsentanten erstellt und protokolliert beschlossen wurden und
- im Projektverlauf in Regelmeetings an die Projektmitarbeiter und Stakeholder-Repräsentanten kommuniziert und zusammen mit ihnen angepasst werden.

Das Gleiche gilt für:

- Work-Breakdown-Strukturen (Liste von hierarchisch organisierten Aktivitäten)
- Offene-Punkte-Listen, die von Projektmitarbeitern aufgelöst werden müssen
- Projektstatusberichte, die von Steuerkreisen und Linienmanagern eingesehen werden. Diese werden, sofern sie diese Berichte tatsächlich nutzen, vermisste Informationen einfordern.
- Agendas und Protokolle für und von Projektsitzungen

Wäre dies nicht der Fall, dann wären die BPs *Monitor and Adjust* ... auf CL1 auch nicht effektiv.

Abwertungsgrund 29
MAN.3: Zusammenhang mit dessen GP 2.2.4 und dessen BPs
»Monitor and Adjust ...«

Das Review von CL1-Arbeitsprodukten von MAN.3 kann sehr weitgehend als implizit gelten. Daher impliziert das Funktionieren der entsprechenden BPs eine nahezu vollständige Erfüllung von GP 2.2.4. Dies liegt in der Natur des Inhalts von MAN.3 und der Pragmatik der Praxis und braucht daher nicht als eine Überlappung zwischen CL1 und CL2 betrachtet zu werden.

Werten Sie daher GP 2.2.4 ab, wenn der Überwachungsanteil der entsprechend lautenden BPs auf CL1 nicht erfolgt oder nicht effektiv ist.

Daraus ergeben sich auch ein Stück weit inhaltliche Qualitätsanforderungen: Zeitpläne, Work-Breakdown-Strukturen und, wenn vorhanden, Projekthandbücher sollten durch andere, erfahrene Projektleiter geprüft werden. Diese sollten ebenso einen kritischen Blick auf die Zeit- und Aufwandsschätzungen für Projektleiter und Project Office selbst werfen.

5.12.7 GP 2.2.2, 2.2.3 – Handhabung der Arbeitsprodukte

Agendas, Protokolle und Projektstatusberichte brauchen nicht versioniert zu werden. Sind sie einmal komplett, dann werden sie nicht mehr überarbeitet. Sie stehen für genau einen Termin als Punkt in der Zeit.

Work-Breakdown-Strukturen, Ressourcenschätzungen und Zeitpläne brauchen ebenso wenig versioniert zu werden, weil sie ebenfalls zeitlich begrenzt sind und ihrer Natur nach, entgegen z.B. einer Softwarearchitektur, keine Stände darstellen, zu denen man zurückkehrt. Dennoch kann deren Versionieren sinnvoll sein, wenn es um das langfristige Aufbauen von Schätzdatenbasen geht. Weitere Details hierzu siehe in Abschnitt 4.1.1 (S. 29), aber auch Nicht-Abwertungsgrund 3 (S. 87) sowie Nicht-Abwertungsgrund 4 (S. 87).

Erinnern Sie sich an die psychologische Wirkung von (echten oder digitalen) Unterschriften und lassen Sie sich Termin- und Kapazitätszusagen vom Linienmanagement abzeichnen!

5.13 ACQ.4 – Zuliefererüberwachung

Siehe zunächst Abschnitt 5.1, S. 95.

5.13.1 GP 2.1.1 bis GP 2.1.4 – Prozessziele, Planung, Überwachung und Anpassung

Tätigkeiten und Festlegungen, die das Organisieren von Zuliefererüberwachung darstellen und Terminvorgaben unterliegen sowie Aufwand benötigen, sind z. B. folgende:

- Ab wann soll auf Auftraggeberseite die Zuliefererüberwachung formal inkrafttreten. Dies kann von der Nominierung der Zulieferer abhängen.
- Das Fertigstellen von Vereinbarungen wie u. a. NDAs und DIAs
- Wie viel Zeit vor gemeinsamen Besprechungen mit dem Zulieferer sollen auf Auftraggeberseite die gelieferten Informationen spätestens durchgesehen worden sein.
- Wie viel Zeit vor gemeinsamen Besprechungen mit dem Auftraggeber sollen auf Zuliefererseite die zu liefernden Informationen spätestens übermittelt worden sein.

Sollten Sie den Aufwand für Zulieferermanagement aufzeichnen wollen, so empfiehlt sich dafür, wenn vorhanden, der Posten für das Projektmanagement (siehe Abschnitt 5.12.1, S. 160).

> **Hinweis 34 für Assessoren**
> **CL1 und CL2 von ACQ.4 bzgl. Aufwänden und Terminen abgrenzen**
>
> ACQ.4 spielt sich an der Schnittstelle zwischen Zulieferern und Auftraggebern ab, d. h. zwischen mehreren Parteien in verschiedenen Unternehmen. Zudem können sich die inhaltlichen Leistungen der Zulieferer über mehrere bis alle Automotive SPICE-Prozesse erstrecken (z. B. System- vs. reinen Softwarelieferanten).
>
> Die CL1-Leistung ist also nicht allein von einem einzelnen »Helden« zu leisten (vgl. Definition des CL1 in Abschnitt 3.3.2, S. 17), und mehrere Helden der jeweiligen Unternehmen müssten sich aber notwendigerweise auch wieder terminlich koordinieren.
>
> Aus diesen Gründen ist bereits der CL1 von ACQ.4 von zeitlichen Festlegungen abhängig, was auch an der Arbeitsprodukt-Charakteristik von **02-01 Commitment/zugesicherte Vereinbarung** in Annex B von Automotive SPICE zu erkennen ist. Insofern verbleiben für die CL2-Leistung Aspekte, wie oben beispielhaft aufgeführt.

5.13.2 GP 2.1.5, GP 2.1.6, GP 2.1.7 – Verantwortlichkeiten und Befugnisse, Ressourcen, Stakeholder

Da sich die Informationen und Dokumente der Zulieferer über mehrere bis alle Automotive SPICE-Prozesse erstrecken (z. B. System- vs. Softwarelieferanten), muss die Prüfung und Sichtung von den jeweiligen Fachleuten im Thema erfolgen.

Die terminliche Koordination kann von dem Projektleiter oder den entsprechenden Teilprojektleitern übernommen werden. Die Alternative ist das Bestimmen von dedizierten Personen aus der Entwicklungsmannschaft. Die gesamte logistische Planung wie z. B. Reisen kann von einem Project Office übernommen werden, siehe dazu auch bei MAN.3 *Projektmanagement* (Abschnitt 5.12.3, S. 162).

5.13.3 GP 2.2.1, GP 2.2.4 – Anforderungen an die Arbeitsprodukte und Prüfungen

Zu den inhaltlichen Qualitätseigenschaften gehört sprachlich korrekter, präziser und gut verständlicher Inhalt für jede Art von Festlegungen und Vereinbarungen. Als qualitatives Qualitätskriterium ab CL2 wird Ihnen ggf. Wiederverwendbarkeit von z. B. DIAs und NDAs wichtig sein.

Die Vereinbarungen werden vom Zulieferer bewertet und ggf. zusammen mit dem Auftraggeber so lange verändert, bis Einverständnis erreicht ist. Dies entspricht einer impliziten Prüfung. Dennoch werden die ersten Vorgaben oder Vorschläge auf Auftraggeberseite vorher informal geprüft (Peer-Review).

Implizit geprüft werden auch jede Art von Protokollen gemeinsamer Präsenz-, Video- oder Telefonkonferenzen und alle Informationen, die vom Zulieferer an den Auftraggeber entweder übergeben oder gezeigt werden.

Abwertungsgrund 30
GP 2.2.4 und CL1 von ACQ.4 liegen naturgemäß nah beieinander

Das Review von CL1-Arbeitsprodukten von ACQ.4 kann sehr weitgehend als implizit gelten. Daher bedeutet das Funktionieren der entsprechenden BPs eine nahezu vollständige Erfüllung von GP 2.2.4. Dies liegt in der Natur des Inhalts von ACQ.4 und der Pragmatik der Praxis, dies braucht nicht als eine Überlappung zwischen CL1 und CL2 betrachtet zu werden.

Werten Sie daher GP 2.2.4 ab, wenn folgende BPs nicht erfolgen oder nicht effektiv sind:

- BP 1 *Vereinbare gemeinsame Prozesse, Schnittstellen und auszutauschende Informationen*
- BP 3 *Prüfe die technische Entwicklung zusammen mit dem Zulieferer*
- BP 4 *Prüfe den Fortschritt des Zulieferers*

5.13.4 GP 2.2.2, GP 2.2.3 – Handhabung der Arbeitsprodukte

Agendas und Protokolle brauchen nicht versioniert zu werden. Sind sie einmal komplett, dann werden sie nicht mehr überarbeitet, sie stehen für genau einen Termin als Punkt in der Zeit. Vereinbarungen wie u.a. DIAs und NDAs jedoch sind zu versionieren, da sie sich dynamisch ändern können.

Der elektronische Austausch von Dokumenten verlangt nach einer Plattform, die die Fähigkeit von Dokumentenmanagement haben sollte (siehe Anhang A, S. 253). Dabei sind auch Zugriffsrechte wesentlich (siehe dazu Exkurs 19 unten).

Exkurs 19
CL1 von ACQ.4: Welche Dokumente und Informationen auf welche Weise auszuliefern sind

Als Zulieferer werden Sie zum Schutz Ihres geistigen Eigentums, Ihrer Patente und Betriebsgeheimnisse bestimmte Dokumente und Informationen ggf. nicht elektronisch herausgeben wollen. Dies ist selbst dann der Fall, wenn NDAs unterzeichnet worden sind. Dazu können z.B. jede Art von Anforderungen auf tieferer Ebene, Architekturen, Produktentwürfe und -design, Analysen wie FMEAs etc. gehören. Diese möchten Sie ggf. maximal nur über Video- oder Webkonferenzen zeigen. Aber auch Bildschirminhalte können durch Screenshots oder Aufzeichnungswerkzeuge kopiert werden. Gemeinsame Einsichtnahme vor Ort in Präsenzmeetings sind für sensible Informationen die sicherste Methode.

Beachten Sie hier: Alle diese Erwägungen gelten bereits ab CL1, weil gerade das den Prozesszweck mit ausmacht, wie durch BP 1 »*Vereinbare gemeinsame Prozesse, Schnittstellen und auszutauschende Informationen*« klar zu erkennen ist.

5.14 SUP.1 – Qualitätssicherung

Siehe zunächst Abschnitt 5.1, S. 95.

Hinweis 35 für Assessoren
SUP.1: Ist organisatorische Unabhängigkeit nicht dasselbe wie Objektivität?

Seit v3.0 verlangt Automotive SPICE neben Unabhängigkeit nun auch explizit Objektivität. Hintergrund ist, dass die Objektivität trotz organisatorischer Unabhängigkeit leiden kann, wenn z.B. räumliche und kollegiale Nähe zwischen Mitarbeitern besteht – hier machen rein formale Abteilungszuordnungen oftmals wenig Unterschied [Grabs & Metz 12]. Zudem sind z.B. externe Dienstleister auch nie völlig unabhängig, da sie wirtschaftlich an Aufträgen interessiert sind [Grabs & Metz 12]. Umgekehrt ist jedoch in bestimmten soziokulturellen Kontexten das Garantieren von Objektivität ohne echte organisatorische Unabhängigkeit schwierig oder kaum möglich.

Daher muss auf CL1 durch die Qualitätssicherungsstrategie festgelegt werden, wie das letztendliche Ziel, nämlich die Objektivität, wirklich sichergestellt wird.

5.14 SUP.1 – Qualitätssicherung

> **Exkurs 20**
> **CL1 des SUP.1: Organisatorische Aufstellung**
>
> In BP 1 muss als Teil der QS-Strategie auf CL1 beantwortet sein, wie man sich organisatorisch aufstellt. Dabei sind prinzipiell zwei Szenarien denkbar:
>
> 1. Es existiert eine Qualitätsabteilung, die für jedes Projekt oder für mehrere Projekte einen Qualitätssicherer stellt.
> 2. Die Projekte stellen den Qualitätssicherer selbst (wobei hier das Objektivitäts-Argument schwerer zu führen ist).
>
> In beiden Fällen muss der/die Qualitätssicherer nicht alle Überprüfungen inhaltlich selbst durchführen, sonst müssten sie gleichzeitig Experten in Projektmanagement, Softwareentwicklung, Testen auf Software- und Systemebene etc. sein. Inhaltliche Prüfung muss von Personen vorgenommen werden, die im Inhalt sachkundig sind. Qualitätssicherung, auf welche Schultern auch immer verteilt, hat die Aufgabe, zu garantieren, *dass* Qualitätssicherung geschieht.

5.14.1 GP 2.1.1 – Prozessziele (Performance Objectives)

Termine und Dauern

Qualitätssicherung von Arbeitsprodukten und das Beheben von Befunden erfolgt
- bei großem Schweregrad oder hoher Priorität zeitnah oder
- bei geringerem Schweregrad oder niedriger Priorität (z. B. Editoriales) akkumuliert.

Daher geschieht hier die zeitliche Festlegung immer im Projekt in Zusammenhang mit den entsprechenden Arbeitsprodukten.

Erfolgt Qualitätssicherung von Prozessen durch Audits und Assessments und/oder Lessons Learned ist dies von den Projekten einzuplanen.

Aufwände

In Abschnitt 4.1.1 (S. 29) haben wir diskutiert, dass Buchungsgranularität nach den Automotive SPICE-Prozessen zu aufwendig ist und keine Akzeptanz bei Mitarbeitern findet. Wir hatten auch gesehen, dass es um die Frage geht, welche Aufwände man aufzeichnen will, um warum welche Schlussfolgerungen daraus zu ziehen. Im Zusammenhang mit folgenden Beispielen von Buchungsposten

- Anforderungen   (SYS.1, SYS.2, SWE.1)
- Entwurf   (SYS.3, SWE.2, SWE.3)
- Qualitätssicherung   (SUP.1, GP 2.2.4)
- Testen & Verifikation (SYS.4, SYS.5, SWE.4, SWE.5, SWE.6, SUP.2)

sagten wir, dass es hier das Ziel sein kann, herauszufinden, ob z. B. der Aufwand für Qualitätssicherung (hoffentlich) zu einem abnehmenden Aufwand bei Testen & Verifikation führt oder ob der Aufwand für Design in einem sinnvollen Verhältnis zum Anforderungsaufwand steht, was wiederum ins Verhältnis zu Testen & Verifikation gesetzt werden kann.

Das Festlegen von Maximalaufwänden für Qualitätssicherung sehe ich nicht als sinnvolles Performance-Ziel. Anzahl und Schwere von Qualitätsproblemen sind selbst bei Produktlinien prinzipiell nicht vorhersehbar und von zu vielen Faktoren abhängig (sonst bräuchte man QS auch nicht), und Qualitätssicherung kann auch nicht mittendrin aufhören, nur weil eine Aufwandsmarke erreicht ist.

Leistungsformeln [Metz 09], [intacsPA]

Ein Beispiel für ein metrikgestütztes Performance-Ziel ist eine maximale Zeitspanne, innerhalb der Befunde und Defekte erledigt sein müssen [Metz 09], ggf. abhängig von

- der Art des Arbeitsprodukts sowie
- der Projektphase (z. B. A- und B-Musterphasen gegenüber C-Mustern).

Methoden und Techniken

Die Vorgabe von Prüfmethoden, Prüffrequenz, Prüfabdeckung und Prüfparteien ist grundsätzlich *kein* Prozessziel für SUP.1 auf CL2. All das ist bereits Teil der QS-Strategie in BP 1 auf CL1, was man auch an der Arbeitsprodukt-Charakteristik 08-13 *Qualitätssicherungsplan* im Automotive SPICE-Modell sieht. Klar ist zwar, dass BP 1 mit GP 2.2.1 aller *anderen* Prozesse inhaltlich korreliert (siehe Abschnitt 4.3.1.9, S. 80), aber der Qualitätssicherungsplan oder die Qualitätssicherungsstrategie bleiben sinnvollerweise der Ort, an dem alle genannten Festlegungen zentral aufgeschrieben werden. Dasselbe gilt für das Vorgeben von Qualitätskriterien und Referenzmodellen wie z. B. der ISO/IEC 25010.

5.14.2 GP 2.1.2, GP 2.1.3, GP 2.1.4 – Planung, Überwachung und Anpassung

Zu zeitlichen Aspekten s. o. zu Terminen und Dauern bei GP 2.1.1. Was zudem zeitlich festgelegt werden muss zusammen mit den Stakeholder-Repräsentanten, ist, wann Qualitätsreports zu erstellen und zu übermitteln sind. Dies kann regelmäßig, aber auch von z. B. der Musterphase abhängen, in der sich das Projekt befindet.

Für das Schätzen der Aufwände ist in Szenario 1 im Exkurs 20 auf Seite 169 die Abteilungsleitung in Absprache mit den Projektleitungen verantwortlich, in Szenario 2 ist es die Projektleitung allein.

5.14.3 GP 2.1.6 – Ressourcen

Die personellen Ressourcen sind diejenigen Personen, die Prüfungen betreiben, moderieren und Befunde verfolgen und auflösen, wie in Exkurs 20 oben erklärt.

5.14.4 GP 2.1.5 – Verantwortlichkeiten und Befugnisse

Für die Personen, die Qualitätssicherung betreiben, ist festzulegen, welche Freigabe-, Veto- und Eskalationsrechte sie haben bzgl. welcher Arbeitsprodukte und welcher Baselines. All dies berührt auch SUP.8 (siehe daher Näheres unten bei GP 2.1.7 und in Abschnitt 5.16). Beachten Sie: Der Qualitätssicherung ein Vetorecht einzuräumen, ist weder auf CL1 noch auf CL2 zwingend notwendig, um Objektivität zu argumentieren, stellt aber eine *Good Practice* dar.

Es ist als zusätzliche Absicherung sinnvoll, den Qualitätssicherern aufzutragen, Befundlisten von Arbeitsproduktprüfungen sowie Assessment- und Audit-Reports stichprobenartig auf Plausibilität zu überprüfen oder überprüfen zu lassen (Plausibilität deshalb, weil ein Qualitätssicherer kein inhaltlicher Experte für jede technische Teildomäne sein kann).

Erinnern Sie sich aber daran, dass wir gesehen haben, dass bei manchen Prozessen die Prüfung von Arbeitsergebnissen implizit ist, z.B. bei MAN.3 *Projektmanagement* und SUP.1 selbst, sodass es keine Befundlisten hierzu geben muss.

Es ist außerdem festzulegen, wer Qualitätssicherungsinformationen empfängt, wer sie aggregiert und an welche Parteien weiterleitet.

Die Qualitätssicherer sollten das Recht und die Aufgabe haben, stichprobenhaft die Plausibilität des Inhalts von Befundlisten für Arbeitsprodukte aller anderen Prozesse zu prüfen (siehe bei GP 2.2.4 der jeweiligen Prozesse).

5.14.5 GP 2.1.7 – Stakeholder-Management

Stakeholder sind Fertigung [Metz 09], Projektleitungsebenen und Linienmanagement (z.B. Leiter Applikations-SW- und Basis-SW-Entwicklung) insofern, als dass nicht aufgelöste Befunde aus der Qualitätssicherung ein System- bzw. Softwarerelease und die Produktionsfreigabe verhindern können.

Überlegen Sie, ob bestimmte Status von Konfigurationselementen nicht durch die Arbeitsproduktverantwortlichen, sondern durch die Qualitätssicherung gesetzt werden sollen. Dies betrifft meist das Gewähren des Status *Abgenommen* (vgl. Abb. 4–11, S. 69) als Voraussetzung für das Ziehen einer Baseline. Insbesondere bei der Wiederverwendung von (hoffentlich) stets qualifizierten Softwarekomponenten ist das wichtig. Solche Festlegungen tragen zur Qualitätssicherung von SUP.8 bei (siehe Abschnitt 5.16.8, S. 185) und wären darüber hinaus für SUP.1 ein weiteres Argument für die Objektivität der Qualitätssicherung, in diesem Fall durch Unabhängigkeit.

Selbst wenn Sie der Qualitätssicherung keine solchen Rechte für die Vergabe von Konfigurationselementstatus geben sollten: Überlegen Sie, ob Sie der Qualitätssicherung ein Vetorecht gegen Freigaben von Arbeitsprodukten oder Ziehen von Baselines einräumen. Dieses wird sie z. B. nutzen bei

- unaufgelösten Befunden bei Arbeitsprodukten bzw. Konfigurationselementen,
- wegen unerledigter Befunde aus Baseline-Audits und Baseline-Reproduzierungsprüfungen sowie
- wegen falscher Status von z. B. Anforderungen etc.

Nicht zu vergessen ist auch die Produktbeobachtung im Feld, meist in Zusammenarbeit des Qualitätsmanagements in den Werken und mit der Entwicklung, die Rückläufer technisch analysiert. Hieraus ergeben sich nicht nur elementar wichtige Rückschlüsse auf die Produktreife, sondern auch indirekt auf die methodische Prozessreife.

5.14.6 GP 2.2.1, GP 2.2.4 – Anforderungen an die Arbeitsprodukte und Prüfung

Arbeitsprodukte der Qualitätssicherung selbst sind:

- Qualitätssicherungsplan bzw. Qualitätssicherungsstrategie
- Befundlisten aus Arbeitsproduktprüfungen
- Befunde aus Prozessaudits und -assessments
- Qualitätssicherungsberichte

Den Qualitätssicherungsplan bzw. die Qualitätssicherungsstrategie zu prüfen heißt nicht, dass dies durch andere Projektmitarbeiter oder externe Dienstleister geschehen muss. Qualitätssicherung ist ein Supportprozess (SUP), daher wirkt er auf *alle* anderen zurück. Das bedeutet, dass alle Vorgaben in einem Qualitätssicherungsplan (siehe auch nochmals oben bei GP 2.1.1 unter *Methoden und Techniken*) wegen der unwahrscheinlichen Vielzahl an Interessen und Zielen immer zusammen mit den Projektmitarbeitern und Stakeholder-Repräsentanten gemacht werden müssen (die das Qualitätsmanagement einschließen können und werden, dadurch werden Qualitätsmanagementstrategien beachtet). Das ist deshalb notwendig, weil ein Qualitätssicherungsbeauftragter weder ein erfahrener Fachmann in allen Fachdisziplinen sein kann noch psychologisch mit Festlegungen ex cathedra erfolgreich ist.

Genau dies gilt als implizite Prüfung des Qualitätssicherungsplans bzw. der Qualitätssicherungsstrategie.

Die Einträge in Befundlisten werden technisch diskutiert, in jedem Fall aber durch den Autor studiert, andernfalls könnte er die Befunde nicht auflösen. Dies ist z. B. bei informalen Reviews, formalen Reviews und Inspektionen wie Walkthroughs gegeben. Das entspricht einer impliziten Prüfung der Arbeitsprodukte der Qualitätssicherung. Es braucht daher meist auch keine expliziten zusätzlichen Abnahmekriterien.

Dasselbe gilt für Befunde aus Prozessassessments und -audits. Die Ergebnisse werden präsentiert und besprochen. Ob die Beurteilungen aber inhaltlich und formal korrekt sind, ist für die Beurteilten weniger gut feststellbar. Dies kann aber zu einem guten Teil gelöst werden

- durch ausgebildete und zertifizierte Auditoren und Assessoren (für SPICE-Modelle ist das derzeitig weltweit anerkannte Schema intacs (International Assessor Certification Schema, *www.intacs.info*)
- und dadurch, dass Audits und Assessments durch ein mindestens 2-köpfiges Team durchgeführt werden sollen, um Qualitätsrisiken auszuschließen. Hier ist gegenseitiges Review bzw. gemeinsames Erstellen der Reports gegeben.

Berichte über Qualitätssicherungsinformationen, die wirklich gelesen werden, entsprechen ebenfalls einer impliziten Prüfung. Insofern hängt GP 2.2.4 durchaus ab vom Erfolg der BP 4 »*Fasse Qualitätssicherungsergebnisse und -aktivitäten zusammen und verteile sie*« und BP 5 »*Stelle die Behebung von Abweichungen sicher*«.

Werden für Arbeitsproduktprüfungen Checklisten angeboten (siehe Abschnitt 4.2.1.3, S. 63) so sind diese mit den Vertretern der System- und Softwareprozesse zu definieren. Auch dies entspricht einer impliziten Prüfung. Dennoch ist es für Checklisten notwendig, eine sehr breite Kritikbasis zu bekommen oder bei kleiner Autorenrunde sie nochmals explizit durch sehr erfahrene Mitarbeiter oder Fachexperten prüfen zu lassen.

5.14.7 GP 2.2.2, GP 2.2.3 – Handhabung der Arbeitsprodukte

Befundlisten gelten für bestimmte Versionen von Arbeitsprodukten oder Vorgehensweisen (im Falle von Prozessprüfung), daher entstehen für jede neue Version von Arbeitsprodukten und Prozessen neue Befundlisten. Sobald die Prüfungsnachweise komplett sind, werden sie nicht noch einmal überarbeitet. Sie zu versionieren ist daher meist nicht notwendig. Das Gleiche gilt für Qualitätsberichte, die ebenso für jeden entsprechenden Zeitpunkt und Empfänger spezifisch neu erstellt werden.

Prüfungsnachweise sollten dennoch zusammen mit den Arbeitsprodukten, für die sie gelten, zu späteren Nachweiszwecken (Audits, Produkthaftungsfälle) Teil der Baselines sein. Das bedeutet, dass Prüfungsnachweise auch Konfigurationselemente sind. Für Qualitätsberichte, die aggregierte Informationen darstellen, ist dies nicht zwingend notwendig.

Um je nach Vertraulichkeit, wie z.B. bei patentrechtlichen Lösungen, oder Kultur des Bestrafens von Fehlern Konflikte bei z.B. Prozessassessmentergebnissen zu vermeiden, legen Sie Zugriffsrechte auf Qualitätssicherungsinformationen fest.

5.15 Gemeinsame Interpretation für SUP.8, SUP.9, SUP.10

Beachten Sie hier zuerst Abschnitt 5.1, S. 95.

5.15.1 GP 2.1.1 – Prozessziele (Performance Objectives)

Aufwände [Metz 09], [intacsPA]

Prozessziele bzgl. maximalem oder minimalem Aufwand für einen SUP-Prozess sind unüblich und wenig sinnvoll. Der Grund ist, dass es nicht das Ziel sein kann, mit dem Erfassen von Problemen und Abarbeiten von geordneten CRs am Produkt wegen ausgehenden Geldes mittendrin aufzuhören, vor allem aber ist der Aufwand gar nicht sinnvoll bezifferbar im Unterschied zu den Engineering-Tätigkeiten, die dann die Problemauflösung dahinter ausmachen [Metz 09].

Ein oft anzutreffendes Argument, doch den Aufwand für SUP.9 zu schätzen, ist, Aussagen für die erwartete Anzahl von Fehlern machen zu wollen und den Aufwand danach abzuschätzen. Folgende Gründe sprechen aber dagegen:

- Fehlerabschätzung ist per se schwierig, insbesondere bei verteilten Projekten mit verschiedenen Zuliefererszenarien.
- Es wird unterstellt, dass Fehler zwingend als *Problem* im Sinne der SUP.9-Strategie gesehen werden müssen. Dies ist
    a) aber völlig frei definierbar,
    b) beim SW-Unit-Test (SWE.4) nicht notwendig, wenn der Programmierer dieselbe Person ist wie der Unit-Tester, was mehrheitlich üblich ist. Fehler können hier vom Entwickler in demselben Implementierungszyklus sofort behoben werden, anstatt die Unit-Testfehler erst formal zu erfassen, sich selbst zuzuweisen, dann zu beheben und den Problemeintrag dann zu schließen.
- Fehler sind weder die üblichen noch die einzigen Größen für Aufwandsschätzungen, sondern Anforderungen und die Architektur des Systems.
- Man müsste dann auch CRs und nicht nur Probleme betrachten. Insbesondere aber kann nie vorhergesehen werden, wie viele CRs welchen Umfangs vom Kunden kommen werden, dazu befindet sich die Automotivebranche in einer viel zu innovativen Zeit.

Manche möchten dennoch ein Aufwandsziel haben, um z.B. langfristig überhaupt einmal ein Gefühl für den Aufwand zu bekommen. Aufwand wird natürlich generiert, z.B. durch Problemsichtungssitzungen, CCB-Sitzungsteilnahmen oder Leistungen durch Werkzeugadministratoren. In diesem Fall empfehle ich, einen bestimmten Prozentsatz der Arbeitszeit der entsprechenden Mitarbeiter zu reservieren. Der Grund ist, dass z.B. der Aufwand, ein einzelnes Problem zu erfassen oder während einer Impact-Analyse einem Problemeintrag Informationen hinzuzufügen, so sehr in die normale Engineering-Arbeit verwoben ist. Daher wird es von den Mitarbeitern meist als unverhältnismäßiger Administrationsaufwand oder gar als akademisch angesehen, Aufwände derart granular und ggf. auch noch zeitnah zu buchen [Metz 09].

Da es auch keine Akzeptanz bei Mitarbeitern findet, übertrieben gesprochen, so viele Aufwandsbuchungsposten zu haben, wie es Prozesse im Automotive SPICE-Modell gibt, sollte man schließlich SUP.8, SUP.9 und SUP.10 in einem einzigen Supportprozess-Buchungsposten zusammenfassen. Zur Erinnerung: Prozessziele müssen nicht allein auf den Prozess selbst beschränkt sein, sondern können mit denen anderer zusammenhängen. Prozessziele sollen der Praxis dienen und müssen nicht an Grenzen innerhalb der prinzipiell willkürlichen Struktur eines Assessmentmodells enden.

Termine und Dauern

> **Exkurs 21**
> **Aufkommen von CRs und Problemeinträgen bei zeitlichen Planungen bedenken**
> [VDA_BG]
>
> Bei der zeitlichen Planung der anderen Prozesse und des gesamten Projekts wird oft vergessen, den Aufwand für ein punktuell sehr hohes Aufkommen von Problemeinträgen und CRs zu beachten. Insbesondere bei später Nominierung in Vorleistung gegangener Zulieferer oder zu späten B-Mustern, zu C-Mustern und bis in die Serienbetreuung hinein ist mit erhöhtem Aufkommen von CRs und Problemeinträgen zu rechnen. Dies darf bei Terminfestlegungen und der Vorgabe von Fertigstellungszeiträumen insbesondere bei den SYS- und SWE-Prozessen nicht vergessen werden.
>
> Ermitteln Sie dies empirisch aus vergleichbaren Projekten und Vorgängerprojekten [VDA_BG].

Leistungsformeln

Bei Leistungsformeln ist festzulegen, durch wen (siehe hier GP 2.1.4 und GP 2.1.5) sie zu berechnen und mit den Sollwerten zu vergleichen sind [Metz 09]. Da SUP.9 und SUP.10 sehr weitgehend werkzeugunterstützt sind, kommt das Berechnen der Formeln oft dem Abrufen von vorher programmierten Queries oder Views im Werkzeug gleich. Ein solches Abrufen kann zwar jederzeit nach Bedarf geschehen. Dennoch sollte definiert werden, zu welchen Zeitpunkten spätestens, da sonst keine regelmäßige Überwachung der Leistungsformeln (siehe GP 2.1.3) erfolgen würde [Metz 09].

5.15.2 GP 2.1.2, GP 2.1.3 – Planung und Überwachung

Etwaige Aufwandszahlen (siehe GP 2.1.1), die auch werkzeuggestützt extrahierbar sein sollten, werden ausgewertet und an Projektleiter und/oder Linienvorgesetzte [Metz 09] und andere Stakeholder-Repräsentanten berichtet. Als Input für die Verfolgung sollten Statusberichte automatisiert über die eingesetzten Werkzeuge generiert und an die relevanten Personen geleitet werden.

5.15.3 GP 2.1.4 – Anpassung

Gründe für Nichteinhaltung der geplanten Absichten sind meist mangelnde Entwicklungsressourcen in Form von Mitarbeitern, unerwartet hohes Aufkommen von Problemeinträgen und CRs durch z.B. erkannte Produktfehler, Neu- oder Änderungswünsche vom Kunden oder intern wegen z.B. notwendiger Architektur- oder Designänderungen [intacsPA]. Ein Beispiel für eine reine Designänderung, die sich nicht auf Anforderungen auswirkt, sind Algorithmenoptimierungen oder Codeeffizienz.

Mögliche Reaktionen können hier z.B. sein:

- Eskalation zum Management, sofern das Projekt die Abweichungen nicht selbst auflösen kann, z.B. bei Ressourcenmangel [Metz 09], [intacsPA].
- Redefinieren von Leistungsumfängen (siehe auch SYS und SWE) für geplante Baselines und Releases [Metz 09], [intacsPA].
- Anpassung der Besetzung von CCBs und Problemsitzungsteilnehmern, wenn diese mangels Beteiligung z.B. wegen Überlastung Einzelner nicht effektiv ablaufen können.
- Ausweichen auf externe Kräfte als Trainer oder Coaches on-the-project [Metz 09], [intacsPA], wenn Qualifikation nicht rechtzeitig zu Beginn des Projekts herstellbar ist.

5.15.4 GP 2.1.5 – Verantwortlichkeiten und Befugnisse

Benutzer der Werkzeuge werden, ggf. abhängig von Status und Prioritäten von Problemen und CRs, Nutzerrechten unterliegen [Metz 09].

Es muss geklärt werden, wem und durch welche Mittel die Informationen über Abweichungen vom erwarteten Plan geliefert werden. Dies beinhaltet auch Eskalationsrechte (siehe hierzu auch GP 2.1.6).

> **Hinweis 36 für Assessoren**
> **SUP-Prozesse, Verantwortlichkeit und Befugnisse, auf welchem CL gefordert?**
>
> Die Strategie in BP 1 von
> - SUP.9 und SUP.10 fordert bereits *Verantwortlichkeiten für die Aktivitäten ... und Einhaltung von definierten Schnittstellen zu betroffenen Parteien.*
> - SUP.8 fordert bereits *Verantwortlichkeiten und Ressourcen* zusätzlich zu *Werkzeugen und Repositories.*
>
> Das dies bei GP 2.1.5 und GP 2.1.7 zu bewerten wäre, scheinen hier CL1 und mit CL2 unerlaubt zu überlappen.
>
> Dies wurde für Automotive SPICE v3.0 gegenüber der Vorgängerversion jedoch nicht geändert, da
>
> a) diese SUP-Prozesse ihrem Zweck nach prozessübergreifend wirken und dementsprechend bereits auf CL1 einen höheren Formalismus brauchen, um dies koordinieren zu können,
> b) die Mehrleistung auf CL2 für SUP.8, SUP.9 und SUP.10 (siehe die entsprechenden prozessspezifischen Kapitel) immer noch groß genug ist.

Ständige Mitglieder von CCBs und Problemsichtungsrunden und deren spezifische Aufgaben müssen definiert sein [Metz 09]. Es ist nicht immer im Detail vorherzusehen, welche Personen zusätzlich einzuladen sind, da dies abhängig vom Inhalt eines Problemeintrags bzw. eines CRs ist [Metz 09]. Daher empfiehlt es sich, sowohl in Matrix-, Projekt- als auch reinen Linienorganisationen explizit zu vereinbaren, dass inhaltgetriebenen Einladungen zu folgen ist (siehe auch GP 2.1.6).

5.15.5 GP 2.1.6 – Ressourcen

Es sind hier prozessspezifisch die konkreten Personen für die Entsendung in CCBs, Problemsitzungsrunden oder Problemmanager festzulegen. Ebenso sind diejenigen Personen festzulegen, die die Leistungsformeln überwachen [Metz 09], [intacsPA].

Die Qualifikation aller am Prozess Beteiligten muss die Nutzung der Werkzeuge umfassen. Dies gilt auch für die notwendigen technischen Produkt- und Domänenkenntnisse sowie hinreichende berufliche Erfahrung, die man benötigt, um CRs und Problemeinträge inhaltlich zu beurteilen und sich an Analysen zu beteiligen [Metz 09].

> **Hinweis 37 für Assessoren**
> **Qualifikation für SUP-Prozesse nicht bereits auf CL1 fordern?**
>
> Warum ist Qualifikation nicht bereits für CL1 zu fordern, wo dort doch durch BP 1 bereits die operative Abarbeitung nach einer Strategie verlangt ist? (Siehe direkt dazu auch Hinweis 36 für Assessoren, S. 177.)
>
> Der CL1 kann irgendwie erreicht werden. Dies kann auch zufällig durch inhaltlich erfolgreich ausgegangenes Einschätzen und Bewerten von CRs und Problemeinträgen geschehen sein. Nun ist solcher CL1-Erfolg allerdings nicht unbedingt wiederholbar. Es ist aber gerade die Wiederholbarkeit von Erfolg (eben durch qualifizierte, gleichmäßig und sinnvoll ausgelastete, nach strukturierten Absprachen gesteuerte Teams), was einen CL2 ausmacht und von CL1 abgrenzt.

5.15.6 GP 2.1.7 – Stakeholder-Management

Bei der CR- und Problemsichtung sollten Produktlinienverantwortliche einbezogen werden, damit diese

- dokumentiert Einspruch erheben können
- oder die entsprechende Lösung in den Standard mit aufnehmen können.

> **Hinweis 38 für Assessoren**
> **GP 2.1.7 vs. GP 2.1.5 bei SUP.9 und SUP.10**
>
> Es mag für SUP.9 und SUP.10 fachlich schwierig erscheinen, welche Information nun genau bei GP 2.1.5 und welche im Unterschied dazu bei GP 2.1.7 bewertet werden sollte. Das liegt daran, dass bei SUP.9 und SUP.10 gerade alle Parteien direkt beteiligt sind und daher Hinweis 7 für Assessoren (S. 44) hier nur bedingt weiterhelfen kann.
>
> Glücklicherweise ist dies für ein Assessment keine allzu problematische Frage, da nach ISO/IEC 15504 und ISO/IEC 33020 ohnehin das Prozessattribut *gesamthaft* zu bewerten ist. Das NPLF-Bewerten der GPs ist ein in der Praxis üblicher und hilfreicher Zwischenschritt, jedoch ist er weder von ISO/IEC 15504 noch von ISO/IEC 33020 gefordert.

Die Elektronikfertigung, Projektleitungsebenen und Linienmanagement (z. B. Leiter Applikations-SW- und Basis-SW-Entwicklung) sind Stakeholder insofern, als dass offene Probleme, nicht geschlossene CRs und unvollständige Baselines eine Produktions- oder Produktfreigabe verhindern kann.

5.15.7 GP 2.2.1, GP 2.2.4 – Anforderungen an die Arbeitsprodukte und Prüfung

Die Attribute bzw. Felder der Eingabemasken von Problemmanagement- und CR-Werkzeugen können als die Definition von Anforderungen an CRs, Problemeinträge, Impact-Analysen, Berichte etc. gesehen werden [Metz 09]. Zu den Qualitätseigenschaften gehören jedoch definitiv, wie auch bei Anforderungsprozessen, sprachlich korrekte, präzise und gut verständliche Eintragungen [Metz 09], [intacsPA].

Berichte zu Zielen und Verfolgung (GP 2.1.1, GP 2.1.2, GP 2.1.3) werden durch Templates oder werkzeuggestützte Sichten nach eigenen Bedürfnissen definiert [Metz 09].

Die Tatsache, dass

- CCBs die CRs bzw. Problemsitzungsgremien die Problemeinträge sichten
- und dass CRs wie Problemeinträge durch alle Beteiligten bearbeitet werden,

gilt als implizite Prüfung von Informationsvollständigkeit und Formulierungsgüte [Metz 09]. Wären Informationen in CRs bzw. Problemeinträgen mangelhaft, dann würden sie nicht erfolgreich bearbeitet bzw. aufgelöst werden können, was bereits ein CL1-Problem darstellen würde. Dieselbe Argumentation gilt auch für alle anderen Arbeitsprodukte wie Impact-Analysen und Berichte etc.

Abwertungsgrund 31
SUP.9, SUP.10: Zusammenhang deren BPs mit dessen GP 2.2.4

Wie oben gesehen, kann die Prüfung von SUP.9-Arbeitsprodukten (bei GP 2.2.4) insofern sehr weitgehend als implizit gelten, als dass die CRs und Problemeinträge immer von vielen Parteien bearbeitet werden. Die Bearbeitung wiederum ist aber auch eine CL1-Leistung. Das bedeutet, dass das Funktionieren der BPs gleichzeitig eine nahezu vollständige Erfüllung von GP 2.2.4 darstellt (dies liegt in der Natur der SUP-Prozesse, die prozessübergreifend wirken und dementsprechend bereits auf CL1 einen höheren Formalismus brauchen, um dies koordinieren zu können).

Stellen Sie daher sicher, dass die Bewertung folgender BPs stimmig mit der Bewertung von GP 2.2.4 ist:

- BP 4: Stelle die Ursache fest und bestimme die Auswirkung des Problems
- BP 5: Genehmige Notfallmaßnahmen
- BP 7: Initiiere die Problemlösung
- BP 8: Verfolge die Probleme bis zum Abschluss

da diese BPs im Regelfall die Problemsitzungsgremien und nicht allein der Problemsteller übernehmen.

Abwertungsgrund 32
SUP.10: Zusammenhang zwischen dessen BPs und dessen GP 2.2.4

Das Review von CL1-Arbeitsprodukten von SUP.10 kann sehr weitgehend als implizit gelten. Daher impliziert das Funktionieren der entsprechenden BPs eine nahezu vollständige Erfüllung von GP 2.2.4. Stellen Sie daher sicher, dass die Bewertung folgender BPs stimmig mit der Bewertung von GP 2.2.4 ist:

- SUP.9   BP 2 und BP 4 bis BP 8
- SUP.10   BP 2 und BP 4 bis BP 7

Zusätzliches stichprobenhaftes Prüfen von sprachlicher Klarheit und Plausibilität von CRs und Problemeinträgen durch z.B. Qualitätssicherer kann sinnvoll sein, da

- der Mensch bei fehlenden und unklaren Informationen oft etwas hineininterpretiert [Metz 09] und
- die CCBs bzw. Problemsitzungsgremien bei unklaren Informationen CRs bzw., Problemeinträge mit Entscheidungszeitverlust an die Ersteller zurückverweisen müssen.

In welchem Umfang welche CRs bzw. Problemeinträge plausibilitätsgeprüft werden, sollte vom Schweregrad und der Priorität abhängig gemacht werden.

5.15.8 GP 2.2.2, 2.2.3 – Handhabung der Arbeitsprodukte

Denken Sie ggf. an Zugriffsrechte für bestimmte Personen oder Personengruppen auf Problemeinträge, CRs oder Konfigurationselemente abhängig von Typ, Thema oder Kritikalität. Sensitive Informationen könnten z.B. patentrelevante Inhalte oder sonstiges sensibles geistiges Eigentum sein, die nicht von jedem Entwickler und externen Mitarbeitern eingesehen werden dürfen.

5.16 SUP.8 – Konfigurationsmanagement

Siehe zunächst Abschnitt 5.1, S. 95.

5.16.1 GP 2.1.1 – Prozessziele (Performance Objectives)

Aufwände

Siehe Abschnitt 5.15, S. 174.

5.16 SUP.8 – Konfigurationsmanagement

Leistungsformeln [Metz 09], [intacsPA]

In Abschnitt 4.1.1 (S. 29) hatten wir folgendes Beispiel des inhaltlichen Fortschritts einer Baseline gesehen:

- Max. 20 % aller Konfigurationselemente sollen 3 Monate vor der nächsten Baseline noch *InWork* oder *InReview* sein.

> **Hinweis 39 für Assessoren**
> **SUP.8: Unterschied zwischen GP 2.1.1 und BP 7** *Status der Konfigurationselemente berichten*
>
> Metrikorientierte Prozessziele nach obigem Beispiel setzen einen Status von Konfigurationselementen voraus. Konfigurationselemente und deren Status werden bereits auf CL1 durch BP 7 verfolgt, die besagt: *Halte den Status von Konfigurationselementen fest und berichte ihn, ... um andere Prozesse zu unterstützen* (siehe dazu auch Anmerkung 5 dieser BP). Daraus entsteht die Frage, ob solche Leistungsformeln überhaupt erst für CL2 relevant sind oder ob sie nicht bereits auf CL1 implizit sind.
>
> Die Antwort ist: Erstens liefert BP 8 erst einmal nur die reine Information der Status. Sie allein sagt noch nichts über einen Zusammenhang von Konfigurationselementen untereinander noch über einen Zusammenhang mit Baselines aus. Zweitens ist das Aufzeichnen und Berichten von Status einzelner Konfigurationselemente auch nur *ein* Prozessergebnis von vielen, während Prozessziele auf CL2 sich immer auf das Zustandekommen *aller* Ergebnisse beziehen. Drittens hat CL1 keinerlei Planungssemantik, weder terminliche noch aufwandstechnische.
>
> Die obige Leistungsformel ist mehr: Sie setzt eine planerische Erwartungshaltung über alle Konfigurationselemente, deren Status und deren Baselines entlang von Terminzielen.
>
> Siehe zu dieser Diskussion auch Exkurs 5, S. 70.

Termine und Dauern [Metz 09], [intacsPA]

Als mögliche zeitorientierte Prozessziele gelten:

- Fertigstellung der Strategie für das Konfigurationsmanagement. Dies wird im Regelfall der Projektbeginn sein.
- Ziehen von Baselines. Dies kommt bei Kundenlieferungen meist den Release-Zeitpunkten gleich, die aber zeitlich vor Quality Gates liegen. Tipp: Das Ziehen von Baselines sollte in Zeitplänen stehen, nicht in einem Projekthandbuch oder im Konfigurationsmanagementplan, da dadurch sonst Termininformationen über zu viele Orte verteilt werden und damit sehr schwer konsistent zu halten sind.
- Prüfung, ob auch die Arbeitsprodukte, die nicht in Konfigurationswerkzeuge eingestellt werden, auch tatsächlich an den Orten abgelegt sind, wo sie liegen sollen.

▪ Zyklische stichprobenhafte Qualitätsprüfungen der Eincheckkommentare von Konfigurationselementen bzw. Revisionshistorien in Arbeitsprodukten, die nicht in Konfigurationswerkzeuge eingestellt werden. Stellen Sie u. a. fest, ob die Kommentare auch inhaltlich zum Arbeitsprodukt gehören und ob sie gut lesbar sind.

▪ Zyklische stichprobenhafte Baseline-Audits/Configuration Audits. Diese prüfen, ob die Baselines auch

- wirklich alle inhaltlich vorgesehenen Arbeitsprodukte enthalten und
- diese in den richtigen zusammenpassenden Versionen

beinhalten. Es werden beim Selektieren der Arbeitsprodukte, die das Baseline Label erhalten sollen, menschliche Fehler passieren.

▪ Zyklisches stichprobenhaftes Prüfen der technischen Reproduzierbarkeit von Baselines. Denn wie aus Anmerkung 7 der BP 9 »*Manage die Speicherung von Konfigurationselementen und Baselines*« herauszulesen ist, ist man darauf angewiesen, z. B. beim Aufgeben eines Entwicklungsbranches oder Nachweisen in Produkthaftungsfällen, Baselines wiederherstellen zu können. Man denke daran, dass insbesondere Letzteres auch nach vielen Jahrzehnten der Fall sein kann. Werden die benutzten Werkzeuge wie auch die zugrunde liegenden Betriebssysteme und PC-Hardware dann noch verfügbar sein?

Denken Sie daran, dass manche Baselines Releases darstellen und sich damit nach einem Releasemanagement richten, das in Exkurs 8 (S. 98) kurz erklärt ist.

5.16.2 GP 2.1.2, GP 2.1.3 – Planung und Überwachung

Siehe zunächst Abschnitt 5.15.2, S. 176.

Die GP 2.1.2 legt nun fest, welche Personen zu den in GP 2.1.1 festgelegten Zeitpunkten die entsprechenden Tätigkeiten durchführen.

5.16.3 GP 2.1.4 – Anpassung

Siehe Abschnitt 5.15.3, S. 176.

5.16.4 GP 2.1.5 – Verantwortlichkeiten und Befugnisse

Siehe zunächst Abschnitt 5.15.4, S. 176 und insbesondere Hinweis 36 für Assessoren, S. 177.

Zu klären ist, wer welche Zugriffsrechte auf welche Konfigurationselemente bekommt. Die kann abhängig von Personengruppen, der Aufgabe einer Person oder auch vom Konfigurationselement sein [Metz 09].

5.16 SUP.8 – Konfigurationsmanagement

Tipp: Erwägen Sie das Schaffen eines alleinigen Baseline-Ziehers im Projekt. Und überlegen Sie (obwohl nicht durch Automotive SPICE gefordert), ob Sie sogar einen projektübergreifenden Baseline-Zieher etablieren wollen. Ähnlich der Objektivitätsforderung bei SUP.1 kann dieser sehr viel leichter, weil objektiver, das Ziehen einer Baseline verweigern, sollte es Qualitätsprobleme geben oder die Konfigurationselemente nicht im richtigen Status sein. Dieser könnte z.B. von einer Qualitätssicherungsabteilung gestellt werden.

Hinweis: Ein projektübergreifender und damit unabhängiger Baseline-Zieher realisiert letztendlich bereits einen Teil eines Standardprozesses auf CL3 für SUP.8, da ja eben die Aufgabe und Befugnisse *projektübergreifend* definiert sind.

Legen Sie fest, wer Baselines ziehen darf, z.B. der Teilprojektleiter Software oder der projekteigene bzw. projektübergreifende Konfigurationsmanager [Metz 09]. Bei komplexer Software oder solcher, die maßgeblich aus konfigurierbaren Standardsoftwarekomponenten besteht, muss ein solcher Beauftragter die richtige Variante zusammen mit dem Verantwortlichen für diese Standard-SW-Komponente auswählen.

Überlegen Sie auch, ob die Qualitätssicherung ein Mitspracherecht daran haben soll, ob eine Baseline gezogen werden darf (siehe unten zu GP 2.1.7).

Legen Sie ebenso fest, wohin wie eskaliert werden soll, wenn eine Baseline nicht gezogen werden kann, weil z.B. nicht alle Konfigurationselemente sich im vorgesehenen Status befinden oder Qualitätsprobleme offen sind. Haben Sie Zulieferer, dann denken Sie hier auch an den Rückweg (ACQ.4 *Zuliefererüberwachung*): Erfolgen Releases Ihrer Zulieferer nicht wie vereinbart, wohin eskalieren Sie aufseiten Ihres Zulieferers?

Zur Integration der Qualitätssicherung in Abnahme von Konfigurationselementen und Baselines siehe unten zu GP 2.1.7.

Definieren Sie, wer das Auflösen von Befunden aus Baseline-Audits und Baseline-Reproduzierungsprüfungen (s.o.) treibt. Dies kann der Projektleiter der entsprechenden Ebene (vgl. Abschnitt 5.12.3, S. 162) oder der Qualitätssicherer sein. Gegebenenfalls sind solche Befunde über SUP.9 *Problemlösungsmanagement* aufzulösen.

5.16.5 GP 2.1.6 – Ressourcen

Siehe Abschnitt 5.15.5, S. 177.

5.16.6 GP 2.1.7 – Stakeholder-Management

Siehe zunächst Abschnitt 5.15.6, S. 178.

SUP.8 bezieht sich im Falle einer

- Elektronikentwicklung auf alle Gewerke und Arbeitsprodukte der Hardware und Software und bei einer
- Mechatronikentwicklung auf alle Gewerke und Arbeitsprodukte der Hardware, Software und Mechanik (zur Erinnerung: Das Plug-in-Konzept von Automotive SPICE v3.0 erlaubt das zukünftige Hinzulinken von Prozessen solcher Teildomänen).

Daher sind Stakeholder bzw. Stakeholder-Repräsentanten folgende Personen(gruppen):

- Einkauf, Beschaffung, Fertigung, Logistik/Verpackung, da die physischen Elemente der Hardware und Mechanik in hierarchischen Stücklisten organisiert ist und eine hierarchische Stückliste als eine Baseline angesehen werden kann.
- Die Verantwortlichen der wiederverwendeten, konfigurierbaren Standard-SW-Komponenten und entsprechenden Verantwortlichen der Produktlinie.
- Ebenen der Projektleitung, nicht zuletzt wegen BP 7 *Status der Konfigurationselemente berichten*, sind auch Stakeholder (siehe dazu Abschnitt 5.12.3, S. 162).

Die IT ist ebenso eng einzubeziehen, da Langzeitarchivierung und Sicherheitskopien vom Projekt selbst nicht zu leisten sind, selbst wenn im Projekt ein eigenes lokales Konfigurationsmanagementsystem aufgesetzt und genutzt wird. Das besondere Praxisproblem dabei ist aber oft, dass die zentrale IT zwar für die technische Archivierung sorgt, dies aber nicht unbedingt die Erfordernisse des SUP.8-Prozesses bzw. des Projekts erfüllt:

- Wenn die IT z. B. nicht zusätzlich auch die benutzte PC-Hardware, das Betriebssystem und verwendeten Softwarewerkzeuge archiviert, dann können archivierte Daten in der Zukunft ggf. auch nicht mehr dargestellt werden. Dies kann im Falle von Produkthaftungsfällen äußerst kritisch sein.
- Selbst wenn das einzelne Projekt dies allein zu leisten versuchte, würden solche Parallelwelten und *Schatten-IT* politisch scheitern, da dies meist gegen die unternehmensweiten Vorgaben der zentralen IT verstößt.

Überlegen Sie weiterhin, ob

- Sie Qualitätssicherer stichprobenhaft die Plausibilität von Befundlisten für die unten bei GP 2.2.4 genannten Prüfungen beurteilen lassen,
- bestimmte Status von Konfigurationselementen statt durch die Arbeitsproduktverantwortlichen selbst nur durch die Qualitätssicherung gesetzt werden können sollen (z. B. Status *Abgenommen*, vgl. Abb. 4–11, S. 69),
- Sie der Qualitätssicherung Vetorechte gegen das Ziehen von Baselines einräumen (siehe hierzu GP 2.1.7 von SUP.1 in Abschnitt 5.14.5, S. 171). Dies kann z. B. dadurch geschehen, dass eine Voraussetzung für das Baseline-Ziehen

darin besteht, dass alle dazugehörigen Konfigurationselemente den eben genannten Status *Abgenommen* besitzen.

5.16.7 GP 2.2.1 – Anforderungen an die Arbeitsprodukte

Siehe Abschnitt 5.15.7, S. 179.

Strukturelle Vorgaben werden gemacht für

- Revisionshistorien-Einträge und Eincheckkommentare der Konfigurationselemente sowie für den
- Konfigurationsmanagement- und Recovery-Plan.

Wenn Sie automatische Auswertungen und Views definieren, um an Informationen aus dem Konfigurationsmanagement-Werkzeug zu kommen, dann definieren Sie damit implizit auch strukturelle Vorgaben.

Bei Befundlisten für Baseline-Audits und Baseline-Reproduktionsprüfungen sind Checklisten sinnvoll.

Zu inhaltlichen Qualitätseigenschaften gehören sprachlich korrekte, präzise und gut verständliche Eintragungen [Metz 09], [intacsPA].

5.16.8 GP 2.2.2, GP 2.2.3 – Handhabung der Arbeitsprodukte

Die Erwartungen an GP 2.2.1 sind durch Werkzeugeinsatz meist abgedeckt [Metz 09] (siehe Abschnitt 5.15.7, S. 179). Dies gilt auch für Zugriffsrechte auf Konfigurationselemente und Baselines, die bereits oben zu GP 2.1.5 genannt wurden.

Oft wird angenommen, dass ein schriftlich existierender Konfigurationsmanagementplan selbst unter Konfigurationsmanagement stehen *muss*. Er sollte in jedem Fall versioniert werden, da Festlegungen für Konfigurationsmanagement sich prinzipiell dynamisch ändern können (siehe Abschnitt 4.2.2, S. 66). Er muss jedoch nicht Teil einer Baseline sein. Diese Entscheidung liegt allein beim Projekt. Hinweis hierzu: Existiert ein Standardprozess auf CL3 für SUP.8, so ist die Konfigurationsmanagementstrategie standardisiert und damit Teil einer Prozessbeschreibung (es braucht dann keinen zusätzlich redundant aufgeschriebenen projektspezifischen Plan mehr, es sei denn, er verändert sich durch begründetes Tailoring) – und eine Prozessbeschreibung ist nie Teil einer projekt- oder produktspezifischen Baseline (nur die Referenz auf die *Version* des *genutzten* Standardprozesses wird in Bezug zur projekt- oder produktspezifischen Baseline gesetzt, mehr dazu siehe Abschnitt 6.1.2, S. 217).

Überlegen Sie, ob bestimmte Status von Konfigurationselementen statt durch die Arbeitsproduktverantwortlichen durch die Qualitätssicherung gesetzt werden sollen. Überlegen Sie auch, ob Sie der Qualitätssicherung Vetorechte gegen das Ziehen von Baselines einräumen wollen (Näheres siehe bei GP 2.1.7 von SUP.1 in Abschnitt 5.14.5, S. 171).

5.16.9 GP 2.2.4 – Prüfung der Arbeitsprodukte

Siehe zunächst Abschnitt 5.15.7, S. 179.

Prüfungen auf Arbeitsprodukte des Konfigurationsmanagements sind [Metz 09], [intacsPA]:

- Prüfung der Konfigurationsmanagementstrategie bzw. des Konfigurationsmanagementplans sowie eines Recovery-Plans
- Einhalten der Namenskonventionen für Konfigurationselemente und Baselines

Folgendes kann ebenso als Erfüllung der GP 2.2.4 angesehen werden [Metz 09], [intacsPA]:

- Prüfungen der Einhaltung definierter Ablageorte von Arbeitsprodukten, die nicht in Konfigurationswerkzeuge eingestellt werden.
- Qualitätsprüfungen der Eincheckkommentaren von Konfigurationselementen bzw. Revisionshistorien in Arbeitsprodukten, die nicht in Konfigurationswerkzeuge eingestellt werden.
- Baseline-Audits
- Baseline-Reproduktionsprüfungen

> **Hinweis 40 für Assessoren**
> **GP 2.2.4 vs. SUP.8 BP 8 Prüfe die Informationen über Konfigurationselemente**
>
> BP 8 kann bereits u.a. als das Durchführen von
> - Prüfungen der Ablageorte,
> - Qualitätsprüfungen von Eincheckkommentaren/Revisionshistorien,
> - Baseline-Audits und
> - Reproduzierbarkeitsprüfungen von Baselines
>
> interpretiert werden. Damit stellen die oben gemachten Vorschläge eine interpretatorische Überlappung mit CL1 dar.
>
> Da nach meiner Erfahrung aber
> - o.g. Prüfungen kaum verbreitet sind und
> - BP 8 eine von mehreren Indikatoren auf CL1 ist und bei Nichterfüllung dieser BP der SUP.8-Prozess trotzdem noch eine Fully-Bewertung erfahren kann,
>
> erfolgen diese Vorschläge hier bei GP 2.2.4 im Sinne eines wichtigen Hinweises. Als CL2-Leistung gilt tatsächlich aber, diese Prüfungen planerisch sicherzustellen, da CL1 nicht nach der zeitlichen Steuerung aller Prozessaktivitäten fragt.

Da Baselines Empfänger haben, die auf den Inhalt angewiesen sind, kann deren Weiterverarbeitung der Baselines als implizites Prüfen angesehen werden. Da dies keine alleinige Garantie sein kann (z.B. ist bei einem Software-Build für einen Softwaretest auf Systemebene nicht ohne Weiteres zu erkennen, ob eine falsche Version einer Softwarekomponente in die Baseline aufgenommen worden ist, man wird hier nicht allen Code durchgehen), sind Baseline-Audits immer sinnvoll.

5.17 SUP.9 – Problemlösungsmanagement

Siehe zunächst Abschnitt 5.1, S. 95.

5.17.1 GP 2.1.1 – Prozessziele (Performance Objectives)

Aufwände

Siehe Abschnitt 5.15, S. 174.

Termine und Dauern [Metz 09], [intacsPA]

Mögliche terminorientierte Prozessziele sind z.B. die Vorgabe, wann oder wie oft

- die Problemliste bzw. die Problemdatenbank des/der Kunden in das eigene Repository gespiegelt bzw. synchronisiert werden soll [Metz 09],
- die eigene Problemliste des eigenen Repository gesichtet und bearbeitet werden soll [Metz 09] sowie
- Statusberichte (siehe BP 8, BP 9, WP 15-12 *Problemstatusbericht*, 15-05 *Bewertungsbericht*) z.B. aus den Repositories generiert und den Bearbeitern und Stakeholder-Repräsentanten zur Verfügung gestellt werden [Metz 09]. Dies kann z.B. über Nacht geschehen.

Unter CL1 können auch Lessons Learned verstanden werden, da sie durch Lernen aus Problemen anderer zur proaktiven Problemvermeidung beitragen. Unter GP 2.1.1 ist dann die Festlegung von Terminen oder Häufigkeit für solche Runden zu sehen (oftmals zu Beginn eines Projekts, zu Meilensteinen wie Quality Gates sowie am Ende des Projekts). Das Einhalten solcher Solltermine ist deshalb nicht Teil der Anforderungen des CL1, da der Prozesszweck auch durch das Abarbeiten der Problemeinträge kurz vor knapp durch einen »Helden« geleistet worden sein kann. Das Verfolgen und Sicherstellen solcher Zeitaspekte liegt tatsächlich auf CL2 als ein gesteuerter Prozess.

Leistungsformeln [Metz 09], [intacsPA]

Mögliche Prozessziele, die automatisch werkzeugunterstützt errechnet werden können, sind (auch kombinierbar) [Metz 09]:

- Man fordert, dass in bestimmten Zeitabständen alle neu vorliegenden Problemeinträge gesichtet sein müssen (sich also z.B. im Status *Analysiert* oder *Abgelehnt* befinden).

- Wie viele Probleme welcher Kategorie und welchen Schweregrads maximal wie viel Zeit vor dem Ziehen einer Baseline oder einem neuen Release noch ungelöst sein dürfen [Metz 09].
- Maximale Belastung des Projekts oder auch einzelner Personen an Problemzuteilungen pro Zeit.
- Eine maximale Analyse- oder Bearbeitungszeit eines Problemeintrags einer bestimmten Prioritätsstufe oder Kategorie, seit er angelegt wurde.

Diese Leistungsformeln können zudem hilfreich sein für das Überwachen von zeit- und aufwands-orientierten Prozesszielen anderer Prozesse, z.B. SYS und SWE [Metz 09]. Denn: Soll man z.B. bestimmte Softwarekomponenten in max. n Manntagen umgesetzt haben, dann müssen auch die anfallenden Problemeinträge (z.B. negative Ergebnisse aus Integrations- und Softwaretest) dazu betrachtet werden und nicht allein nur die Erst-Erstellungsarbeit des Quellcodes.

Leistungsformeln können auch für Problemsichtungssitzungen gesetzt werden (siehe GP 2.1.5, GP 2.1.6), um die Effektivität der Abarbeitung festzustellen.

5.17.2 GP 2.1.2, GP 2.1.3 – Planung und Überwachung

Zu Aufwänden siehe Abschnitt 5.15.2, S. 176.

Die terminlich-zeitliche Planung bezieht sich auf das Einberufen und Terminieren von folgenden Sitzungen:

- Problemsichtungssitzungen mit den Kunden [Metz 09]
- Problemsichtungssitzungen intern
- Technische Lessons-Learned-Runden
- Eskalationssitzungen mit dem Management (siehe BP 5 *Genehmige Notfallmaßnahmen*, BP 6 *Übermittle Warnungen*) [Metz 09]

Das Überwachen dazu kann sich auf das Stattfinden bzw. den Zusagestatus und die Teilnahme der Eingeladenen beziehen [Metz 09].

Das Berichten aller solcher Informationen betrifft auch Stakeholder (siehe GP 2.1.7), da es sonst kaum gelingt, Anpassungen bei Planabweichungen zu erreichen (siehe GP 2.1.4) [Metz 09].

5.17.3 GP 2.1.4 – Anpassung

Siehe Abschnitt 5.15.3, S. 176.

5.17.4 GP 2.1.6 – Ressourcen

Siehe Abschnitt 5.15.5, S. 177.

5.17.5 GP 2.1.7 – Stakeholder-Management

Siehe zunächst Abschnitt 5.15.6, S. 178.

Stakeholder von SUP.9 sind:

- Kunde
  - Problemeinträge können vom Kunden eingespeist werden. Daher ist der Kunde Stakeholder, was die Information über Analyseergebnisse und Entscheidungen anbelangt. Umgekehrt betreffen auch die Notfallmaßnahmen des Zulieferers den Kunden bis hin zu Rückrufen.
- Linienvorgesetzte. Diese entsenden Mitarbeiter in Problemgremien.
- Projektleiter verschiedener Ebenen
- IT-Abteilungen
- Helpdesk des Unternehmens
- Gremien oder Problemmanager anderer Ebenen oder Domänen
- Tester
- Produktions- oder Qualitätsplaner der Fertigung
- Technischer Vertrieb
- Resident Engineers
- Einkauf
- Ggf. die Rechtsabteilung. Diese kann beraten, was es bedeutet,
  - wenn technische Produktänderungen als Problemlösungsentscheidung unnötig den firmeninternen Stand der Technik gegenüber dem Marktüblichen erhöhen,
  - wenn Ablehnung von Problemen oder zu geringe Konsequenz bei der Problemlösung z.B. aus Produkthaftungssicht als Fahrlässigkeit oder sogar Vorsatz gewertet werden könnte. Ähnliches gilt für Fragen der Gewährleistung aus dem Vertragsrecht.
- Patentabteilung für die Recherche, ob eine Problemlösung Patente berührt.
- Feldbeobachtung. Hieraus ergeben sich elementar wichtige Rückschlüsse auf die Produktentwicklung.
- Die Qualitätssicherung, insoweit Qualitätssicherungsbefunde als Problemeinträge verfolgt werden.

5.17.6 GP 2.1.5 – Verantwortlichkeiten und Befugnisse

Siehe zunächst Abschnitt 5.15.4, S. 176 und insbesondere Hinweis 36 für Assessoren, S. 177.

Es gibt folgende kombinierbare Herangehensweisen, um sich um Problemeinträge zu kümmern:

- Ein projektbezogener Problemmanager [Metz 09]. Insbesondere bei Produktlinien- oder Baukastenentwicklung oder auch für große Kunden kann eine

solche Besetzung als *single-face-to-the-internal-and-external-customers* sinnvoll sein. Ist er ein technisch erfahrener Experte (und das sollte er sein, falls er nicht bloß die Problemmasse verwalten oder der Anstoßer des Spiegelns der Kunden-Problemdatenbanken sein soll), so kann und sollte er Problemeinträge stets vor-bearbeiten und ggf. sogar vorentscheiden. Dieser Problemmanager kann auch der Resident Engineer vor Ort beim Kunden sein [Metz 09].
- Ein Gremium von Experten, die gemeinsam die Problemeinträge sichten. In solchen Gremien kommen alle notwendigen Fraktionen zusammen wie z. B. (Teil-)Projektleiter, System-, Hardware-, Applikations-SW- und Basis-SW-Ingenieure, Tester, aber auch Produktions- oder Qualitätsplaner der Fertigung, technischer Vertrieb, Resident Engineers, Einkauf, ggf. die Rechtsabteilung, Qualitätsrepräsentant der Werke hinsichtlich Wissen aus Feldrückläufern etc. Solche Gremien können aber auch, je nach Organisationsform oder Produktkomplexität, auf mehreren Ebenen notwendig sein [Metz 09] und die Problemeinträge im Beurteilungsprozess weiter hinuntergereicht werden. Als Beispiele aus der mechatronischen Systementwicklung, weswegen heterogene Bewertung von Problemeinträgen notwendig ist, siehe Beispiel 2 und Beispiel 3 ab S. 8 und Beispiel 12, S. 97.
- Insbesondere technische Lessons-Learned-Boards sollten dringend von erfahrenen Experten besetzt werden, da dies ja gerade ein Teil einer proaktiven Problemvermeidungsstrategie ist. Weniger Erfahrene und Berufsanfänger sind für dieses Ziel meist wenig geeignet.

Hinweis 41 für Assessoren
SUP.9: Parteien in Problem-Boards

In den obigen Beispielen für die Besetzung von Problemgremien habe ich Repräsentanten wie Produktions- oder Qualitätsplaner der Fertigung sowie technischer Vertrieb und Einkauf angeführt.

Während Letztere durch die ACQ-Prozesse legitimiert sind, sind Erstere nicht vom Scope von Automotive SPICE erfasst, da es die Fertigungsdomäne nicht umschließt. Dennoch ist dies in der Praxis sinnvoll und notwendig, der Erfolg von Problemlösungsmanagement darf nicht am Scope von Automotive SPICE scheitern.

5.17.7 GP 2.2.1 – Anforderungen an die Arbeitsprodukte

Siehe Abschnitt 5.15.7, S. 179.

5.17.8 GP 2.2.2, GP 2.2.3 – Handhabung der Arbeitsprodukte

Siehe zunächst Abschnitt 5.15.8, S. 180.

Eine sinnvolle Anforderung ist eine Traceability zwischen den bestätigten Problemeinträgen und den Baselines, in deren Zusammenhang sie aufgetreten sind

[Metz 09]. Diese Verlinkung sollte dann von allen zukünftigen Produktreleases (die auch Baselines sind) ererbt werden. Das ermöglicht die Beurteilung, ob einem Release entsprochen werden kann: Dies wäre z.B. der Fall, wenn alle Probleme mit hoher und mittlerer Priorität oder entsprechendem Schweregrad gelöst wurden. Merke: Es gibt hierzu keine BP, daher diese Empfehlung im Zusammenhang mit GP 2.2.2.

5.17.9 GP 2.2.4 – Prüfung von Arbeitsprodukten

Siehe Abschnitt 5.15.7, S. 179.

5.18 SUP.10 – Änderungsmanagement

Siehe zunächst Abschnitt 5.1, S. 95.

5.18.1 GP 2.1.1 – Prozessziele (Performance Objectives)

Aufwände

Siehe Abschnitt 5.15, S. 174.

Termine und Dauern [Metz 09], [intacsPA]

Mögliche terminorientierte Prozessziele sind z.B. die Vorgabe, wann oder wie oft ein CCB (siehe hier auch GP 2.1.5 und GP 2.1.6) zusammentreten soll, um Change Requests (CRs) zu sichten und eine Impact-Analyse durchzuführen oder anzustoßen [Metz 09], [intacsPA].

Das Definieren von Fälligkeitsterminen der CRs selbst ist kein Prozessziel auf CL2. Der Grund ist, dass auf CL1 (durch BP 4 *Analysiere und bewerte CRs* sowie Arbeitsprodukt 13-16 *Change Request*) bereits Zeitaspekte wie z.B. Wunschtermine der CR- oder Impact-Analyse-Fertigstellung gefordert sind. Die Bearbeitung aber wirklich so auszusteuern, dass dieser Wunsch *eingehalten* werden kann, ist nicht Teil der Anforderungen eines CL1, denn den Prozesszweck zu erfüllen kann auch heißen, dass das Abarbeiten der CRs kurz vor knapp durch einen »Helden« geleistet wurde. Das Verfolgen und Sicherstellen solcher Zeitaspekte in Form eines gesteuerten Prozesses liegt auf CL2.

Leistungsformeln [Metz 09], [intacsPA]

Mögliche kombinierbare Leistungsformeln, die werkzeugunterstützt durchgeführt werden können, sind z.B. [Metz 09]:

- Man definiert, wie viele CRs bis zu einem definierten Zeitraum vor einer Baseline oder einem Release maximal noch offen oder nicht umgesetzt sein dürfen.

Wie CRs als allgemeine Aufgabensteuerung für Projektfortschrittsverfolgung ausgenutzt werden können, siehe Exkurs 7, S. 73!
- Maximale Belastung des Projekts oder auch einzelner Personen mit CRs (*CR peaks*) pro Zeit.
- Eine maximale Bearbeitungszeit eines CR einer bestimmten Prioritätsstufe oder Kategorie bis zur Entscheidung der Umsetzung oder Ablehnung.

Diese Leistungsformeln können zudem hilfreich sein für das Überwachen von zeit- und aufwandsorientierten Prozesszielen anderer Prozesse, z.B. SYS und SWE [Metz 09]. Denn: Soll man z.B. bestimmte Softwarekomponenten in max. n Manntagen umgesetzt haben, dann müssen auch die anfallenden CRs dazu betrachtet werden und nicht allein nur die Erst-Erstellungsarbeit des Quellcodes.

Eventuell können solche Metriken auch in Bezug zum Stattfinden von CCB-Sitzungen gesetzt werden, um die Effektivität der CR-Bearbeitung festzustellen.

5.18.2 GP 2.1.2, GP 2.1.3 – Planung und Überwachung

Zu Aufwänden siehe Abschnitt 5.15.2, S. 176.

Die terminlich-zeitliche Planung bezieht sich auf das Terminieren von CCB-Sitzungen und die damit verbundene Einladung der zugehörigen Teilnehmer (siehe unten zu GP 2.1.6 und 2.1.7). Das Überwachen muss das Stattfinden sowie Zusagestatus und Teilnahme der prozesszugehörigen Eingeladenen umfassen [Metz 09].

5.18.3 GP 2.1.4 – Anpassung

Siehe Abschnitt 5.15.3, S. 176.

5.18.4 GP 2.1.5 – Verantwortlichkeiten und Befugnisse

Siehe zunächst Abschnitt 5.15.4, S. 176 und insbesondere Hinweis 36 für Assessoren, S. 177.

CCBs sind ein Konzept des Stands der Technik. Solche Boards müssen das Zusammenkommen *aller notwendigen* Fraktionen wie (Teil-)Projektleiter, System-, Hardware-, Applikations-SW- und Basis-SW-Ingenieure, Tester, aber ggf. auch Produktions- oder Qualitätsplaner der Fertigung, technischer Vertrieb, Resident Engineers, Einkauf etc. ermöglichen.

Neben Beispiel 2 (S. 8) und Beispiel 3 (S. 9) wird auch am folgenden Beispiel mechatronischer Systementwicklung deutlich, dass alle technischen Fraktionen zusammensitzen müssen. Hier hat eine scheinbar reine Mechanikentscheidung Auswirkungen auf die Auslegung der Software:

- In einem Türsystem wird wegen zu hoher Luftgeräusche während des Fahrens eine dickere Gummidichtung notwendig. Diese Änderung hat Auswirkungen auf die Auslegung der Software, da sie nun unterscheiden muss zwischen einem zwingenden Reversieren der Scheibe wegen eines tatsächlichen Einklemmfalles und der Notwendigkeit, zum regulären Schließen der Scheibe mit jetzt größerer Kraft in die Gummidichtung einzudringen, insbesondere wenn diese in Kaltmonaten härter wird.

Heterogen besetzte CCBs haben jedoch den Nachteil, dass Fraktionen zeitlich gebunden sind, aber je nach Inhalt nichts beizutragen haben. Alternativ dazu können daher mehrere CCBs eingerichtet werden [Metz 09], z.B. für die Teildomänen Mechanik, Elektronik, Software oder Applikationsparameter, je nach Organisationsform oder Produktkomplexität. Die CRs müssen dann wirklich weitergereicht werden. Eine Möglichkeit dazu besteht darin, die CCBs der Teildomänen hierarchisch zu organisieren – CRs gehen dann von den Teildomänen an die Systemebene und von der Systemebene an die Teildomänen.

Das Risiko hier wiederum ist zwar eine pauschale CR-Überflutung – die Entscheidung aber, welche CRs tatsächlich weitergereicht werden sollen und welche nicht, nimmt Ihnen allein die CCB-Organisationsform nicht ab. Dies wird immer eine fachlich-inhaltliche Frage bleiben!

5.18.5 GP 2.1.6 – Ressourcen

Siehe Abschnitt 5.15.5, S. 177.

5.18.6 GP 2.1.7 – Stakeholder-Management

Siehe zunächst Abschnitt 5.15.6, S. 178.

Weitere Stakeholder von SUP.10 sind:
- Kunde
  - Dieser speist Change Requests ein und ist bei Entscheidungen in technischer und wirtschaftlicher Hinsicht beteiligt. Bei internen CRs beim Zulieferer ist er ebenfalls betroffen, z.B. wenn Softwareänderungen im Rahmen von Wartungszyklen von Fahrzeugen aufgebracht werden müssen anstatt z.B. von Rückrufen, was eine Notfallmaßnahme bei SUP.9 *Problemlösungsmanagement* wäre.
- Linienvorgesetzte. Diese entsenden Mitarbeiter in die CCBs.
- Projektleiter verschiedener Ebenen
- CCBs anderer Ebenen oder Domänen (wie z.B. Mechanik, Software, Hardware)
- Tester
- Produktions- oder Qualitätsplaner der Fertigung

- Technischer Vertrieb
- Ggf. die Rechtsabteilung. Diese kann beraten, was es bedeutet,
  - wenn technische Produktänderungen unnötig den firmeninternen Stand der Technik gegenüber dem Marktüblichen erhöhen.
- Patentabteilung für die Recherche, ob eine Problemlösung Patente betrifft.

5.18.7 GP 2.2.1 – Anforderungen an die Arbeitsprodukte

Siehe Abschnitt 5.15.7, S. 179.

5.18.8 GP 2.2.2, GP 2.2.3 – Handhabung der Arbeitsprodukte

Siehe zunächst Abschnitt 5.15.8, S. 180.

Eine sinnvolle Traceability-Anforderung ist eine Verlinkung zwischen den CRs und den Baselines bzw. Releases, für die sie eingeplant sind. Anderenfalls wären Leistungsformeln und deren Überwachung, wie als Beispiele für GP 2.1.1 und GP 2.1.3 oben angegeben, auch nicht nutzbar.

Beachten Sie: Solche Traceability ist bereits dem CL1 zuzuschreiben. Da sie jedoch nur indirekt herauslesbar ist aus

- BP 8 »*Stelle Traceability her zwischen den CRs und den Arbeitsprodukten, die durch die CRs berührt werden*«
- und man verstehen muss, dass Baselines und Releases ebenso Arbeitsprodukte sind, worauf auch Exkurs 8 (S. 98) hinweist,

wird sie hier explizit genannt.

5.18.9 GP 2.2.4 – Prüfung der Arbeitsprodukte

Siehe zunächst Abschnitt 5.15.7, S. 179.

Erinnern Sie sich, dass Exkurs 7 (S. 73) vorschlägt, Change Requests erweitert auch als Mittel zur Aufgabenverwaltung insgesamt zu nutzen.

Zudem muss geprüft werden, ob die CRs bidirektional die Arbeitsprodukte referenzieren, die sie inhaltlich berühren (gefordert auf CL1 von BP 8). Auch die hier vorgeschlagene Verlinkung zwischen CRs und deren Baselines und Releases (siehe oben bei GP 2.2.2) wäre hier zu prüfen.

6 Capability Level 3 – praktisches Verständnis der generischen Praktiken

Hinweis 42 für Assessoren
Was bedeutet es, CL3 auf einem Projekt zu assessieren?

Wie wir in Abschnitt 3.3.4 (S. 19) gesehen haben, ist die Erreichung des CL3 eines Prozesses eine Eigenschaft und eine Leistung der Organisation, nicht eines Projekts. Da Projekte eine maßgebliche Arbeitsform in Unternehmen sind, sind Assessments von Projekten nur das *Mittel*, um die Prozessreife in einer Organisation festzustellen.

Dass es beim Ursprungsmodell von Automotive SPICE, nämlich der ISO/IEC 15504-5:2006, tatsächlich um die Prozessfähigkeit in einer Organisation geht, ergibt sich aus folgenden Tatsachen:

- CL2 ist ohne einen organisatorischen Kontext gar nicht erreichbar u.a. wegen benötigter Ressourcen und wegen des Anerkennens von Befugnissen und Verantwortlichkeiten z.B. für Projektleiter.
- Das Prozessreferenzmodell der ISO/IEC 15504-5:2006 besitzt Prozesse, die sich direkt auf die Befähigung und Leistung einer Organisation beziehen, die Automotive SPICE jedoch nicht übernommen hat, z.B.:
  - MAN.1 Organizational Alignment
  - MAN.2 Organizational Management
  - PIM.1 Process Establishment
  - RIN.1 Human Resource Management
  - RIN.2 Training
  - RIN.3 Knowledge Management
  - RIN.4 Infrastructure
  - REU.1 Asset Management
  - REU.3 Domain Engineering
- In Anlehnung an CMMI® gibt es mit der ISO/IEC 15504-7:2008 bzw. ISO/IEC 33004, ISO/IEC 33080, ISO/IEC 33081 und ISO/IEC 33041 explizit »Maturity Level«, die dann erreicht werden, wenn sich bestimmte Prozesse gemeinsam auf einem bestimmten Mindest-CL befinden. Automotive SPICE dagegen bietet keine Maturity Level an. Der Grund ist, dass es aus OEM-Sicht beim Assessieren eines Zulieferers um

→

> eine konkrete Software, Steuergeräte- oder Systementwicklung geht, und da Steuergeräte- und Systementwicklung auch bei Zulieferern in Form von Projekten geschieht, bedeutet das, dass Automotive SPICE-Assessments allein auf einem Projekt stattfinden.
>
> Für CL3 ergibt sich, dass ein typisches Automotive SPICE-Assessment nur feststellen kann, ob sich ein Projekt an einen Standardprozess hält, sofern er existiert, und ob es einen Verbesserungsregelkreis gibt. Ein typisches Automotive SPICE-Assessment kann nicht feststellen, ob übergreifend nach diesen Standards gearbeitet wird.

6.1 PA 3.1 und PA 3.2

Im Folgenden bewegen wir uns nicht streng entlang der Reihenfolge der Nummerierung der GPs, weil dies didaktisch vorteilhafter ist (z. B. beim Diskutieren von Tailoring wird GP 3.1.1 und GP 3.2.1 gemeinsam in einem erklärt).

6.1.1 GP 3.1.1 bis GP 3.1.4 – Beschreibung von Prozessen

Automotive SPICE-Text [ASPICE3]:

» *GP 3.1.1: Definiere und pflege den Standardprozess, der den Einsatz eines definierten Prozesses unterstützt. Ein Standardprozess wird entwickelt und gepflegt, der die grundlegenden Prozesselemente enthält. Der Standardprozess beschreibt die Anforderungen an seine Umsetzung und den Kontext seiner Umsetzung. Bei Bedarf werden Anleitungen und Verfahren zur Unterstützung der Implementierung des Prozesses bereitgestellt. Bei Bedarf stehen angemessene Tailoring-Richtlinien zur Verfügung.*«

» *GP 3.1.2: Bestimme die Reihenfolge und Interaktionen zwischen Prozessen, sodass sie als ein zusammenhängendes System von Prozessen arbeiten. Die Reihenfolge und Interaktion des Standardprozesses mit anderen Prozessen wird bestimmt. Die Umsetzung des Standardprozesses als definierter Prozess erhält die Integrität der Prozesse.*«

» *GP 3.1.3: Lege die Rollen und Kompetenzen, Verantwortlichkeiten und Befugnisse zur Ausführung des Standardprozesses fest. Die Rollen zur Ausführung des Prozesses werden festgelegt. Die Kompetenzen zur Ausführung des Prozesses werden festgelegt. Die Befugnisse, die notwendig sind, um die Verantwortlichkeiten wahrzunehmen, werden identifiziert.*«

» *GP 3.1.4: Bestimme die benötigte Infrastruktur und Arbeitsumgebung zur Ausführung des Standardprozesses. Prozessinfrastrukturkomponenten (Anlagen und Einrichtungen, Werkzeuge, Netzwerke, Methoden) werden bestimmt. Anforderungen an die Arbeitsumgebung werden bestimmt.*«

Bevor wir zu den Elementen eines Prozessschritts kommen, diskutieren wir vorab einen wichtigen Aspekt.

6.1 PA 3.1 und PA 3.2

Use-Case-orientierter Einstieg in Prozesse

Für das Lesen von Standardprozessbeschreibungen bietet man heute eine elektronische, gezielt navigierbare Darstellung an, da diese meist ansprechender ist und darin schneller nachgeschlagen werden kann als in Büchern mit strukturiertem Fließtext. Jedoch sieht man in der Praxis hierzu oft Einstiegsseiten wie folgt:

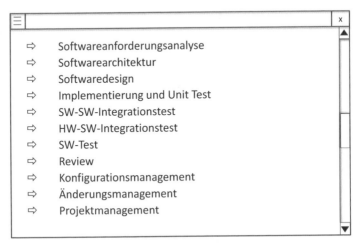

Abb. 6–1 In der Praxis vorkommende Art von Einstiegsseiten in Standardprozessbeschreibungen – Liste von nachgeahmten Prozessen bzgl. Automotive SPICE-Struktur

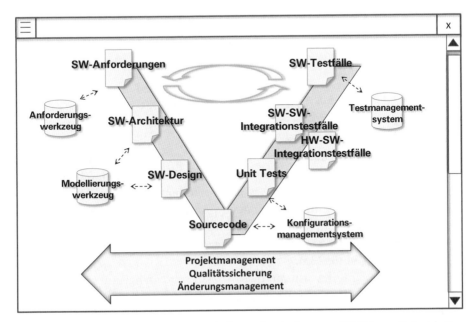

Abb. 6–2 Mögliche Einstiegsseite in Standardprozessbeschreibungen – Aktivitäten und/oder Arbeitsprodukte angeordnet nach V-Modell

Solche Darstellungsformen erweisen sich in der Praxis oft aus zwei wesentlichen Gründen als wenig erfolgreich:

1. Sie stellen nicht die Szenarien von Produktentwicklungen dar, denen man sich in der Praxis typischerweise gegenübersieht:

Beispiel 16

- **Übernahme**
  Ein am Markt befindliches Produkt eines Vorgängerprojekts wird ohne oder mit geringfügigen Änderungen übernommen, z.B. Fehlerkorrektur oder kundenspezifische Anpassung der Bedienschnittstelle (z.B. Kommunikation mit der Fahrzeugumgebung über LIN, CAN, FlexRay, MOST etc.).
- **Neuentwicklung**
  Es existierte bisher kein Projekt oder Produkt dieser Art.
- **Produktlinienentwicklung**
  Entwicklung einer wiederverwendbaren Struktur, siehe Abschnitt 2.1 (S. 5).
- **Applikation**
  Eine Produktlinie wird kundenspezifisch ausgeprägt.
- **Change Request**
  Ein beschlossener Änderungswunsch eines Kunden oder von intern wird für eine Produktlinie umgesetzt oder während eines Applikations- oder Neuentwicklungsprojekts oder auch für ein bereits in Serie befindliches Produkt (*Serienprojekt*).

2. Sie zeigen nicht den konkreten Aufgaben- und Arbeitsfluss für die spezifische Perspektive einer Rolle, wie z.B. für einen Softwareentwickler.

Damit wird klar: Die Prozessbeschreibungen dienen den Bedürfnissen der *Prozessanwender*. Sie dienen *nicht* der Verwirklichung von Prozessmodellierern oder der Befriedigung von Assessoren und Auditoren. Anstatt also z.B. eine Abhandlung über V-Modell-Logik in iterativ-inkrementeller Aneinanderreihung nachzulesen, möchte der Prozessanwender innerhalb eines der o.g. Produktentwicklungstypen wissen, wie er persönlich ganz konkret an seinem Arbeitsplatz durch wen angestoßen wird und loslegen muss. Alles andere kommt nicht dem Anspruch der GP 3.1.1 gleich: das Vorgeben eines Standardprozesses, der eine wirkliche direkte Arbeitsanleitung darstellt, die von den Prozessanwendern im Projektkontext wirksam befolgt und ggf. vorher effizient angepasst werden kann. Daher existiert Abwertungsgrund 35 (S. 235).

Als eine Lösung bietet sich an, die Prozessbeschreibungen in einer Form zu organisieren, die an *Use Cases* orientiert ist, und diese Form auf der Einstiegsseite als Erstes anzubieten.

6.1 PA 3.1 und PA 3.2

Beispiel 17

Die Use Cases in Abbildung 6–3 stellen deshalb die Sicht eines Prozessanwenders aus dem Softwareentwicklungsteam (das *System*, der Kasten) dar, weil er nachlesen kann, welche Tätigkeiten von ihm vom Projektleiter (dem außenstehenden *Aktor*, das Strichmännchen) erwartet werden, z. B. Ergebnisse für eine Softwareübernahme zu liefern (der Use Case). Ein Use Case erzeugt immer eine Leistung für und aus Sicht der *anstoßenden Aktoren*.

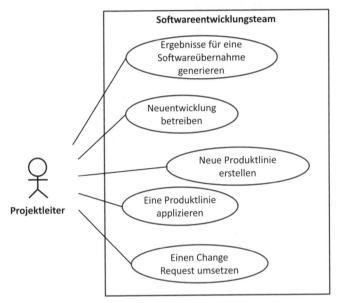

Abb. 6–3 *Beispielhafte Skizze eines Use-Case-orientierten Einstiegs in Standardprozessbeschreibungen für einen Softwareentwickler*

Hinter den Use Cases verlaufen die Aktivitäten, die von den notwendigen Rollen als Teil des Systems Softwareentwicklungsteam durchzuführen sind, um den Use Case für den Aktor zu leisten (siehe Abb. 6–4 und 6–5 – durch gestrichelte Linien bei den Aktivitäten wird hier angezeigt, dass sie in mehreren Use Cases vorkommen, die Beschreibungen existieren aber im Prozesswerkzeug natürlich nur einmal).

6 Capability Level 3 – praktisches Verständnis der generischen Praktiken

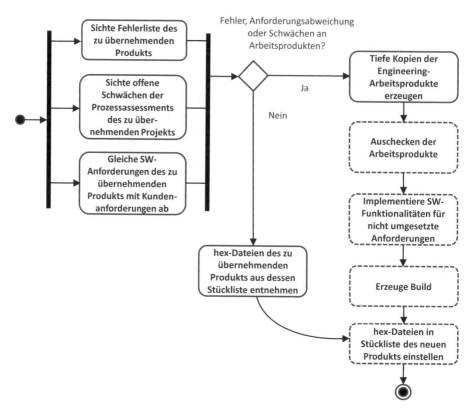

Abb. 6–4 *Abstrakte, beispielhafte Skizze von Aktivitäten hinter dem Use Case Ergebnisse für eine Softwareübernahme generieren (in Anlehnung an UML-Aktivitätsdiagramme)*

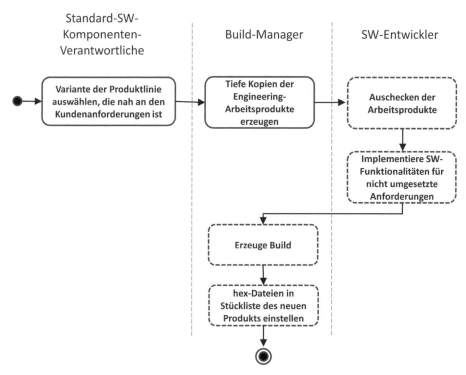

Abb. 6-5 Abstrakte, beispielhafte Skizze von Aktivitäten hinter dem Use Case Eine Produktlinie applizieren (in Anlehnung an UML-Aktivitätsdiagramme)

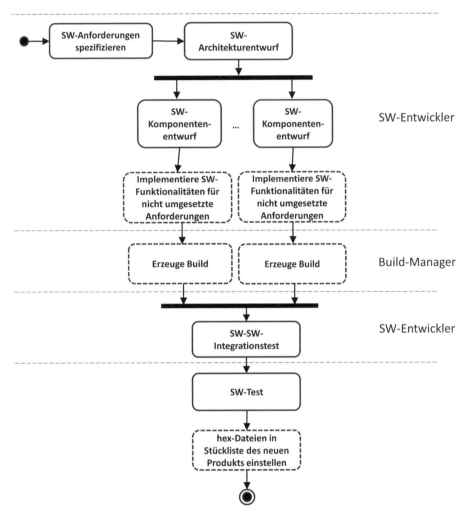

Abb. 6–6   *Abstrakte, beispielhafte Skizze von Aktivitäten hinter dem Use Case Neuentwicklung betreiben (in Anlehnung an UML-Aktivitätsdiagramme)*

Wichtige Anmerkung speziell zum Use Case *Neue Produktlinie erstellen*:

Da die Erstellung einer neuen Produktlinie sehr viel Zeit braucht, werden Sie in der Praxis oft die wirtschaftliche Notwendigkeit haben, bereits parallel laufende Entwicklungsprojekte daraus zu bedienen. Umgekehrt werden Sie die Produktlinie auch nicht auf der grünen Wiese neu erschaffen, sondern Anteile gegebener Projekte ganz oder abgewandelt übernehmen wollen.

Das bedeutet de facto, dass Sie *Multiprojektmanagement* beherrschen müssen: Die Entwicklungsprojekte sagen Ihnen schon einmal, wann z.B. eine bestimmte SW-Komponente oder ein Systemdesign vom Produktlinienprojekt benötigt wird. Das generische Produktlinienprojekt will jedoch die Produktlinie systematisch top-down entwickeln.

Das bedeutet, dass die Use Cases, die von den Projektleitern selbst ausgeführt werden (Abb. 6–3 zeigt die Use Cases für Softwareentwickler), im Falle neuer Produktlinien vorgeben müssen, wie solches Multiprojektmanagement zu leisten ist!

Verweben aller Prozesse in integrierte Arbeitsflüsse

Ein weiterer Nachteil der Darstellungen in den Abbildungen 6–1 und 6–2 ist, dass die unterstützenden Prozesse und Managementprozesse separat aufgeführt sind und nicht überall dort eingebettet sind, wo man sie wirklich benötigt. Man betreibt z. B. nicht eine Weile Anforderungsdefinition, um dann später isoliert auf Konfigurationsmanagement zu klicken und danach auf Qualitätssicherung – man möchte stattdessen erfahren,

- wann man wie z. B. eine Zwischenversion der Anforderungsspezifikation zu erstellen hat,
- dann weitere Teilfunktionalitäten hinzuspezifizieren muss (SWE.2-Anteil),
- dann ein formales Review darüber durchführen soll (SUP.1-Anteil),
- um danach die qualitätsgesicherte Anforderungsspezifikation werkzeuggestützt voll einzufrieren (SUP.8-Anteil);

oder

- dass man die Fehlerliste des zu übernehmenden Produkts sichten soll (SUP.9-Anteil),
- parallel dazu die offenen Schwächen der Prozessassessments des zu übernehmenden Projekts durchzusehen hat (SUP.1-Anteil)
- sowie die Softwareanforderungen des zu übernehmenden Produkts mit den neuen Kundenanforderungen abgleichen soll (SWE.1-Anteil).

Die Prozessschritte hinter den Use Cases verlaufen also nicht entlang eines bestimmten Themas wie z. B. in den Abbildungen 6–1 und 6–2, sondern entlang der natürlichen Arbeitsabfolge (siehe Abb. 6–4 und 6–7). Eine Ausnahme bildet das Umsetzen von Change Requests. Dies ist nicht verwoben, sondern stellt naturgemäß einen eigenen Use Case dar, siehe Beispiel 16 (S. 198) und Abbildung 6–3 (S. 199).

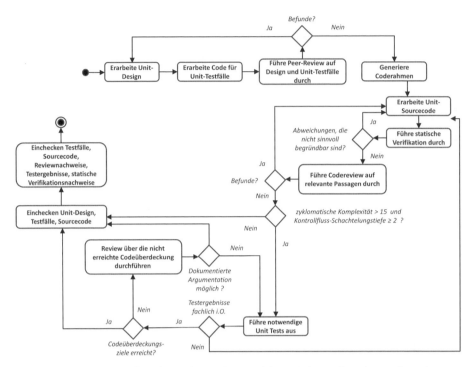

Abb. 6-7 Die Prozessschritte hinter den Use Cases sind thematisch verwoben, dargestellt an einer Skizze für die Detaillierung von Implementiere SW-Funktionalitäten für nicht umgesetzte Anforderungen aus den Abbildungen 6-4, 6-5 und 6-6 (in Anlehnung an UML-Aktivitätsdiagramme).

Zur Wahl der Modellierungssprache

Wir hatten oben festgestellt, dass die Kunden der Prozessbeschreibungen die Prozessanwender und nicht Modellierungsspezialisten oder Assessoren sind. Bestimmen Sie deshalb bewusst, welche grafische Modellierungssprache Sie für die Prozessbeschreibungen hinter den Use Cases verwenden. Auch weltweit standardisierte Notationen, wie z.B. die Business Process Modelling Notation (BPMN) oder UML/SysML-Aktivitätsdiagramme, werden nicht immer selbstverständlich von allen Prozessanwendern verstanden, insbesondere dann, wenn bei mechatronischer Produktentwicklung nicht nur Software-, sondern auch Elektronikentwickler und Mechanikkonstrukteure zu bedienen sind. Auch, wenn es unsachlich erscheinen mag: Nichtverstehen bedeutet, dass solche Prozessbeschreibungen (zurecht) ignoriert oder gar als akademisch abgetan werden, das ist eine menschliche Reaktion. Bilden Sie also Ihre gewählte Notation in der Breite aus oder definieren Sie zusammen mit erfahrenen und meinungsführenden Prozessanwendern eine eigene.

Der Use-Case-Ansatz selbst wurde im Jahr 1992 ursprünglich für Softwaresysteme vorgeschlagen [Jacobson et al. 92]. Er kann dem Leser einer Prozessbeschreibung einfach vermittelt werden.

> **Hinweis 43 für Assessoren**
> **GP 3.1.2 ist prozessübergreifend zu verstehen**
>
> Die Tatsache, dass CL3 immer für *genau einen* Prozess bestimmt wird, darf nicht suggerieren, dass das in GP 3.1.2 geforderte Angaben von *Reihenfolge und Interaktion* sich nur auf Prozesselemente innerhalb eines Automotive SPICE-Prozesses beschränkt.
>
> Zum einen sind die Automotive SPICE-Prozesskapitel prinzipiell willkürlich geschnitten, zum anderen ist eine übergreifend verwobene Darstellung für einen didaktischen Erfolg von Prozessbeschreibungen zwingend notwendig. Dies wird im Text bei GP 3.1.2 explizit ausgedrückt durch »*Bestimme die Reihenfolge und Interaktion zwischen Prozessen, sodass sie als ein zusammenhängendes System von Prozessen arbeiten*«.

> **Hinweis 44 für Assessoren**
> **Die GP 3.1.2 prozessübergreifend zu verstehen stellt kein Tailoring dar**
>
> Hinweis 43 für Assessoren (S. 205) besagt, dass Standardprozesse in Form von verwobene Arbeitsflüssen dargestellt werden sollen, um in der Praxis von Wert zu sein, und dass die GP 3.1.2 genau so interpretiert werden soll. Daher stellt das Anbieten von Standardprozessen in Form von verwobenen Arbeitsflüssen (noch) kein Tailoring dar. Das Anpassen des Standards geschieht erst *auf Basis* dieser verwobenen, standardisierten Arbeitsflüsse.

Elemente einer Prozessbeschreibung

Eine Prozessbeschreibung besteht im Kern aus dem *Dreigestirn*, Aktivität↔Rolle ↔Arbeitsprodukt (als Metamodellsicht). Für Aktivitäten existieren Input- und Output-Arbeitsprodukte. Ein Output-Arbeitsprodukt kann dabei auch nur die Überarbeitung oder Statusänderung (vgl. Abb. 4–11, S. 69) desselben Input-Arbeitsprodukts sein. Insofern existiert eine Aktivität ohne Output-Arbeitsprodukt nicht. Eine bestimmte Rolle hat bzgl. einer Aktivität verschiedene Perspektiven wie Mitarbeitend, Prüfend, Freigebend etc. Da Prozessbeschreibungen in elektronischer Form angeboten werden, muss man innerhalb des o.g. Dreigestirns navigieren können.

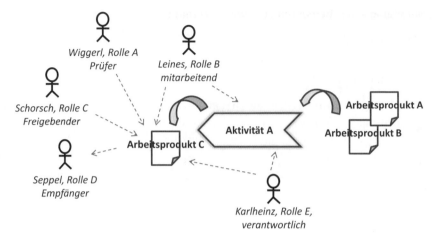

Abb. 6-8 Skizzenhafte Beispielausprägung des Dreigestirns. Ein Dreigestirn gilt für jeden Prozessschritt.

Beachten Sie: Es ist ein didaktischer Nachteil in der Praxis, Namen von Aktivitäten und Arbeitsprodukten direkt aus Automotive SPICE, ISO-, IEC- oder IEEE-Standards etc. zu übernehmen oder gar deren Beschreibung nachzuerzählen. Da Prozessbeschreibungen *Ihren eigenen* Prozessanwendern dienen müssen, müssen im Gegenteil firmengeeignete Standardprozesse *streng* die *eigenen* Begriffe nutzen für

- Aktivitäten,
- Arbeitsprodukte im Sinne von ihren direkten konkreten Dokumenten, Spezifikationen und Repository-Inhalten,
- Rollen und
- Strukturen.

Um formal Konformität nachweisen zu können (z. B. bei externen Assessments, Audits oder Produkthaftungsfällen), integrieren Sie in den Prozessbeschreibungen als Zusatzinformation eine *Abbildung* auf diese Standards – die eigenen Leser der Prozesse aber dürfen nicht direkt mit diesen Standards oder deren Interpretation behelligt werden (siehe hierzu Abwertungsgrund 35, S. 235). Deren Interpretation ist die Aufgabe von denjenigen, die die Standardprozesse für die Leser erschaffen.

Beschreibung von Arbeitsprodukten und Werkzeugen

Ein Arbeitsprodukt verlangt Bezug zu den Softwarewerkzeugen,
- durch die es generiert wird und
- in denen es abgelegt wird.

Die Werkzeuge selbst werden durch ggf. mit Screenshots unterstützte Benutzungsanleitungen beschrieben. Merke: Es können in einem Standardprozess mehrere alternative Werkzeuge erlaubt sein [Metz 09]. Während des Prozess-Tailorings für ein konkretes Projekt (weitere Details s.u.) muss jedoch eine Wahl getroffen werden, d.h., in einem Projekt sollen nicht mehrere Werkzeuge für denselben Zweck genutzt werden.

Die Beschreibung jedes Arbeitsprodukts selbst erklärt,
- welche Qualitätskriterien für dieses gelten (vgl. GP 2.2.1),
- welchen Prüfmethoden, Prüfabdeckung, Prüffrequenz und Prüfparteien zu nutzen sind (vgl. GP 2.2.1),
- welche spezifischen
  - Status,
  - Lebens-/Gültigkeitsdauern,
  - Regelungen bzgl. Konfigurationsmanagement,
  - Änderungsmanagement sowie
  - Sicherheitskopien und Restauration

  } Hier ebenso Werkzeugbezug

gelten (GP 2.2.2).

Weiterhin enthalten Arbeitsproduktbeschreibungen Verweise auf
- Vorlagen (Templates),
- praxisnahe, am besten reale Projektbeispiele und
- Checklisten. Es kann hier mehrere geben, z.B. eine aus Sicht der Entwicklung und eine weitere aus Sicht der Prüfer (Qualitätssicherung von Arbeitsprodukten).

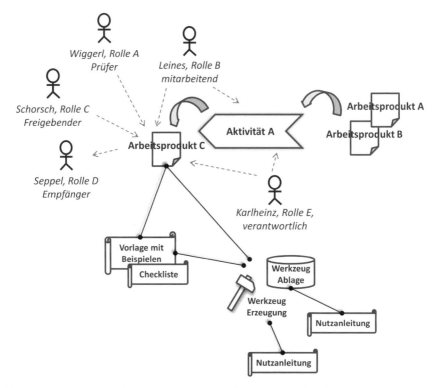

Abb. 6–9   Dreigestirn, Arbeitsprodukte mit Zusatzinformationen, und Werkzeuge

Sind Arbeitsprodukte als *physische Dokumente* zu verstehen? Die Antwort ist Ja. Wie oben genannt müssen Prozessbeschreibungen *Ihre* vereinbarte Arbeitsweise abbilden, d. h., für den Prozessanwender müssen die konkret zu erstellenden Arbeitsprodukte in den Prozessbeschreibungen wiedererkennbar sein. Andernfalls werden die Prozessbeschreibungen keinen didaktischen Erfolg haben.

In den meisten Fällen benötigen die Anwender den kompletten Inhalt eines Arbeitsprodukts, um eine Aktivität durchzuführen, z. B. für das Ableiten der

- Systemanforderungen (SYS.2) aus den Stakeholder-Anforderungen (SYS.1),
- der Softwarearchitektur (SWE.2) aus den Softwareanforderungen (SWE.1) sowie
- der Testfälle (SWE.6) aus den Softwareanforderungen (SWE.1).

Aber: Dies ist *nicht immer* der Fall. In einigen Fällen benötigt man für eine Aktivität nicht das Arbeitsprodukt in Gänze, sondern nur Teile daraus [Maihöfer & Metz 16].

Beispiel 18

- Für die Ableitung der Systemarchitektur aus den Systemanforderungen sind z.B. nur die funktionalitäts- und zuverlässigkeitsrelevanten Anforderungen von Bedeutung. Systemanforderungen wie z.B. Geometrie, Materialanforderung und Oberflächenbeschaffenheit dagegen sind in der Regel nicht architekturrelevant, führen aber zu Varianten in Stücklisten oder werden in technischen Zeichnungen oder Geometriemodellen ausgeprägt.
- Für eine *Item-Definition* der funktionalen Sicherheit (ISO 26262-3, Abschnitt 5.4) benötigen Sie (zusammengefasst) das Verständnis über den Zweck und Ziel jeder Produktfunktionalität in den operativen Einsatzszenarien, die Systemzustände des Produkts sowie die für das Produkt geltenden gesetzlichen Anforderungen. Dies ist aber nur eine *Teilmenge* aller Stakeholder- oder Systemanforderungen (SYS.1 bzw. SYS.2). Andere Informationen daraus wie z.B. mitgeltende Unterlagen, Prozessanforderungen, die Vorgabe eines bestimmten Bussystems oder andere Designeinschränkungen benötigen Sie nicht für eine Item-Definition als Startpunkt für eine Gefahren- und Risikoanalyse (ISO 26262-3, Abschnitt 7).

In diesen Beispielen wäre das pauschale Angeben der Systemanforderungsspezifikation als Input-Arbeitsprodukte für den Prozessanwender also weder hilfreich noch präzise. Auf der anderen Seite aber nur die benötigten spezifischen Informationen als Input anzugeben, ist auch wieder zu wenig: Der Leser wüsste nicht, wo er denn diese Informationen konkret auffinden soll.

Die Lösung: Modellieren Sie in jedem Fall das Arbeitsprodukt als Input, geben Sie aber im Bedarfsfalle zusätzlich an, welche Informationen daraus konkret relevant für die Aktivität sind.

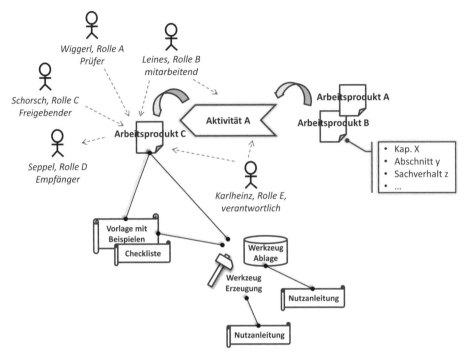

Abb. 6–10   Dreigestirn, präzise Anteile von Arbeitsprodukten als Input

Hinweis 45 für Assessoren
GP 3.1.1: Vorlagen (Templates) auf CL3

Nach Hinweis 15 für Assessoren (S. 57) wissen wir, dass Automotive SPICE keine Vorlagen (Templates) nennt und sie daher, in Abwesenheit eines vollständigen Standardprozesses, für die Bewertung der GP 2.2.1 nicht gefordert werden können.

Es gilt zunächst das Gleiche für GP 3.1.1. Dennoch sehe ich Vorlagen für einen Standardprozess

a)   als ein Konzept des Stands der Technik und
b)   durch folgenden Text bei GP 3.1.1 impliziert (im Gegensatz zum Text der GP 2.2.1):
     »*Bei Bedarf werden Anleitungen und Verfahren zur Unterstützung der Implementierung des Prozesses bereitgestellt.*«

Werden Vorlagen im Standardprozess vorgegeben, so sind diese dann natürlich zu nutzen und somit dann für GP 2.2.1 implizit.

Beschreibung von Rollen und notwendigen Fähigkeiten für Aktivitäten

Beachten Sie, dass Rollen für die Stakeholder-Repräsentanten wie für die prozessinternen Mitarbeiter notwendig sind (zu diesen Begriffen siehe Unterscheidungsvorschlag in Hinweis 7 für Assessoren, S. 44). Jede Rolle definiert personenunabhängig Folgendes:

- Befugnisse. Diese schließt ggf. mit ein:
    - Budgetverantwortung
    - Eskalationsrechte, und wie diese zu führen sind
    - Eigentümerschaft und Zugriffsrechte auf Arbeitsprodukte
- Verantwortlichkeiten
    - Fachgebietsspezifisch
    - An welchen Arbeitsprodukten und Aktivitäten sie beteiligt ist:
        - konkrete inhaltliche Mitarbeit
        - Verantwortung tragend, auch ohne eigene inhaltliche Mitarbeit (Rechenschaftspflichtigkeit)
        - an Prüfung (i.S.v. GP 2.2.4) beteiligt
        - an Freigabe/Abnahme (i.S.v. GP 2.2.2) beteiligt
        - muss über Ergebnisse informiert werden
- Benötigte Fähigkeiten
    - Methodische Kenntnisse [Metz 09]
    - Umgang mit allen benötigten Softwarewerkzeugen und aller Infrastruktur, dazu gehört auch die Festlegung von Nutzerrechten [Metz 09]
    - Fachgebietsspezifisches Wissen [Metz 09]. Dies kann durch eine direkte Auflistung oder auch durch Angabe einer Mindestberufserfahrung in Jahren im Fachgebiet sein
    - Ggf. benötigte Fremdsprachen
    - Soft Skills (z.B. ist Durchsetzungsvermögen für einen Projektleiter oder Systemingenieur essenziell)

Neben dem zielgerichteten Einsetzen für Projektarbeit haben Rollenbeschreibungen den weiteren Vorteil, dass Sie sie zusätzlich als Basis verwenden können [Metz 09] für

- das Beschaffen neuer Mitarbeiter,
- interne Arbeitsplatzbeschreibungen sowie
- das Rekrutieren externer Dienstleister als verlängerte Werkbank.

> **Hinweis 46 für Assessoren**
> **GP 3.1.3 spricht nun auch von *Verantwortlichkeiten und Befugnissen***
>
> In Automotive SPICE v2.5 forderte GP 3.1.3 noch nicht die Festlegung von Verantwortlichkeiten und Befugnissen, während die dortige GP 2.1.4 dies tat.
> Automotive SPICE v3.0 hat dies korrigiert und spricht nun sowohl bei GP 2.1.5 als auch GP 3.1.3 von *Verantwortlichkeiten und Befugnissen*, da
>
> - man in der Praxis Verantwortlichkeiten meist nur effektiv wahrnehmen kann, wenn man auch entsprechende Befugnisse besitzt (siehe hierzu z.B. Nicht-Abwertungsgrund 13, S. 163 und Abwertungsgrund 28, S. 164);
> - GP 2.1.5 automatisch durch GP 3.1.3 mitdefiniert wird, sofern der Standardprozess dann eingehalten wird (PA 3.2), und daher Konsistenz in den GP-Forderungen notwendig war.

In der Praxis herrscht heute klassischerweise die arbeitsproduktorientierte Perspektive beim Begreifen von Rollen vor (Welche Arbeitsprodukte muss der Softwareentwickler erzeugen und welche prüfen?). Manchmal erzeugt strenges Rollendenken aber auch folgendes nachteiliges Phänomen [Fuchs & Metz 13]: Es entstehen Mentalitäten wie *Ich-kann-das-nicht-machen-denn-ich-habe-diese-Rolle-nicht* oder *Der-Kollege-mit-der-Rolle-ist-ausgefallen-jetzt-liegt-das-Ergebnis-brach*. Das führt dazu, dass Aktivitäten liegenbleiben, obwohl sie von anderen übernommen werden könnten.

Eine Lösung zur Einschränkung solcher Mentalität ist es, nicht (nur) für die Rollen, sondern (auch) für *die jeweilige Aktivität* alle notwendigen Kenntnisse und Fähigkeiten anzugeben [Fuchs & Metz 13]. Das macht klar, dass andere problemlos einspringen und die Aktivität sofort übernehmen können, sofern sie allein oder gemeinsam diese Fähigkeiten besitzen, anstatt auf eine Nachbesetzung der Rolle zu warten (ein Einspringen führt übrigens auch zu Assessmentpunkten für GP 2.1.4 *Anpassung der Prozessdurchführung*). Das geht einher mit der Tatsache, dass eine Rolle nicht, wie oft noch fälschlicherweise angenommen, immer nur genau *einer* Person zugewiesen werden muss: Eine Rolle ist ein abstrakter Begriff und kann von mehreren Personen ausgefüllt werden (Beispiel *Safety Manager* der ISO 26262-2). Hierbei muss dann aber die exakte Verantwortungsübernahme oder -aufteilung klar sein, um das Zuständigkeitsgefühl nicht zu verwaschen oder hin und her zu wälzen.

6.1 PA 3.1 und PA 3.2

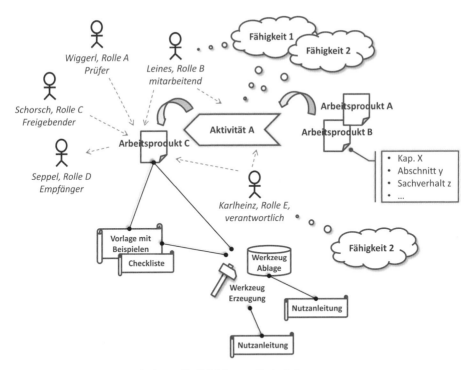

Abb. 6-11   *Dreigestirn, Fähigkeiten für Aktivitäten und/oder Rollen*

Beschreibung von Methoden und Techniken

Ein wichtige Frage in der Praxis der Standardprozesse ist die nach der Granularität und dem Umfang einer Aktivitätsbeschreibung, denn diese kann leicht seitenlanger Fließtext werden, was meist die Leseattraktivität mindert.

Gehen Sie hier anders vor: Geben Sie in den Aktivitäten nur die Zielsetzungen an und lagern Sie die konkreten, detaillierteren Arbeitsanweisungen bzw. Methodenbeschreibungen als eigene Prozesselemente aus. Das ist auch deshalb von Vorteil, weil Sie so die Methoden sowohl einem Arbeitsprodukt als auch einer Aktivität zuordnen können:

- Wie statisches und dynamisches Softwaredesign zu betreiben ist, hängt an der Aktivität *Erarbeite Unit-Design*, da man nicht je eine Aktivität für die Erstellung z.B. jedes einzelnen SysML-Diagramms schreiben wird. Die Ziele der Aktivität könnten folgendermaßen lauten:
  a) *Erzeuge die statische, hierarchische Komponentenstruktur mit ihren Schnittstellen*
  b) *Modelliere den Nachrichtenfluss zwischen ihnen*
  c) *Leite Zustandsdiagramme aus den Nachrichtenflüssen ab*

- Wie Fehlerbäume zu erstellen sind, das liegt 1:1 am Arbeitsprodukt *Fehlerbaum*. Fehlerbäume stehen im Zusammenhang mit der Aktivität *Fehler und Versagensfälle identifizieren und analysieren*. An dieser Aktivität hängt auch das Arbeitsprodukt *FMEDA* mit seiner eigenen Methodenbeschreibung.

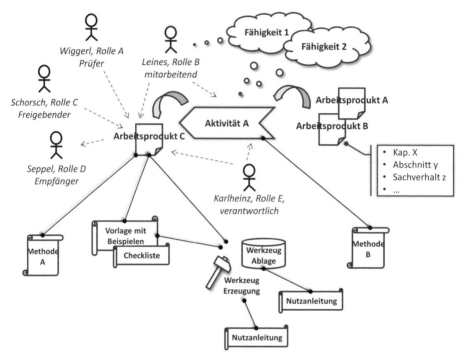

Abb. 6-12 *Dreigestirn, Methoden an Arbeitsprodukten oder Aktivitäten*

Beachten Sie, dass Standardprozesse den Anspruch haben, *alle* notwendigen Methoden *sowohl* für die CL1-Leistung als auch die CL2-Leistung vorzugeben (siehe hierzu Abwertungsgrund 33, S. 233 und Abwertungsgrund 34, S. 234). Das bedeutet, dass Methodenvorgaben in Standardprozessen auch Folgendes umfassen müssen:

- Prozessziele (Performance Objectives)
    - etwaige Minimal- und Maximalgrenzen für Aufwände (siehe Punkt 2, S. 30)
    - etwaige Leistungsformeln (siehe Punkt 3, S. 30)
- Auf welche methodische Weise geplant (GP 2.1.2) und überwacht (GP 2.1.3) werden soll.

Konfigurationsmanagement von Standardprozessen

Im Rahmen des Tailorings (siehe Näheres unten) sollten Sie für jedes Projekt festhalten, welchem definierten Prozess es folgt, d. h. auf Basis welches Standardprozesses es arbeitet. Das sichert Sie in Assessments und in Audits ab und unterstützt die Nachweisführung bei Produkthaftungsfällen. Die sich aufdrängende Frage ist nun: Wie ist beim Use-Case-Ansatz ein *Standardprozessrelease* charakterisiert?

Zunächst einmal werden die einzelnen Standardprozesselemente (Arbeitsproduktdefinitionen, Vorlagen, Checklisten, Methoden, Aktivitäten, Rollendefinitionen, Fähigkeitsbeschreibungen, Benutzeranleitungen für Werkzeuge) versioniert. Es sind also Konfigurationselemente. Da nun weiterhin

- ein Use Case durch Versionen der dahinterliegenden Prozesselemente realisiert ist (vgl. auch nochmal Abb. 2–3, S. 13)
- und sich mehrere Use Cases ggf. dieselben Prozesselementversionen teilen (siehe Abb. 6–7, S. 204),

bedeutet das, dass ein Use Case *selbst* eine logische Konfiguration im Sinne des Konfigurationsmanagements darstellt. Dies wiederum bedeutet, dass eine konkrete *Use-Case-Version* eine Baseline darstellt, der Use-Case-Name und seine Version fungieren dabei als das Baseline-Label.

Eine Use-Case-Baseline wird dann zu einem Release, wenn sie pilotiert, bei Erfolg in der Breite ausgebildet und dann formal verbindlich gemacht wird. Sie werden ggf. nur sehr geringe Änderungen an Use Cases vornehmen (dies wird insbesondere so sein, je reifer und stabiler Ihre Standardprozesse über die Zeit werden), z. B. nur eine Methode präzisieren oder eine Checkliste oder Vorlage ergänzen. Neu ausbilden müssen Sie daher nur den Umfang der Änderungen. Ziehen Sie jedoch immer eine neue Baseline des Use Case, da Sie beim Nachweis für die Projekte, auf welchem Standardprozess sie basieren, nicht jedes Mal eine Liste mit Hunderten von Versionen von Einzelprozesselementen schreiben wollen.

Hinweis 47 für Assessoren
In welchem Prozess ist das Aufbauen und Konfigurationsmanagement der Standardprozesse selbst zu bewerten?

Der CL3 eines Prozesses verlangt das Vorhandensein von Standardprozesselementen. Das Management dieser Standardprozesselemente selbst aber kann nicht Teil eines CL3 sein, weil es dort keine entsprechende GP gibt und ein CL3 *selbst nicht auf einem CL2* sein kann.

Der Prozess, bei dem Standardprozesserstellung und -management bewertet wird, wäre ORG.1A *Process Establishment* in ISO/IEC 15504-5:2012 bzw. PIM.1 *Process Establishment* in ISO/IEC 15504-5:2006, die jedoch nicht in Automotive SPICE existieren. Das Konfigurationsmanagement der Standardprozesselemente bildet dann einen Teil des PA 2.2 von ORG.1A bzw. von PIM.1.

Standardprozess vs. Ausbildungsunterlagen

Beachten Sie auch, dass Prozessbeschreibungen *nicht* die Ausbildungsmaterialien *selbst sind*. Dies sind zwei verschiedene Dinge.

Schulungsmaterial[1] enthält Hintergrundfachwissen, didaktische Herleitungen getroffener Regeln und fachliche Entscheidungen, durchgehende Fallbeispiele sowie durchgehende Aufgaben mit Musterlösungen etc. Die Standardprozesse hingegen *sind* die fertigen Regeln, sie beschränken sich also auf das Wesentliche. Sie stellen ein Nachschlagewerk zur Orientierung für bereits Ausgebildete dar, damit diese die meist komplexen Schulungsunterlagen nicht durchsuchen müssen.

Verweisen Sie allerdings in den Ausbildungsmaterialien auf die Prozessbeschreibungen. Der umgekehrte Verweis von Prozessbeschreibungen auf die Ausbildungsmaterialien allerdings kann problematisch sein: Sie werden Ausbildungsmaterialien öfter optimieren, ergänzen und restrukturieren, als Sie Prozess-Baselines ziehen. Diese müssten Sie nämlich neu ziehen, je nachdem, wie granular Sie die Verweise auf Teile der Ausbildungsmaterialien (Folien, Fallbeispiele, Aufgaben, Musterlösungen etc.) gemacht haben.

Muss ein Standardprozess immer dokumentiert sein?

Das Ziel des CL3 ist es, ein gemeinsames Vorgehen zu vereinbaren und dieses Vorgehen durch Eignungsfeedback zu verbessern. Es wird insbesondere in der Assessorausbildung immer wieder einmal die Frage gestellt, ob ein CL3 auch erreicht werden kann, ohne dass der Standardprozesse dokumentiert ist. Die Antwort auf die Eingangsfrage muss Ja sein, *wenn* z.B. in Kontexten wie

- einem kleinen Unternehmen mit zehn Mitarbeitern, das SW-Dienstleistungen anbietet, oder
- einer nicht verteilten, zentralen Basissoftware-Entwicklungsabteilung, die diesbezüglich in einem Unternehmen der alleinige interne Dienstleister ist, in der die Mitarbeiter in Großraumbüros räumlich eng beieinander sitzen,

dem Assessor tatsächlich alle Ziele eines CL3 nachgewiesen werden können. Dies ist zwar umso unwahrscheinlicher, je größer, komplexer und verteilter die Entwicklung stattfindet. Dennoch müssen Sie als Assessor bei Ihrer Bewertung tatsächliche Evidenz für oder gegen die Erreichung der CL3-Ziele vorweisen. Das bedeutet, dass Sie als Assessor *ohne* vorbehaltloses Prüfen nicht grundsätzlich und pauschal allein wegen Undokumentiertheit sofort abwerten und das Interview abbrechen dürfen.

Die Tatsache, dass ohne Dokumentation die Prüfung auf Erfülltsein der Ziele von CL3 schwieriger ist, ohne dass zeitlich in mehr Assessmentinterviews investiert wird, ändert *fachlich* daran nichts (siehe hierzu auch Nicht-Abwertungsgrund 16, S. 237).

---

1. Alternative Qualifikationsansätze zu Schulungen finden sich in Beispiel 9, S. 41.

> **Hinweis 48 für Assessoren**
> **CL3: Interviewplanung bei undokumentierten Standardprozessen**
>
> Um einwandfrei überprüfen zu können, ob Standardprozesse und deren Weiterentwicklung gelebt werden, wenn diese nicht dokumentiert sind, müssen Sie von üblichen gemischten Gruppeninterviews zu Individualinterviews übergehen. Dies erhöht den Umfang des Assessments stark. Daher müssen Sie dies während der Assessmentplanung mit dem Assessmentsponsor besprechen. Das bedeutet, während der Assessmentplanung bereits Assessmentfragen zu stellen, hier nach Existenz von Standardprozessen.
> Ob dieses Vorgehen am Markt politisch oder wirtschaftlich umsetzbar ist, ist eine andere Frage. Dieser Assessorhinweis nimmt allein eine fachliche Perspektive ein.

6.1.2 GP 3.1.1, GP 3.2.1 – Maßschneidern von Standardprozessen (Tailoring)

Automotive SPICE-Text [ASPICE3]:

> »GP 3.1.1: Definiere und pflege den Standardprozess, der den Einsatz eines definierten Prozesses unterstützt. Ein Standardprozess wird entwickelt und gepflegt, der die grundlegenden Prozesselemente enthält. Der Standardprozess beschreibt die Anforderungen an seine Umsetzung und den Kontext seiner Umsetzung. Bei Bedarf werden Anleitungen und Verfahren zur Unterstützung der Implementierung des Prozesses bereitgestellt. Bei Bedarf stehen angemessene Tailoring-Richtlinien zur Verfügung.«

> »GP 3.2.1: Setze einen definierten Prozess um, der die kontextspezifischen Anforderungen bezüglich der Nutzung des Standardprozesses erfüllt. Der definierte Prozess wird adäquat ausgewählt und/oder aus dem Standardprozess zurechtgeschnitten (Tailoring). Die Konformität des definierten Prozesses mit den Anforderungen des Standardprozesses wird überprüft.«

In der Grunderklärung von CL3 (siehe Abschnitt 3.3.4, S. 19) wurde vereinfacht davon gesprochen, dass es mehrere Standardprozesse für *denselben Prozess* geben kann.

> **Hinweis 49 für Assessoren**
> **GP 3.1.1, GP 3.2.1: Mehrere Standardprozesse sind zulässig**
>
> Mehrere Standardprozesse zu haben geht nicht explizit aus den Texten zu PA 3.2 hervor, denn dort wird der Terminus *Standardprozess* im Singular benutzt. Da auf der anderen Seite aber der Plural ebenso wenig explizit ausgeschlossen ist, und es in der Praxis üblich wie notwendig ist, mehrere Standardprozesse zu haben, sehe ich dies nicht als Widerspruch.
> Ob man bei diesem Sachverhalt von *mehreren Standardprozessen* oder von *einem Standardprozess* mit dazugehörigen Standard-Tailorings spricht, hat keine große Bedeutung.

Insofern stellen die integriert verwobenen Abläufe hinter den Use Cases für die fünf Produktentwicklungstypen in Beispiel 16 (S. 198) automatisch Standardprozesse dar. Auf der anderen Seite könnte man sie aber auch als Standard-*Tailorings* betrachten. Das kann man deshalb so sehen, weil man, wenn man zum ersten Mal Standardprozesse schreibt, meist mit dem Typ *Neuentwicklung* beginnen wird (da dies der maximale, komplexeste Fall ist), um dann die anderen Entwicklungstypen daraus abzuleiten.

Ob man sie als Standardprozesse oder Standard-Tailorings betrachtet, ist aber Empfindungssache und hat keine praktische Bedeutung. Was zählt, ist, dass Use Cases für die Produktentwicklungstypen ein Verlagern eines ansonsten ständig wiederkehrenden Tailoring-Aufwands von den Projekten weg bedeutet. Das erhöht wiederum die Akzeptanz.

Was aber als ein Standard-Tailoring gezählt werden kann, ist, wenn ein Use Case mehrfach existiert, aber mit jeweils teilweise anderen Arbeitsflüssen dahinter.

Beispiel 19

Es könnte der Arbeitsfluss *Implementiere SW-Funktionalitäten für nicht umgesetzte Anforderungen* in Abbildung 6–6 zweimal existieren, einmal für handgeschriebenen Code und einmal für modellbasierte Entwicklung. Hier ist es sinnvoll, verschiedene Use Cases anzugeben, wie in Abbildung 6–7 skizziert, die sich nur im genannten Arbeitsfluss unterscheiden.

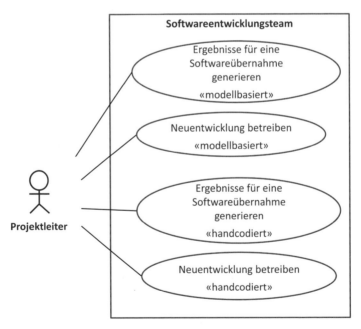

Abb. 6–13   Use Cases aus Abbildung 6–3 (S. 199), die sich nur in den entsprechenden Prozesselementen unterscheiden. Hier für den Leser durch UML-Stereotypen gekennzeichnet.

Ein anderes Beispiel für Tailoring sind Sicherheits-Integritätslevel (z. B. ASIL nach ISO 26262), die verschiedene Aktivitäten und Nutzung verschiedener Methoden nach sich ziehen.

Beispiel 20

- Der Softwareabsicherungstest für ASIL C und D nach ISO 26262 erwartet (zusätzlich) exploratives Testen, d. h. das Herstellen von zusätzlichen Fehlerbedingungen nach technischer Erfahrung anstatt nur auf Basis von Anforderungen. Für ASIL A und B wird dies nicht explizit empfohlen.

Eine Darstellung aller vorhandenen Use Cases in fünffacher Form dient hier allerdings nicht mehr der Übersichtlichkeit und würde Prozessanwender abschrecken. Besser ist es daher,

- bei der Definition aller Prozesselemente im Prozesswerkzeug (Arbeitsproduktdefinitionen, Vorlagen, Checklisten, Methoden, Aktivitäten, Rollendefinitionen, Fähigkeitsbeschreibungen, Benutzeranleitungen für Werkzeuge) diese mit QM oder den ASIL zu attributieren und
- die Einstiegsseite in Use Cases wie in Abbildung 6–14 anzubieten.

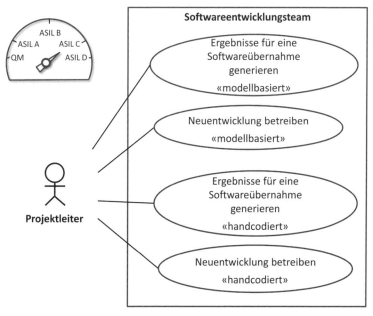

Abb. 6–14 Use Cases aus Abbildung 6–13, deren dahinterliegende Arbeitsflüsse sich durch »Wahleinstellung« des ASIL ergeben.

Beim konkreten Tailoring für ein Projekt wird dann etwa wie folgt vorgegangen:

1. Im Prozesswerkzeug werden als Erstes die Use-Case-Versionen (ein *Standardprozessrelease*) gewählt. Man wird im Regelfall die jüngsten Releases verwenden, weil dies das aktuellste Wissen bezüglich der Vermeidung systematischer Fehler darstellt.
2. Innerhalb des ausgewählten Standardprozessrelease wird dann (ähnlich dem Wahlschalter einer Waschmaschine für das genaue Spülprogramm) der gewünschte Projekt- oder Entwicklungstyp gewählt (vgl. Abb. 6–14). Dies stellt, wie gesagt, ein Standard-Tailoring dar. Das Prozesswerkzeug generiert dann den dadurch entstehenden, vorangepassten Prozess.
3. Dieser entstandene Prozess kann wiederum weiter angepasst werden, um dadurch zum definierten Prozess zu werden. Weitere Anpassung bedeutet das Weglassen oder das Hinzufügen völlig neuer Prozesselemente oder auch deren Ersetzen durch Alternativen. Dies darf jedoch keine Willkür oder Laune darstellen: Da ein CL3 bedeutet, dass es eine Vereinbarung gibt, systematische Fehler dadurch vermeiden zu wollen, dass erfolgreiche Arbeitsweisen gemeinsam genutzt werden, muss es für Abänderungen gute Argumente geben. Ein Argument kann z.B. das Pilotieren eines neuen oder alternativen Werkzeugs, einer Methode oder einer neuen Rolle (wie z.B. eines Systemingenieurs) sein.

Beachten Sie: Prozess-Tailoring ist etwas, was das Projekt nicht allein entscheiden soll. Tailoring-Entscheidungen werden z.B. durch den Projektleiter zusammen mit einem Standardprozessredakteur bzw. Standardprozessverantwortlichen und idealerweise der Qualitätssicherung gemeinsam getroffen. Die Protokollierung all dessen als späterer Nachweis wird durch das Prozesswerkzeug automatisch geleistet. Dies kann aber auch durch ein explizites Protokoll geschehen.

Hinweis 50 für Assessoren
GP 3.2.6: QS-Beteiligung beim Prozess-Tailoring auf Projektebene

Sind Qualitätssicherer beim Tailoring eines Standardprozesses auf Projektebene beteiligt, dann ist dies auf CL1 von SUP.1 als ein Teil der QS-Strategie in BP 1 und als Beitrag zur Prozessqualitätssicherung in BP 3 positiv zu bewerten.

Wenn Sie beim obigen Schritt 3 über die Zeit hinweg feststellen, dass es oft zu ähnlichen oder sogar gleichen Feinanpassungen kommt, dann legen Sie diese als weitere Standard-Tailoring-Angebote direkt im Prozesswerkzeug an.

6.1.3 Notwendige Vorgaben für Multiprojektmanagement

Die *erstmalige* Entwicklung einer generischen Produktlinie (siehe Abb. 6–3, S. 199) zieht in der Praxis eine Situation nach sich, die man sehr leicht übersieht: Eine Produktlinie wird nicht völlig isoliert von allen Kundenprojekten entwickelt und erst dann als verbindliche Basis herangezogen, wenn sie komplett fertig ist. Produktlinienentwicklung ist im Gegenteil eng verzahnt mit Kundenprojekten, und zwar aus zwei Gründen:

- Die Anforderungen für die Produktlinie entstammen Vorentwicklungs- und Kundenprojekten, denn dort entsteht die Innovation und von dort stammt die Kenntnis der Erwartungen des Marktes, die die Produktlinie ja umsetzen muss.
- Die Kundenprojekte wollen bereits die jeweils neuesten fertigen Anteile der Produktlinie, wie z. B. Softwarekomponenten, ausnutzen. Eine Produktlinienentwicklung bedient ständig die Kundenprojekte.

Beispiel 21
Planungszusammenhänge zwischen einem »Produktlinien- und Kundenprojekt«

Aktuelles Datum: 30.07.16

Funktionalitäten des Produktlinienprojekts	Kundenprojekt 1				Kundenprojekt 2			
	Muster A 22.03.16	Muster B1 01.06.16	Muster B2 01.09.16	...	Muster A 15.04.16	Muster B 13.07.16	Muster C 14.11.16	...
Zuziehhilfe	–	CR#100, CR#101	–		–	CR#100, CR#101	–	
Schlossansteuerung	–	CR#114	–		–	–	–	
Einklemmschutz Umfang 1	–	–	x		–	x	–	
Einklemmschutz Umfang 2	–	–	–	...	–	–	x	...
...	...	...	...	...	...	...	...	...

Abb. 6–15 Übersichtsskizze des Zusammenhangs der Entwicklung von Funktionalitäten eines Produktlinienprojekts und deren Nutzung für Releases von Kundenprojekten an einem fiktiven Beispiel einer automatischen Heckklappe. Eine solche Tabelle wird in der Praxis über Werkzeugunterstützung abgebildet (siehe dazu auch Exkurs 5, S. 70 und Exkurs 7, S. 73).

- Ein »x« in Abbildung 6–15 zeigt an, dass ein Kundenprojekt zu einem entsprechenden Zeitpunkt eine Funktionalität der zukünftigen Produktlinie einbinden möchte, das noch nicht umgesetzt ist. All diese Kundenprojekttermine muss das Produktlinienprojekt erfahren, damit es den frühest notwendigen

Termin für diese Funktionalität ermitteln kann – umgekehrt berät das Produktlinienprojekt die Kundenprojekte über den Leistungsumfang der Funktionalitäten. Der Einklemmschutz des Umfangs 1 z. B. beinhaltet noch keine Diagnosen für den Ausfall desselben (z. B. Absicherung von Applikationsparametern für den Einklemmschutzbereich durch eine Checksumme), diese sind erst im Umfang 2 enthalten.

▪ Abbildung 6–15 enthält Referenzen auf eine Menge von Change Requests. Diese CRs folgen dem Konzept von Exkurs 7 (S. 73) und werden eingetragen, sobald sie angelegt wurden. Insofern ist ein »x« also erst einmal nur der Merker, dass diese Funktionalität benötigt wird. Im Produktlinienprojekt wird die Arbeit über diese CRs gesteuert (ebenso wie Standard-SW-Komponentenentwicklung, wie bei SWE.3 skizziert, siehe Abschnitt 5.6.1 auf S. 126). Sobald sich ein solcher CR verzögert, bekommen die betroffenen Kundenprojekte automatisch und frühzeitig Kenntnis davon und können als Maßnahme z. B. neue Termine mit dem Kunden besprechen oder mit dem eigenen Linienmanagement Ressourcenverlagerung diskutieren.

Der Begriff *Funktionalität* anstatt z. B. Softwarekomponente xy ist deshalb wichtig, weil das Kundenprojekt nicht detaillierte Einsicht in die Dokument- und Produktstruktur des Produktlinienprojekts nehmen soll und auch nicht will. Zwar ist der Zweck einer Produktlinie, später einmal eine exakte und standardisierte Produktdokumentationsstruktur zu entwickeln (siehe Abschnitt 2.1, S. 5), da diese aber durch das Produktlinienprojekt *gerade erst am Entstehen* ist und das Kundenprojekt im Grunde ein interner Kunde ist, reicht das Denken in transparenten Leistungsumfängen aus.

All das bedeutet de facto *Multiprojektmanagement*. Die für die Projektleiter geltenden Use Cases bzgl. *Neue Produktlinie erstellen*, *Neuentwicklung betreiben* und *Change Request umsetzen* müssen also definieren, wie ein solches Multiprojektmanagement zu geschehen hat!

6.1.4 GP 3.1.5, GP 3.2.6 – Feststellen der Effektivität und Eignung der Standards

Automotive SPICE-Text [ASPICE3]:

»*GP 3.1.5: Lege geeignete Methoden und Maßnahmen zur Überwachung der Effektivität und Eignung des Standardprozesses fest. Geeignete Kriterien und Daten, die zur Überwachung der Effektivität und Eignung des Prozesses benötigt werden, sind festgelegt. Der Bedarf nach internen Audits und Managementreviews ist festgelegt. Prozessänderungen werden durchgeführt, um den Standardprozess aufrechtzuerhalten und zu pflegen.*«

»*GP 3.2.6: Erfasse und analysiere Daten und Informationen bezüglich der Prozessausführung, um Eignung und Effektivität des Prozesses nachzuweisen.*

Die Daten und Informationen werden ermittelt und analysiert, die notwendig sind, um Verhalten, Eignung und Effektivität des definierten Prozesses zu verstehen. Die Ergebnisse der Analysen werden genutzt, um zu erkennen, wo eine kontinuierliche Verbesserung des Standardprozesses und/oder des definierten Prozesses vorgenommen werden können.

Anmerkung 1: Daten bezüglich der Prozessausführung können qualitative oder quantitative Daten sein.«

> **Hinweis 51 für Assessoren**
> **Bei GP 3.1.5 geht es um Prozess*verbesserung***
>
> Eine oft anzutreffende Interpretation ist, dass es bei GP 3.1.5 nicht um Prozessverbesserung ginge sondern allein um Überwachung der Prozesseffektivität und -eignung. Der Grund sei, dass beim Text der GP 3.1.5 allein das Wort *monitoring* verwendet wird.
>
> Da jedoch
>
> - GP 3.1.5 tatsächlich auch von »*Prozessänderungen werden durchgeführt, um den Standardprozess ... zu pflegen*« spricht, was auf Prozessverbesserung hinweist,
> - GP 3.1.5 nur der methodische Vorbau für ihren Gegenpart ist, nämlich der GP 3.2.6, und diese wiederum explizit von Verbesserung spricht (»*Die Ergebnisse der Analysen werden genutzt, um zu erkennen, wo eine kontinuierliche Verbesserung des Standardprozesses ... vorgenommen werden können*«),
> - und die Aufsplittung der Indikatoren des CL3 in zwei Prozessattribute nur eine strukturelle Aufteilung ist, und daher die Natur des *gesamthaften* CL3, nämlich die eines Lern- und Verbesserungsregelkreises, erst durch *beide* PA 3.1 und 3.2 definiert wird,
>
> spreche ich der Einfachheit und Klarheit halber bei GP 3.1.5 bereits von *Prozessverbesserung*.

Zunächst ein Hinweis: Ein oft vorkommendes Missverständnis ist es, beim Lesen des Textstücks im englischen Originaltext

»*Appropriate criteria and data needed ...*«

aus dem Wort *data* zu folgern, gültige Prozesskritik dürfte nur quantitativer Natur sein. Quantitative Information ist jedoch nur *eine* der englischsprachigen Bedeutungen dieses Worts, tatsächlich hat dieses Wort umfassendere Bedeutung. Daher ist qualitative Prozesskritik ebenso willkommen wie quantitative: In der Praxis wird niemand mit einem Vorschlag einer verbesserten Vorlage oder neuen Methode weggeschickt mit dem Kommentar, er möge erst einmal beweisen, dass dadurch alles schneller oder billiger wird. Daher: Quantitativ gestützte Kritik ist sinnvoll und hochwillkommen, aber *nicht* gefordert. Dies ist in Automotive SPICE v3.0 durch die Anmerkung 1 zum Text der GP 3.1.5 explizit gemacht worden, der in Automotive SPICE v2.5 noch nicht vorhanden war.

Hinweis 52 für Assessoren
GP 3.1.5 vs. CL4

Die Tatsache, dass Prozesseignungsinformationen auch quantitativer Natur sein können, ist kein Widerspruch zu oder Vorgriff auf CL4.

Aus der Übersicht zu CL4 (siehe Abschnitt 3.3.5, S. 20) wissen wir bereits Folgendes:
- Bei CL4 leiten sich die Metriken aus den Geschäftszielen des Unternehmens bzw. Unternehmensausschnitts ab. Bei GP 3.1.5 spielen Geschäftsziele keine Rolle.
- Bei CL4 werden die quantitativen Informationen über die Zeit hinweg aufgezeichnet, um analytisch ausgewertet werden zu können. Dies ist bei GP 3.1.5 nicht der Fall.
- Bei CL4 geht es darum, auf Basis analytischer Auswertung der Zahlenhistorie steuernde Entscheidungen für die Zukunft zu treffen. Bei GP 3.1.5 geht es jedoch nicht um Vorhersagbarkeit, sondern allein um das inhaltliche Verbessern des Standardprozesses.

Prozessbeschreibungen als Redaktionssystem mit dem Konzept sozialer Netzwerke

Prozessbeschreibungen sind elektronisch navigierbare Wissenssysteme. Nutzen Sie dies aus, um an Prozesskritik von Lesern und Anwendern zu kommen, indem Sie ein Prozesswerkzeug wählen, was gleichzeitig ein Redaktionssystem ist (z. B. ähnlich dem Prinzip eines WIKI-orientierten Ansatzes). So kann der Leser Kommentare sofort an Ort und Stelle absetzen. Die Redakteure kommentieren diese, und so kann der Leser verfolgen (ggf. sogar durch automatisierte Benachrichtigung), was aus seinem Kommentar geworden ist. Er wird bei Annahme stolz sein, einen Beitrag geleistet zu haben, andernfalls lernt er etwas dabei, wenn er erfährt, warum seine Kritik nicht angenommen werden konnte. Dies können zudem noch andere Leser verfolgen. Das ist eine vorteilhaftere und effizientere Alternative zum klassischen Stellen von CRs gegen Versionen von Prozessbeschreibungen, was natürlich ebenso ein valides Mittel zum Organisieren von Anwenderfeedback bleibt.

Da verschiedene Leser sich je nach Interesse und Rolle naturgemäß für verschiedene Use Cases oder einzelne Prozesselemente interessieren werden, sollten die Leser diese gesondert abonnieren können, um bei Überarbeitungen automatisiert benachrichtigt zu werden. Dies kann z. B. passiv durch E-Mails oder aktiv durch Web-Feeds geschehen. Darüber hinaus sollten nach dem Ansatz sozialer Netzwerke und der Disziplin des Wissensmanagements die Prozessredakteure, aber auch ausgewählte erfahrene Prozessanwender z. B. per Telefon oder Text-Chat Ad-hoc-Support anbieten. Setzen Sie hierzu als weitere Mittel Newsgroups und Foren für die Prozessbeschreibungen ein.

Achtung: Dies ersetzt *nicht* das Ausrollen eines neuen Use-Case-Release! Benachrichtigungen für überarbeitete Prozesselemente werden dann versendet, wenn der Prozessredakteur dieses Release scharfgeschaltet hat. Ebenso ersetzt automatisches Benachrichtigen nicht das Nachschulen der Prozessanwender, denn die Standardprozesse sind nicht das Schulungsmaterial selbst (s. o.).

Überlegen Sie auch, ob Sie analog eines betrieblichen Vorschlagswesens das Kommentieren von Standardprozessen belohnen. Je nach Unternehmenskultur können Sie auch den *Verbesserungsvorschlag des Monats* im Intranet ausweisen.

All dies macht das Geben von Feedback zu Standardprozessen attraktiver und verdeutlicht, dass jeder zum Unternehmenswissen (*corporate knowledge*) beiträgt. Vergessen Sie nicht: Prozessstandardisierung ist gelebtes Wissensmanagement!

Exkurs 22
Wer erstellt und pflegt Standardprozesse?

Dieses Buch behandelt nicht die Disziplin des *Process Change Management* oder Methodiken organisationsweiter Prozessverbesserungsprojekte. Dennoch folgen hier mehrere Hinweise:

1. Standardprozesse zu etablieren und zu pflegen ist Wissensmanagement. Wissensmanagement erfordert Zeit. Sie benötigen daher neue Zuständigkeiten und Befugnisse.
2. Sie haben die Möglichkeit, eine Abteilung dafür zu gründen oder alternativ Entwicklern, Projektleitern, Qualitätssicherung etc. in Ihrem Unternehmen diese Aufgabe als zusätzliches persönliches Mitarbeiterziel zu geben.
3. In beiden Fällen müssen Sie als Vertreter des höheren Unternehmensmanagements jedoch
   - Mitarbeiter mit Erfahrung in erfolgreich abgelaufenen Projekten einsetzen. Auch wenn gerade diese »immer überall gebraucht werden«, ist dies absolut notwendig, wenn Sie, anstatt Elfenbeintürme zu errichten, wirkliches praktisches und pragmatisches Wissen zur Vermeidung systematischer Produktfehler anbieten wollen.
   - Sie müssen demonstrieren, dass Sie Standardprozesse wollen und aktiv unterstützen. Stehen Sie nicht dahinter, merken das Ihre Mitarbeiter, und der Gewinn aus Standardisierung wird nicht eintreten. Ein Strudel aus Negativerfahrungen beginnt, begleitet vom Verbrennen der Idee und dem Schimpfen auf Prozessassessmentmodelle, die daran nicht Schuld sind.
4. Das inhaltliche Einbeziehen der Basis, d.h. der Prozessanwender, ist der absolut wichtigste Erfolgsfaktor. Involvieren Sie daher hierfür erfahrene, konstruktive Meinungsführer.
5. Sollten Sie sich dazu entschließen, eine Abteilung zu gründen, dann erzwingen Sie kein Durchrotieren in der Breite, d.h. das zeitlich begrenzte hauptberufliche Mitwirken aller Prozessanwender in dieser Abteilung. Akzeptieren Sie, dass Menschen verschiedene Interessen und Begabungen haben. Besitzt ein erfahrener, meinungsführender Praktiker keine Faszination für das Pflegen von Standardprozessbeschreibungen, wird er dies auch nicht mit Engagement und Hingabe zu Qualität tun.

6. Wissen ist ein Produkt! Standardprozessentwicklung und -pflege muss daher nach derselben Disziplin geschehen wie technische Produktentwicklung: gemeinsame Erarbeitung von Inhalten, Versionieren der Prozesselemente, Baselining, Testen durch Pilotieren in *repräsentativen* Projekten, Prozessrelease veröffentlichen und Ausrollen durch Ausbildung und Leisten von Support für die Projekte.
7. Setzen Sie als Führungsperson das Erreichen eines Capability Level *niemals* als ein persönliches, gehaltsbonusrelevantes Ziel von individuellen Mitarbeitern. Das Erreichen eines CL ist ein *strategisches* Ziel und liegt auf den Schultern *vieler*, es kann daher per se nicht von Einzelpersonen garantiert werden und kein persönliches Mitarbeiterziel sein. Was jedoch persönliche Mitarbeiterziele sein können, sind konkrete Aufgaben, die sich aus internen oder externen Assessments ergeben.

Weitere Methoden zur Ermittlung von Prozesseignung

Nutzen Sie, allein oder kombiniert, folgende weitere Möglichkeiten:

- **Auswertung der Prozesseinhaltung über Auswertung des Status der Arbeitsprodukte**
  Erinnern Sie sich an Exkurs 7 (S. 73) über das Ausnutzen des Status der Konfigurationselemente mit seinen CRs und ganzer Baselines zur Projektsteuerung. Dies können Sie auch als Information über Prozesseinhaltung ausnutzen, wenn Sie über die Zeit und Projekte bestimmte Muster erkennen: Welche Arbeitsprodukte werden typischerweise nicht oder nur sehr spät erzeugt? Das gibt Ihnen potenzielle Hinweise auf die Eignung und Attraktivität des Standardprozesses (s. Abb. 6–16).

- **Interne Prozessassessments**
  Verfügen Sie über eigene, qualifizierte Assessoren dann führen Sie interne Automotive SPICE-Assessments durch. Bei der Wahl der Projekte hilft Ihnen die oben genannte quasiautomatische Prozessauswertung.

  Stellen Sie ansonsten eine repräsentative Projektauswahl sicher, denn es ist logistisch kaum möglich und wirtschaftlich auch nicht sinnvoll, sich jedes Projekt anzusehen. Achten Sie dabei aber darauf, dass Sie *sowohl* solche Projekte wählen, von denen Sie auch ohne die o.g. quasiautomatische Prozessauswertung wissen können, dass sie erfolgreich nach Standard laufen, *als auch* solche, von denen Sie wissen können, dass sie es nicht tun. Nur dies bringt wirklich nützliche Sichtbarkeit in die Phänomene, die bei Ihnen tagtäglich real passieren.

  Halten Sie bei internen Assessments große Nähe zu den Entwicklern, d.h., *wünschen Sie explizit* deren offene Kritik am Standardprozess und leben Sie den Anspruch, Sprachrohr der Anwender zu sein – in der Praxis von Standardprozessen fühlen sich besonders die Mitarbeiter von sehr großen Unternehmen oft unbeachtet.

6.1 PA 3.1 und PA 3.2

Project XXX		System <sample1> <date> <date>	HW <sample2> <date> <date>	SW <sample1> <date> <date>	SW <sample2> <date> <date>	SW <sample3> <date> <date>
	Start End					
1. Project Management						
Project Plan						
Project Schedule						
2. System						
2.1 System Requirement Analysis						
System Requirements Specification (SRS)						
Hazard & Risk Analysis Revision						
2.2 System Design						
Mechatronic System Requiremens Specification (SRS)						
System FMEA						
3. Hardware						
Schematic						
Fault Trees						
FMEDA						
Worst case Analysis						
Layout						
Hardware Software Interface (HWSWIF)						
4. Software						
Software Design Description (SWDD)						
MISRA Compliance / Deviation Report						
Source Code Baseline						
4. Integration Testing						
4.1 HW-SW						
HW SW Test Description (HWSWIF TD)						
HW SW Interface Test Report (HWSWIF TR)						
4.2 SW-SW						
SW SW Test Description (SW TD)						
SW SW Test Report (SW TR)						
2.4 System Test						
SRS Testdescription (SRS TD)						
SRS Test Report (SRS TR)						
Product Release V0,1,2						
SRS TD (EMC)						
SRS TR (EMC)						
SRS TD (Environmental Compatibility)						
SRS TR (Environmental Compatibility)						
Safety Case						

Abb. 6–16 *Auszug aus [Metz 12], automatisierter Bericht zur Verfolgung von Arbeitsprodukterzeugung nach Standardprozess. Vertikal Arbeitsprodukte, horizontal Termine zu Lieferständen. Hellgrau = Arbeitsprodukt existiert vollständig zu der vorhergesehenen Zeit, Mittelgrau = es ist existiert nur unvollständig zum vorgesehenen Zeitpunkt. Dunkelgrau = es existiert nicht zum vorgesehenen Zeitpunkt, Dies ist nicht nur Teil der Überwachung der Standardprozesseinhaltung, sondern auch ein Mittel für die Projektleiter, den Arbeitsfortschritt zu erfassen.*

Externe Prozessassessments

Im Gegensatz zu internen Prozessassessments haben Sie hier den zusätzlichen Vorteil, dass Sie neutrale Kritik an Ihren Standardprozessen bekommen, denn als interner Assessor erleiden Sie über kurz oder lang eine gewisse Betriebsblindheit. Beachten Sie auf der anderen Seite, dass externe Assessoren nie ein vergleichbares Produktwissen haben, was ein Hindernis beim Bewerten von Stichproben sein kann, wie z. B. bei der Beurteilung der Präzision von Anforderungen.

Lessons Learned

Am Ende eines Projekts wird durch einen Präsenztermin relevanter Projektteilnehmer frei diskutiert, was positiv und negativ gewesen ist. Dies geschieht mit dem Fokus darauf, was tatsächlich auch verbesserbar ist. Dies muss den Standardprozess, aber auch das gewählte Tailoring (s. o.) explizit mit beinhalten. Das bedeutet aber nicht allein nur die Richtung von Prozessanwendern zu Standardprozessredakteur bzw. Standardprozessverantwortlicher – es bedeutet auch Erfahrungsfeedback von den Anwendern an die Werkzeugadministratoren im Unternehmen!

Erfahrung aus Mentoring

Eine Methode, um Personen für ihre Rollen zu qualifizieren, ist *Mentoring* (siehe Beispiel 9, S. 41). Die Mentoren können äußerst wertvolles Feedback liefern, da dieses direkt von der Basis der praktischen Durchführung kommt.

> **Hinweis 53 für Assessoren**
> **GP 3.2.6: Einholung von Prozesskritik und SUP.1**
>
> Das Überwachen von Standardprozesseinhaltung und das Sammeln von Prozesskritik bedeutet Prozessqualitätssicherung, d. h. prägt auch BP 3 von SUP.1 aus.

Kultur der offenen Kommunikation

Alle oben genannten Mechanismen sind Hilfsmittel und unterstützen das Sammeln von Prozesskritik. Das darf aber nicht über Folgendes hinwegtäuschen: Standardprozesse sind gemeinsame Vereinbarungen, wie man in sämtlichen Projekten vorgehen möchte. Das heißt, es wurde gemeinsam geteiltes Wissen (über Arbeitsabläufe) von Menschen geschaffen. Deswegen ist auch die Pflege und Weiterentwicklung dieses Wissens etwas, was von den Mitarbeitern getragen werden muss. Sie benötigen deshalb eine Kultur des Sich-Mitteilens. Begünstigen Sie dies, indem Sie

- wenn möglich räumliche Nähe zwischen Prozessredakteuren bzw. Prozessverantwortlichen und den Prozessanwendern herstellen sowie
- interessierte Prozessanwender teilzeitlich oder zeitlich begrenzt zu Prozessredakteuren bzw. Prozessverantwortlichen machen.

Managementreviews

Die GP 3.1.5 spricht den Bedarf von *Managementreviews* an. Daher wird dies vielfach als ein Mittel gesehen und beschrieben, an Information über Eignung der Standardprozesse zu kommen. Tatsächlich aber kann das Linienmanagement dies nicht leisten, da es die Prozesse operativ nicht durchführt. Es nimmt zwar z. B. teil an Aufwandsschätzungen, liefert personelle Ressourcen für Projekte oder fungiert als Teilnehmer in Projektsteuerkreisen. Verbesserungsvorschläge und Feedback aber bzgl. aller gesamtheitlichen Regeln, Methoden, Vorgehensweisen, Vorlagen etc. im Detail der Produktentwicklung können nur von der Basis kommen, die die Prozesse tatsächlich ausführt. Managementreviews stellen daher keine Methode für die Beurteilung der Eignung der Standardprozesse dar.

Was das höhere Management jedoch tun wird und tun muss, ist, das Aufbauen und Einhalten von Standardprozessen wie auch das Schaffen von Produktlinien- und Baukastenansätzen aktiv einzufordern und durch Gewährung der notwendigen Ressourcen möglich zu machen (*Management Commitment*). Ohne aktives Einfordern und Unterstützen bricht unternehmenspsychologisch jede Dauerhaftigkeit von Prozessen gegen den operativen Druck des Tagesgeschäfts in sich zusammen (Stichwort: Selbst vorleben, was eingefordert wird). Prozesserfolg im Unternehmen ist eine vom Management eingeforderte und unterstützte, kollektive Verantwortlichkeit!

Da dies die Aufgabe des Managements ist, hat es aber auch das Recht und *muss* das Interesse daran haben, Einsicht in den Prozesserfolg zu gewinnen. *Dies* vermittelt die dauernde Botschaft an die Basis, dass das Management es mit dem Erreichen von Prozessniveau und einer offenen Kultur ernst meint. Wichtig für das Management ist also nicht das Detail der Prozesseignung, sondern

- den nachweislichen Erfolg von Prozessverbesserung zu erkennen und damit die Botschaft zu verstehen, dass das Erreichen von Prozessreife kein akademisches Nebenwerk ist, sowie
- Kenntnis zu bekommen von Problemen bei der Prozesseinhaltung, die nicht auf unteren Ebenen aufgelöst werden können, um sie beheben und Widerstände aufbrechen zu können.

Interpretieren Sie daher *Managementreview* so, dass Sie dem Management sinnvoll aggregierte Informationen aus (s. o.)

- externen Assessments,
- internen Assessments,
- Prozesseinhaltung über Auswertung des Status der Arbeitsprodukte sowie
- Status von Prozessverbesserungsprojekten

regelmäßig zur Verfügung stellen. Dieser Informationsfluss kann geschehen durch z. B.

- klassisches z. B. quartalsweises Auftreten auf Abteilungs- und Bereichsleitertreffen,
- Abfragen im Rahmen von Quality Gates; da Prozesstreue systematische Fehler reduziert, soll Prozesstreue auch ein Entscheidungskriterium für das Fortschreiten des Projekts sein, sowie durch
- regelmäßiges Versenden von elektronischen Cockpit-Charts der Prozesseinhaltung.

6.1.5 GP 3.2.2, GP 3.2.3, GP 3.2.4 – Sicherstellen der verlangten Kompetenzen der ausgewählten Personen

Automotive SPICE-Text [ASPICE3]:

»*GP 3.2.2: Weise Rollen, Verantwortlichkeiten und Befugnisse zur Ausführung des definierten Prozesses zu und kommuniziere diese. Die Rollen zur Durchführung des definierten Prozesses werden zugewiesen und kommuniziert. Die Verantwortlichkeiten und Befugnisse zur Durchführung des definierten Prozesses werden zugewiesen und kommuniziert.*«

»*GP 3.2.3: Stelle benötigte Kompetenzen zur Durchführung des definierten Prozesses sicher. Die entsprechenden Kompetenzen für das zugewiesene Personal werden ermittelt. Passende Qualifikation steht den Mitarbeitern, die den definierten Prozess anwenden, zur Verfügung.*«

»*GP 3.2.4: Stelle Ressourcen und Informationen bereit, um die Durchführung des definierten Prozesses zu unterstützen. Benötigtes Personal wird bereitgestellt, zugewiesen und genutzt. Notwendige Informationen zur Ausführung des Prozesses werden bereitgestellt, zugewiesen und genutzt.*«

Exkurs 23
Zum von GP 3.2.3 benutzten Terminus *Training*

Automotive SPICE benutzt bei GP 3.2.3 im englischen Original den Begriff *training*. Im Deutschen wird unter diesem Begriff oft die *Methode* der (Frontal-)Schulung missverstanden oder diesem gar gleichgesetzt.

Im Englischen meint dieser Begriff jedoch keinerlei Einschränkung auf irgendeine Methode. Die tatsächliche Bedeutung kommt vielmehr dem deutschen Begriff *Ertüchtigung* oder *Qualifikation* am nächsten. Daher verwende ich hier letzteren Begriff.

In allen diesen drei GPs ist die Rede von personellen Ressourcen, es geht dort jeweils um verschiedene Teilaspekte. Diese editoriale Aufteilung hat aber bei folgendem Verständnis keinerlei praktische Bedeutung: Es werden diejenigen Mitarbeiter für die Übernahme der Rollen ausgewählt, die die erforderlichen Fähigkeiten besitzen. Stehen keine entsprechend qualifizierten Mitarbeiter zur Verfügung, so müssen

- sie qualifiziert werden (Ansätze und Methoden für eine solche Qualifizierung siehe Beispiel 9, S. 41) oder
- Externe beschafft werden. Diese können wiederum als Mentoren für interne Mitarbeiter eingesetzt werden (siehe Beispiel 9, S. 41).

6.1.6 GP 3.2.5 – Sicherstellen der Nutzung aller verlangten Infrastruktur

Automotive SPICE-Text [ASPICE3]:

»*GP 3.2.5: Stelle eine angemessene Prozessinfrastruktur bereit, um die Ausführung des definierten Prozesses zu unterstützen. Die benötigte Infrastruktur und Arbeitsumgebung steht zur Verfügung. Es gibt einen Support durch die Organisation, um die Infrastruktur und Arbeitsumgebung effektiv zu managen und zu pflegen. Die Infrastruktur und Arbeitsumgebung werden genutzt und gepflegt.*«

Zu den Ressourcen zählen u.a. Budget, Mitarbeiter sowie Softwarewerkzeuge und Infrastruktur (vgl. Abschnitt 4.1.2, S. 40). Da alle personellen Aspekte in GP 3.2.2, GP 3.2.3 und GP 3.2.4 behandelt werden, bleibt für GP 3.2.5 das Bereitstellen von Arbeitsumgebung, Infrastruktur und Softwarewerkzeugen sowie Budget. Zudem müssen alle benötigten Eskalationspfade bekanntgegeben und ggf. technisch eingerichtet werden.

Es gibt aber noch eine weitere Perspektive, und zwar die der »Arbeitsergebnis-Ernte« [Metz 09]: Arbeitsprodukte aus anderen oder Vorgängerprojekten können wieder- oder weiterverwendet werden. Dies folgt allein schon aus dem Hauptszenario der Produktentwicklung Übernahme, und für das zweite Hauptszenario *Applikation einer Produktlinie* ist Wiederverwendung ohnehin gegeben. Betreiben Sie also aus Qualitäts- und Effizienzgründen »Arbeitsergebnis-Ernte«.

Hinweis 54 für Assessoren
Arbeitsergebnis-Ernte **und REU.2**

Der Hinweis auf Weiter- und Wiederverwendung von Arbeitsergebnissen vorhergehender Projekte ist ein Beitrag zum Prozess REU.2 *Reuse Program Management*, und zwar zu

- BP 2 »… *Identifiziere gleichartige Eigenschaften von Systemen und deren Komponenten, die als wiederverwendbare Ergebnisse fungieren können …*«
- BP 3 »… *Untersuche jedes Fachgebiet nach potenziellen Nutzungs- und Einsatzzwecken von wiederverwendbaren Komponenten und Produkten*«.

Beachten Sie jedoch, dass das Wiederverwenden von Arbeitsergebnissen wirklich nur ein Teilbeitrag ist und nicht bereits einen vollen REU.2 bedeutet, denn dieser Prozess verlangt nach einer systematischen, auf Organisationsebene institutionalisierten Strategie.

Für die Softwarewerkzeuge und Infrastruktur, die im Standardprozess genannt werden, werden Sie unternehmensweite Administratoren haben (z.B. IT-Bereiche) [Metz 09]. Dies ist insbesondere deswegen unerlässlich, da

- für genug Lizenzen gesorgt werden muss,
- Nutzer und ihre Rechte eingerichtet werden müssen (vgl. hierzu auch S. 211 und Abb. 6–11),

- Repositories aufgesetzt werden müssen und
- das Anpassen von Softwarewerkzeugen veranlasst (*customizing* oder *scripting*) werden muss wegen Prozess-Tailoring und Prozessverbesserung.

Insofern gilt der Hinweis 28 für Assessoren (S. 96) ebenso für CL3.

6.2 Bewertungshilfen aus Sicht von CL3

Im Folgenden finden sich Konsistenzwarner (K), Abwertungsgründe (AG) und Nicht-Abwertungsgründe (NAG) aus Sicht einer bestimmten GP des CL3 gegenüber bestimmten BPs der angegebenen Prozesse, und zwar *allgemein*. Die Regeln beinhalten diejenigen aus [intacsPA], gehen aber darüber hinaus.

Die folgende Tabelle skizziert eine Übersicht:

→	MAN.3	SUP.1	SUP.8	SUP.9	SUP.10	CL1 generell	CL2 generell
GP 3.1.1							
GP 3.1.2							
GP 3.1.3						AG	
GP 3.1.4							
GP 3.1.5		K					
GP 3.1.6							
GP 3.2.1							
GP 3.2.2							
GP 3.2.3	K						
GP 3.2.4							
GP 3.2.5							
GP 3.2.6		K					

Tab. 6–1 *Zusammenhänge der GP des CL3 mit dem CL1 anderer Prozesse*

6.2.1 Zwischen CL3 und CL1 anderer Prozesse

Für den Assessor bietet dieser Abschnitt hier Konsistenzwarner (K), Abwertungsgründe (AG) und Nicht-Abwertungsgründe (NAG) aus Sicht jeder GP 3.x.y an (die Unterschiede sind in Kap. 1 erklärt). Sie sollen die Bewertung erleichtern, indem sie zeigen, welche Schwächen bei GPs welcher Prozesse sich negativ auf BPs welcher anderen Prozesse auswirken und umgekehrt.

Abwertungsgrund 33
PA 3.1 standardisiert nicht alle Zielsetzungen von CL1

Der Vollständigkeit halber: PA 3.1 muss neben dem, was CL2 ausmacht (Abwertungsgrund 34, siehe S. 234), auch alles das standardisieren, was CL1 ausmacht.

Konsistenzwarner 12
GP 3.1.5 gegen SUP.1 BP 1 »Qualitätssicherungsstrategie«

Prüfen Sie, ob BP 1 von SUP.1 mit N bewertet werden kann, wenn die durchschnittliche Bewertung der GP 3.1.5 aller anderen Prozesse L oder F ist.

Beachten Sie aber, dass die Methoden zur Feststellung der Standardprozesseignung nur eine Teilmenge dessen sind, was eine QS-Strategie umfassen muss (vgl. Konsistenzwarner 7, S. 80). Merke: Die QS-Strategie umfasst aber noch mehr, so z.B. die Sicherstellung von Objektivität und wie Arbeitsprodukt-Qualitätssicherung erreicht wird.

Konsistenzwarner 13
GP 3.2.3 »Stelle notwendige Kompetenz sicher« gegen MAN.3 BP 6 »Stelle notwendige Fähigkeiten, Wissen und Kompetenz sicher«

Überprüfen Sie unter der Voraussetzung, dass Abwertungsgrund 33 (S. 233) vermieden wurde, ob MAN.3 BP 6 tatsächlich anders (d.h. höher oder geringer) bewertet sein kann als die durchschnittliche Bewertung der GP 3.2.3 aller anderen Prozesse.

Wenn ja, müssen Sie eine der beiden folgenden Schlüsse ziehen:
- Der Standardprozess wurde tatsächlich eingehalten. Dann wäre eine niedrigere Bewertung von MAN.3 BP 6 ein Widerspruch → gleichen Sie die Bewertungen MAN.3 BP 6 an.
- Der Standardprozess wurde gar nicht eingehalten, aber das Projekt erfüllt trotzdem die Leistung von MAN.3 BP 6 → werten Sie GP 3.2.3 ab.

Konsistenzwarner 14
GP 3.2.6 gegen SUP.1 BP 3 »Garantiere Prozessqualitätssicherung«

Überprüfen Sie unter der Voraussetzung, dass sowohl Abwertungsgrund 33 (S. 233) als auch Abwertungsgrund 34 (S. 234) vermieden wurden, ob SUP.1 BP 3 tatsächlich anders (d.h. höher oder geringer) bewertet sein kann als die durchschnittliche Bewertung der GP 3.2.6 aller anderen Prozesse.

Wenn ja, müssen Sie eine der beiden folgenden Schlüsse ziehen:

- Der Standardprozess wurde tatsächlich eingehalten. Dann wäre eine niedrigere Bewertung von SUP.1 BP 3 ein Widerspruch → gleichen Sie die Bewertungen SUP.1 BP 3 an.
- Der Standardprozess wurde gar nicht eingehalten, aber das Projekt erfüllt trotzdem die Leistung von SUP.1 BP 3 → werten Sie GP 3.2.6 ab.

6.2.2 Zwischen CL3 und CL2

Für den Assessor bietet dieser Abschnitt hier Konsistenzwarner (K), Abwertungsgründe (AG) und Nicht-Abwertungsgründe (NAG) aus Sicht jeder GP 3.x.y an (die Unterschiede sind in Kap. 1 erklärt). Sie sollen die Bewertung erleichtern, indem sie zeigen, welche Schwächen einer GP des CL3 sich negativ auf welche GPs des CL2 auswirken und umgekehrt.

Abwertungsgrund 34
PA 3.1 standardisiert nicht alle Zielsetzungen von CL2

PA 3.1 darf nicht nur alles das standardisieren, was CL1 ausmacht, sondern muss auch alle CL2-Leistungen einschließen. Zwar erwischen die GPs 3.1.2, 3.1.3 und 3.1.4 automatisch die GP 2.1.7 (Stakeholder-Management), GP 2.1.5 (Verantwortlichkeiten & Befugnisse) und GP 2.1.6 (Ressourcen), dennoch wird bei der Standardprozessdefinition oft Folgendes vergessen:

- Welche Prozessziele (Performance Objectives) einzuhalten sind
- Wie zu planen und zu überwachen ist (GP 2.1.2, GP 2.1.3)
- Wie Arbeitsprodukte zu prüfen sind (GP 2.2.4)
- Wie Arbeitsprodukte zu handhaben sind (GP 2.2.2)

Konsistenzwarner 15
Hohe Bewertung bei PA 3.2, aber niedrige Bewertung von PA 2.1 und PA 2.2

Überprüfen Sie unter der Voraussetzung, dass Abwertungsgrund 34 (S. 234) vermieden wurde, ob Sie PA 3.2 höher, PA 2.1 und PA 2.2 aber niedriger bewertet haben. Wenn ja, müssen Sie eine der beiden folgenden Schlüsse ziehen:

- Der Standardprozess wurde tatsächlich eingehalten. Dann ist eine niedrigere CL2-Bewertung aber ein Widerspruch → gleichen Sie die Bewertungen von PA 2.1 und PA 2.2 an.
- Der Standardprozess wurde gar nicht eingehalten, aber das Projekt erfüllt trotzdem die Leistung von PA 2.1 und PA 2.2 → werten Sie PA 3.2 ab.

6.2.3 Innerhalb CL 3

Für den Assessor bietet dieser Abschnitt hier Konsistenzwarner (K), Abwertungsgründe (AG) und Nicht-Abwertungsgründe (NAG) an (die Unterschiede sind in Kap. 1 erklärt). Sie sollen Hilfen für die Bewertung von GPs bieten, aber auch auf Bezüge zwischen GPs *innerhalb desselben* Prozesses hinweisen.

Abwertungsgrund 35
PA 3.1: Unpräzise Standardprozessbeschreibungen

Bewerten Sie PA 3.1 nicht höher als mit P, wenn der dokumentierte Standardprozess, ob inhaltlich vollständig oder unvollständig,

- nicht die konkrete Terminologie und Konzepte des Unternehmensausschnitts nutzt, sondern nur Aktivitäts- und Arbeitsproduktnamen aus Automotive SPICE, ISO, IEC, IEEE etc. nacherzählt,
- oder wegen fehlender Detailtiefe nur durch massive Interpretation praktisch konkret angewendet werden kann. Da Interpretation stets subjektiv ist, korrumpiert dies die Absicht des Standardisierens erheblich und es verfehlt das Ziel, eine wirkliche direkte Arbeitsanleitung für die Prozessanwender zu sein.

Der Grund für diese Bewertung ist, dass die GP 3.1.1 mit *Definiere einen Standardprozess, der den Einsatz eines definierten Prozesses unterstützt* nicht danach fragt, ob *irgendein* Standardprozess vorhanden ist, sondern ob er die Eigenschaft hat, seine Anwendung *direkt* und *operativ* im Projekt zu ermöglichen.

Konsistenzwarner 16
PA 3.2 hängt von PA 3.1 ab

PA 3.2 als Pendant zu PA 3.1 soll das zur Ausführung bringen, was PA 3.1 definiert hat. Nehmen wir an, Sie bewerten PA 3.1 mit P oder L und dieser Umfang wird in PA 3.2 auch eingehalten. Für PA 3.2 gibt es nun zwei Bewertungsphilosophien:

- PA 3.2 ≤ PA 3.1
  Vermittelt die Aussage, dass man immer nur so viel an Standard einhalten kann, wie durch PA 3.1 definiert ist. Diese Philosophie wird auch in den internationalen Ausbildungsunterlagen zum intacs™-certified Provisional Assessor motiviert.
- PA 3.1 > PA 3.2
  Vermittelt die Aussage, dass der Umfang an definiertem Standard, wie viel es auch immer sein mag, eingehalten wird.

Stellen Sie im Assessmentbericht und bei der Ergebnispräsentation dokumentativ eindeutig dar, welche von beiden Philosophien Sie angewendet haben!

Nicht-Abwertungsgrund 14
GP 3.2.6: Kein Feedback wegen zur kurzer Einsatzzeit des Standardprozesses

Ein Standardprozess muss eine hinreichende Zeitspanne aktiv gewesen sein, da sonst ein Feedback über die Prozesseignung nicht möglich ist.

Hinterfragen Sie diesen Nutzungszeitraum. Konnte sich wegen der noch kurzen Einsatzzeit des Standardprozesses noch kein solches Feedback entwickeln, dann werten Sie GP 3.2.6 nicht ab. Nehmen Sie stattdessen unter Rücksprache mit dem Assessmentsponsor aus dem Assessment-Scope den CL3 dieses Prozesses heraus.

Nicht-Abwertungsgrund 15
GP 3.2.6: Letztes Feedback liegt länger zurück

Stellen Sie fest, dass die letzten Nachweise länger zurückliegen und seitdem kein Feedback mehr ergangen ist, hinterfragen und ermitteln Sie genau, welcher der folgenden Gründe vorliegt:

- Der Standard ist bereits hinreichend ausgereift und akzeptiert, wie er ist. Bewerten Sie dann GP 3.2.6 mit F.
- Das Ausbleiben von Feedback bedeutet, dass der Feedback-Regelkreis nicht mehr gelebt wird (dies kann sich darin äußern, dass der Standard immer weniger gelebt wird), dies muss dann über GP 3.2.1 bis GP 3.2.5 beobachtbar sein.

Abwertungsgrund 36
PA 3.1: Standardprozess existiert, ist aber nicht bekannt

Wenn Sie der Meinung sind, PA 3.1 ist mit F zu bewerten, PA 3.2 jedoch mit N, da dem Projekt dieser Standard (aus welchen Gründen auch immer) gar nicht bekannt war, dann bewerten Sie PA 3.1 nicht mehr mit F, sondern ebenso mit N oder P.

Der Grund ist, dass GP 3.1.1 mit *Definiere einen Standardprozess, der den Einsatz eines definierten Prozesses unterstützt* nicht danach fragt, ob *irgendein* Standardprozess vorhanden ist, sondern ob er die Eigenschaft hat, seine Anwendung *direkt* und *operativ* im Projekt zu ermöglichen. Genau diese Eigenschaft ist aber nicht erfüllt, wenn er gar nicht bekannt ist.

Siehe dazu auch Hinweis 42 für Assessoren (S. 195), was es bedeutet, Standardprozesseinhaltung auf einem einzigen Projekt zu assessieren.

**Nicht-Abwertungsgrund 16
PA 3.1: Undokumentierter Standardprozess**

Ist der Standardprozess nicht dokumentiert, dann dürfen Sie PA 3.1 und PA 3.2 nicht abwerten, wenn Ihnen tatsächlich und vollumfänglich bewiesen werden kann, dass dennoch alle Ziele des CL3 erreicht werden (wie realistisch dies auch immer sein mag). Nur wenn Ihnen dieses nicht gezeigt werden kann, dann müssen Sie abwerten. Sie dürfen jedoch nicht ohne eine fundierte Prüfung grundsätzlich pauschal wegen fehlender Dokumentation abwerten, da Sie als Assessor bei Ihrer Bewertung tatsächliche Evidenz für oder gegen das Erreichen der CL3-Ziele nachweisen müssen. Zur Diskussion der Umsetzung durch Interviews siehe Hinweis 48 für Assessoren (S. 217).

7 Bewertungshilfen für CL1

Über den eigentlichen Zweck dieses Buchs hinaus, sich Capability Level 2 und 3 zu widmen, bietet dieses Kapitel zusätzlich Bewertungshilfen für die Prozesse auf und innerhalb Capability Level 1 an. Dabei werden auch hier Abwertungsgründe, Nicht-Abwertungsgründe und Konsistenzwarner angegeben, deren Unterschiede in Kapitel 1 erklärt sind. Diejenigen Bewertungshilfen, die aus [VDA_BG] entlehnt sind, sind entsprechend referenziert.

Folgendes ist wichtig für das Verständnis, warum vieles in diesem Kapitel in Konsistenz zu [VDA_BG] als Abwertungsgrund deklariert ist: Nehmen wir z.B. an, die Systemanforderungen in SYS.2 sind unvollständig oder inadäquat beschrieben, weswegen BP 1 mit P oder L bewertet wurde. Für die Bewertung der nachfolgenden BPs gibt es nun grundsätzlich zwei Bewertungsphilosophien:

- **Folge-BPs ≤ BP 1**
  Drückt aus, dass man nur das strukturieren, bewerten und weiterbehandeln kann, was man inhaltlich überhaupt geschafft hat.
- **Folge-BPs ≥ BP 1**
  Drückt aus, dass das Strukturieren, Bewerten und Weiterbehandeln des wenigen aus BP 1 dennoch gut gemacht wird.

In [VDA_BG] hat man sich allein für die erste Bewertungsphilosophie entschieden, der hier aus Konsistenzgründen auch gefolgt wird.

7.1 Die CL1-Bewertung eines Prozesses ist nicht abhängig von der eines »Vorgängerprozesses«

Beispielszenario

Nehmen wir an, der Anforderungsprozess wird für PA 1.1 mit N oder P bewertet, weil die Anforderungen unvollständig sind. Nehmen wir weiter an, der Testprozess verarbeitet diesen geringen Output jedoch vollständig.

Vermutung

Man könnte folgende strenge Abhängigkeit vermuten: Der Testprozess kann auch nur N oder P sein. Scheinbare Begründung: Es wird nicht alles getestet, was getestet werden müsste, weil ja der Input bereits unvollständig ist.

Das Gleiche könnte man auf Anforderungsprozesse vs. Architektur-/Designprozesse beziehen.

Das Problem

Diese Vorgehensweise würde dazu führen, dass alle anderen Prozesse ebenfalls CL0 erhalten würden (*process flatlining*), inkl. der SUP-Prozesse, denn wo wenig ist, kann auch nur wenig an CRs gestellt werden, unter Konfigurationsmanagement stehen etc.

Zu sagen, alle Prozesse erreichen nicht ihr Ziel, weil das Endprodukt inhaltlich unvollständig ist bedeutet, Automotive SPICE fälschlicherweise als eine Produktbewertung oder zumindest als Prozessdurchdringungsbewertung misszuverstehen, wofür SPICE-Modelle aber nicht definiert sind.

Das tatsächliche korrekte Verständnis ist:

a) SPICE-Modelle sind nach ISO/IEC 15504 und ISO/EC 330xx definiert als ein Messinstrument für Prozesse.
b) Dieses Messinstrument ist dabei konkret entworfen für die Bewertung der Prozessbefähigung in Form von Capability Level.
c) Ein Capability Level ist eine prozessindividuelle Bewertung, d.h. unabhängig von dem anderer Prozesse.
d) SPICE-Modelle abstrahieren von Phasenmodellen (vgl. Abschnitt 3.2 und MAN.3 BP 2).
e) Ein Assessment betrachtet eine beliebige Menge von Prozessen, d.h., es kann auch nur genau ein Prozess sein (z.B. der Testprozess allein).
f) Wird ein PA 1.1 nicht mit F bewertet, dann muss eine Schwäche ausweisbar sein, die allein aus den Forderungen der Ergebnisse bzw. Indikatoren ableitbar ist.

Zweck und Stärke der daraus entstehenden Prozessprofile ist es, dass sie sowohl über die inhaltliche als auch über die methodische Leistungsfähigkeit jedes einzelnen Prozesses informieren.

Was das für Assessoren bedeutet

Aus a) bis f) ergibt sich, dass für jeden einzelnen Prozess individuell bewertet werden muss, ob

7.1 Die CL1-Bewertung eines Prozesses ist unabhängig

- die Methoden geeignet sind, die Ergebnisse zu erreichen (Beispiel: Ist die Teststrategie für den betrachteten Kontext sinnhaft gewesen?) und
- er die Ergebnisse vollständig erreicht, und zwar gemessen an der Menge des Inputs, die ihn erreicht, und nicht an der Menge des Inputs, die ihn hätte erreichen müssen (Beispiel: Der Testprozess hat 90 % der ihm hereingereichten 500 Anforderungen ordnungsgemäß getestet, obgleich der Anforderungsprozess 1500 hätte liefern müssen). Diese Inputmenge muss aber gleichzeitig so hoch sein, dass man beim Bewerten das valide Vertrauen erreichen kann, dass die o.g. Methodik funktioniert (wie könnte man den Testprozess auf Inputbasis von nur 2 vorliegenden Anforderungen bewerten?).

Für unser Beispiel heißt das:

Der Testprozess funktioniert bzgl. seiner Ergebnisse tadellos. Das Gefühl, »man kann ihn nicht mit F bewerten, wenn der Anforderungsinput bzgl. des Endprodukts zu klein ist«, darf keine Grundlage sein und ist formal unrichtig, weil dies keine Prozessschwäche ist, die aus den Process Outcomes des Testprozesses ableitbar ist.

Wegen dieser lokal zu beurteilenden Mindest-Inputmenge würde es auch nichts nützen, Folgendes zu tun:

a) Den Assessment-Scope hinreichend eng ziehen, z.B. von den 20 Systemfunktionalitäten betrachten wir im Assessment nur 3 (weil nur diese bisher getestet wurden).
b) Die Anforderungen aller 7 ungetesteten Funktionalitäten »schnell löschen, bevor der Assessor kommt«.

Sollte die lokale Mindestmenge jedoch tatsächlich zu klein sein, dann ist der Prozess nicht bewertbar und daher mit Information an den Assessmentsponsor aus dem Assessment-Scope herauszunehmen. Auch diese Reaktion verbleibt folgerichtig bezogen auf die dem Prozess gelieferte, lokale Inputmenge [Dornseiff & Metz 15], [Hamann & Metz 15].

Ist dann eine Produktaussage nicht mehr möglich?

Durch Betrachten des Prozessprofils kann jede weitere Schlussfolgerung gezogen werden, auch eine für das Gesamtprodukt. Solche Schlussfolgerungen könnten wichtige Hinweise für z.B. eine Produktfreigabeentscheidung sein – sie sind aber nicht dasselbe wie die Prozessprofile. Denn: Das Prozessprofil unseres Eingangsbeispiels liefert die folgende Information:

- Der Anforderungsprozess verfehlt sein inhaltliches Ziel.   (SYS.2 = P)
- Methodische Testfähigkeit wird geleistet.   (SYS.5 = F)

Die zusätzliche Schlussfolgerung daraus ist:

■ Das Gesamtprodukt ist inhaltlich unzureichend.

Folgt man der missverstandenen Sichtweise des *process flatlining*, ginge die zweite Information über die methodische Leistungsfähigkeit verloren. Diese Information ist aber wesentlich für die Prozessweiterentwicklung. *Process flatlining* schränkt also den Mehrwert des Assessmentergebnisses für die Assessierten ein.

Siehe hierzu verwandte Diskussionen in Fußnote 4, S. 24.

7.2 SYS.2, SWE.1 – Anforderungsanalyse auf System- und Softwareebene

Abwertungsgrund 37
BPs hängen inhaltlich voneinander ab

Sie stellen für BP 1 fest, dass die Anforderungen inadäquat beschrieben oder unvollständig sind. Da alle Folge-BPs inhaltlich von BP 1 abhängen, bewerten Sie diese BPs nicht höher als BP 1.

7.3 SYS.3, SWE.2 – Architektur auf System- und Softwareebene

Abwertungsgrund 38
BPs hängen inhaltlich voneinander ab

Sie stellen für BP 1 fest, dass die Architektur inadäquat beschrieben oder unvollständig ist. Da alle Folge-BPs inhaltlich von BP 1 abhängen (auch dynamisches Verhalten und Interface-Definition gehen von dem Vorliegen einer statischen Architektur aus), bewerten Sie diese nicht höher als BP 1.

7.4 SWE.3 – Softwarefeindesign und Codierung

Abwertungsgrund 39
BPs hängen inhaltlich voneinander ab

Sie stellen für BP 1 fest, dass das Feindesign inadäquat beschrieben oder unvollständig ist. Da alle Folge-BPs inhaltlich von BP 1 abhängen (auch dynamisches Verhalten und Interface-Definition gehen von dem Vorliegen eines statischen Feindesigns aus), bewerten Sie diese nicht höher als BP 1.

7.5 Strategie-BPs (SWE.4, SWE.5, SWE.6, SYS.4, SYS.5, SUP.1, SUP.8, SUP.9, SUP.10)

Nicht-Abwertungsgrund 17
Eine Strategie muss nicht pauschal immer dokumentiert sein

Mit einer Strategie ist Folgendes gemeint: Die am Vorgehen Beteiligten haben proaktiv unter Abwägung von Für und Wider eine Absprache getroffen, wie sie gemeinsam vorgehen wollen, um die Prozessergebnisse zu erreichen.

Dieses Vorgehen ist dem Assessor zu beweisen und auch, dass es gelebt wird und effektiv ist.

Dies kann in bestimmten Kontexten bedeuten, dass diese Strategie nicht zwingend aufgeschrieben sein muss, um gelebt zu werden und effektiv zu sein. Worum es in *jedem* Kontext geht, ist, nachzuweisen, dass eine Absprache existiert, diese eingehalten wird und effektiv bzgl. der Ergebnisse ist. Dies ist nicht dieselbe Frage wie die des Dokumentiertseins, denn Dokumentiertsein allein garantiert die genannten Erwartungen noch nicht. Für bestimmte Kontexte (wie z.B. sehr kleine, lokale, nicht verteilte oder sehr kurze Projekte) kann dies bedeuten, dass mündliche Absprachen genügen, um die o.g. Erwartungen zu erfüllen.

Siehe dazu auch Hinweis 10 für Assessoren (S. 47) und Nicht-Abwertungsgrund 7 (S. 89).

Nicht-Abwertungsgrund 18
Abgewertete Strategie führt u.U. nicht zum Abwerten des ganzen Prozesses

BP 1 bildet mit der Strategie die Grundlage für alle Folge-BPs ab BP 2. Dennoch sollten Sie nicht sofort den ganzen Prozess abwerten, auch wenn Sie die Strategie zurecht kritisieren können. Grund: Die BPs ab BP 2 können aus Eigeninitiative der Entwickler heraus anders als die Strategie es vorgibt, aber dennoch gut gemacht werden. Es gilt hier also nicht zwingend Folge-BPs ≤ BP 1. Der Prozess kann auf CL1 in solch einem Falle durchaus mit L bewertet werden.

7.6 SWE.4 – Software-Unit-Verifikation

Beachten Sie hier auch Nicht-Abwertungsgrund 17 (S. 243) und Nicht-Abwertungsgrund 18 (S. 243).

Abwertungsgrund 40
BPs hängen inhaltlich voneinander ab

Sie stellen für BP 2 fest, dass die Menge der Verifikationskriterien inadäquat oder unvollständig ist. Da alle Folge-BPs inhaltlich von BP 2 abhängen, werten Sie diese nicht höher als BP 2.

7.7 SYS.4, SWE.5 – Integrationstesten auf System- und Softwareebene

Beachten Sie hier auch Nicht-Abwertungsgrund 17 (S. 243) und Nicht-Abwertungsgrund 18 (S. 243).

Abwertungsgrund 41
BPs hängen inhaltlich voneinander ab

Sie stellen für BP 3 fest, dass die Menge der Testfälle inadäquat oder unvollständig ist. Da alle Folge-BPs von BP 2 bzw. BP 3 abhängen, werten Sie diese nicht höher BP 2 bzw. BP 3.

Das Gleiche gilt für BP 4, die von BP 1 abhängt.

7.8 SYS.5, SWE.6 – System- und Softwaretest

Beachten Sie hier auch Nicht-Abwertungsgrund 17 (S. 243) und Nicht-Abwertungsgrund 18 (S. 243).

Abwertungsgrund 42
BPs hängen inhaltlich voneinander ab

Sie stellen für BP 2 fest, dass die Menge der Testfälle inadäquat oder unvollständig ist. Da alle Folge-BPs inhaltlich von BP 2 abhängen, werten Sie diese nicht höher als BP 2.

Das Gleiche gilt für BP 4, die von BP 1 abhängt.

7.9 MAN.3 – Projektmanagement

Konsistenzwarner 17
BP 4 »Steuern der Projektaktivitäten« gegen ...

- **... BP 2 Projektlebenszyklus**
  Prüfen Sie, ob die Aktivitäten oder Work-Breakdown-Struktur höher bewertet sein dürfen als der gewählte Projektlebenszyklus, da die Aktivitäten in diesen konsistent eingebettet sein müssen.

- **... die Strategie-BPs aller anderen Test- und Supportprozesse**
  Prüfen Sie, ob MAN.3 BP 4 *Steuern der Projektaktivitäten* höher bewertet sein darf als die durchschnittliche Bewertung der Strategien der SUP- und Testprozesse. Zwar sind Strategien etwas Abstrakteres als einzelne, gezielte Aktivitätsdefinitionen, aber unzureichende Strategien machen es wahrscheinlich, dass notwendige Aktivitäten vergessen werden.

Konsistenzwarner 18
BP 5 »Steuern der Schätzungen & Ressourcen« gegen ...

... BP 3 Machbarkeitsprüfung
Da es sinnvoll ist, bei der Machbarkeit die bis dato gemachten Schätzungen zugrunde zu legen, prüfen Sie, ob Machbarkeit höher bewertet sein darf als die Güte und Vollständigkeit der Schätzungen.

Machbarkeit kann aber tatsächlich höher bewertet sein, da in Automotive SPICE gemeint ist, die Machbarkeitsprüfung zu Beginn des Projekts durchzuführen. Schätzungen aber werden im Projektverlauf wiederholt [VDA_BG].

... PA 1.1 von MAN.5 Risikomanagement [VDA_BG]
Da MAN.3 BP 5 einen Bezug zu Projektrisiken besitzt, prüfen Sie, ob die Bewertung hier höher sein kann als die des gesamten MAN.5-Prozesses. Dies ist aber deshalb möglich, da MAN.3 BP 5 *nicht nur* auf Projektrisiken basiert, sondern u.a. auch auf Zielen des Projekts.

Konsistenzwarner 19
BP 8 »Steuern Zeitplan« gegen ...

... BP 4 Steuern Projektaktivitäten
Prüfen Sie, ob der Zeitplan höher bewertet sein darf als die Güte und Vollständigkeit der Definition der Projektaktivitäten, da ein Zeitplan ja genau auf diesen fußt. Das hängt jedoch davon ab, für welche Projektebene der betreffende Zeitplan gedacht ist.

Abwertungsgrund 43
BP 9 »Konsistenz aller Steuerung« gegen ...

... alle Plane-Überwache-Regle-BPs von MAN.3
Wenn diese BPs verschiedene Bewertungen haben (also manche z.B. nur geplant, aber nicht überwacht sind, oder überwacht, aber nicht angepasst werden), dann ist zweifelhaft, ob alle Informationen konsistent sein können.

(**Anmerkung:** Die direkt formulierte Aufgabe der BP 9 beinhaltet es bereits, darauf zu achten, dennoch halte ich diesen Hinweis für hilfreich.)

7.10 ACQ.4 – Zuliefererüberwachung

Abwertungsgrund 44
BP 2 »Alle vereinbarten Informationen austauschen« gegen …

- … BP 1 Gemeinsame Prozesse und Interfaces sowie Informationsfluss vereinbaren
  Wenn nicht klar definiert ist, welche die auszutauschenden Informationen sind und über welche Kanäle sie wie fließen müssen (BP 1), dann ist die Wahrscheinlichkeit höher, dass sie de facto dann auch nicht hinreichend ausgetauscht werden (BP 2).

Abwertungsgrund 45
BP 3 und BP 4 »Überprüfe die Entwicklungstätigkeiten/den Fortschritt des Zulieferers« gegen …

- … BP 2 Alle vereinbarten Informationen austauschen
  Wenn die vereinbarten Informationen gar nicht ausreichend ausgetauscht werden, dann ist der Zulieferer de facto nicht überwachbar.

Abwertungsgrund 46
BP 5 »Abweichungen korrigieren« gegen …

- … BP 3 und BP 4 Überprüfe die Entwicklungstätigkeiten/den Fortschritt des Zulieferers
  Wenn der Zulieferer unzureichend überwacht wird, können auch nicht alle notwendigen Reaktionen wie z.B. Vertragsanpassungen oder Entwicklungsentscheidungen getroffen werden.

7.11 SUP.1 – Qualitätssicherung

Beachten Sie hier auch Nicht-Abwertungsgrund 17 (S. 243) und Nicht-Abwertungsgrund 18 (S. 243).

Abwertungsgrund 47
BP 2 »QS auf Arbeitsprodukte« gegen …

- … SUP.8 BP 8 »Überprüfe die Informationen von Konfigurationselementen«
  Beim Verständnis von QS auf Arbeitsprodukte (SUP.1 BP 2) wird meist vergessen, Folgendes von SUP.8 in Bezug zu setzen:
  - Baseline-Audits
  - Baseline-Reproduktionsprüfungen
  - Prüfen Eincheckkommentare und/oder Revisionshistorien von Konfigurationselementen

Werten Sie also SUP.1 BP 2 ab, wenn dies bei SUP.8 unzureichend geschieht.

Abwertungsgrund 48
BP 4 »Zusammenfassen und Berichten von QS-Ergebnissen« gegen ...

- **... BP 2 und BP 3, QS auf Arbeitsprodukte und Prozesse**
  Es kann nur das an QS-Informationen berichtet werden, was auch generiert wird. Werten Sie daher BP 4 nicht höher als BP 2 und BP 3.

Abwertungsgrund 49
BP 5 »Auflösen von QS-Befunden« gegen ...

- **... BP 2 und BP 3, QS auf Arbeitsprodukte und Prozesse**
  Es können nur Befunde in dem Umfang gelöst werden, in dem sie auch identifiziert werden. Werten Sie daher BP 5 nicht höher als BP 2 und BP 3.

Konsistenzwarner 20
BP 5 »Auflösen von QS-Befunden« gegen ...

- **... BP 6 »Eskalation an Management«**
  Prüfen Sie, ob BP 5 geringer bewertet sein darf als BP 6. Dies kann aber der Fall sein, wenn alle Befunde, die zu eskalieren waren, vom Management auch tatsächlich behandelt wurden, aber viele auf der Arbeitsebene auflösbare Befunde vernachlässigt wurden.

Konsistenzwarner 21
BP 6 »Eskalation an Management« gegen ...

- **... BP 5 »Auflösen von QS-Befunden«**
  Prüfen Sie, ob BP 6 geringer bewertet sein darf als BP 5. Dies kann dann der Fall sein, wenn es gar keine Befunde gab, die eskaliert werden mussten, weil man sich auf der Arbeitsebene einig war. In diesem Fall hätte sich ein fehlender oder unzureichender Eskalationsmechanismus gar nicht schadhaft ausgewirkt.

7.12 SUP.8 – Konfigurationsmanagement

Beachten Sie hier auch Nicht-Abwertungsgrund 17 (S. 243) und Nicht-Abwertungsgrund 18 (S. 243).

Abwertungsgrund 50
BP 2 »Konfigurationselemente bestimmen«

Die nachfolgenden BPs hängen von der Vollständigkeit der Konfigurationselementliste ab und können daher nicht höher bewertet werden als BP 2:

- BP 5 Lenkung von Modifikationen und Releases
- BP 6 Ziehen von Baselines
- BP 7 Status der Konfigurationselemente berichten
- BP 8 Prüfen der Metainformationen von Konfigurationselementen
- BP 9 Ablage und Speicherung von Konfigurationselementen und Baselines beherrschen

Abwertungsgrund 51
BP 9 »Speicherung von Konfigurationselementen und Baselines«

BP 9 kann nicht höher bewertet werden als die folgenden BPs:
- BP 2 Konfigurationselemente bestimmen
- BP 6 Ziehen von Baselines

7.13 SUP.9 – Problemlösungsmanagement

Beachten Sie hier ebenso Nicht-Abwertungsgrund 17 (S. 243) und Nicht-Abwertungsgrund 18 (S. 243).

Abwertungsgrund 52
BP 2 »Probleme identifizieren und aufzeichnen«

Die nachfolgenden BPs hängen inhaltlich von BP 2 ab und können daher nicht höher bewertet werden als BP 2:
- BP 3 Status der Problemeinträge pflegen
- BP 4 Analysieren der Problemauswirkungen und -ursachen

Abwertungsgrund 53
BP 4 »Analysieren der Problemauswirkungen und -ursachen«

Die nachfolgenden BPs hängen inhaltlich von BP 4 ab und können daher nicht höher bewertet werden als BP 4:
- BP 5 Sofortmaßnahmen durchführen
- BP 6 Warnungen an Stakeholder ausgeben
- BP 7 Problemlösung initiieren

Abwertungsgrund 54
BP 8 »Problemauflösung bis zum Schluss verfolgen« gegen …

- … BP 3 Status der Problemeinträge pflegen
  Da man die Problemauflösung (meist durch Werkzeuge automatisiert) über deren Status auswertet, anstatt alle Problemeinträge immer wieder inhaltlich

durchzugehen mit der Frage »Ist er erledigt?«, kann die Bewertung von BP 8 nicht höher sein als die der BP 3.

Konsistenzwarner 22
Wechselwirkung zwischen Problemlösung und Stellen von CRs

Bestimmte Probleme können durch CRs gelöst werden (siehe BP 7 *Problemlösung initiieren*). Das bedeutet, dass das vorausgegangene Problem in SUP.9 nur dann geschlossen werden kann, wenn die CRs nach erfolgreicher Umsetzung oder begründeter Ablehnung geschlossen wurden (SUP.10 BP 7).

Prüfen Sie also, ob hier die Bewertung von SUP.9 BP 8 höher ausfallen darf als SUP.10 BP 7. Beachten Sie aber: Dies hängt davon ab, *wie viele* Probleme tatsächlich über CRs gelöst werden.

7.14 SUP.10 – Änderungsmanagement

Beachten Sie hier auch Nicht-Abwertungsgrund 2 (S. 78) und Nicht-Abwertungsgrund 17 (S. 243) zusammen mit Nicht-Abwertungsgrund 18 (S. 243).

Abwertungsgrund 55
BP 2 »Change Requests identifizieren und anlegen«

Die nachfolgenden BPs hängen davon ab, ob notwendige und beabsichtigte Change Requests auch tatsächlich angelegt wurden (BP 2). Sie können daher nicht höher bewertet werden als BP 2:

- BP 3 Status der Change Requests pflegen
- BP 4 Change Requests analysieren
- BP 5 Change Requests vor Umsetzung explizit bestätigen

Abwertungsgrund 56
BP 6 »Den Erfolg der Umsetzung der Change Requests überprüfen« gegen ...

- **... BP 4 Change Requests analysieren**
  Die Kriterien für die Überprüfung der Umsetzung (z.B. welche Tests oder Reviews die korrekte Umsetzung nachweisen) werden in BP 4 festgelegt. BP 4 kann daher nicht höher bewertet werden als BP 6. Diese Kriterien sind meist durch den Inhalt des Change Request implizit.

Abwertungsgrund 57
BP 7 »Change-Request-Umsetzung bis zum Schluss verfolgen« gegen ...

... BP 3 Status der Change Requests pflegen

Da man die CR-Umsetzung (meist durch Werkzeuge automatisiert) über deren Status auswertet, anstatt alle CRs immer wieder inhaltlich durchzugehen mit der Frage »Ist er erledigt?«, kann die Bewertung von BP 7 nicht höher sein als die der BP 3.

Abwertungsgrund 58
BP 6 »Bidirektionale Traceability herstellen« gegen ...

... BP 4 Change Requests analysieren

Wenn die CRs nicht genau analysiert werden, kann auch nicht festgestellt werden, welche Arbeitsprodukte sie berühren, und daher auch die Traceability zu diesen nicht hergestellt werden. Bewerten Sie daher BP 6 nicht höher als BP 4.

Anhang

A Abkürzungen und Glossar

AK Arbeitskreis

Arbeitsprodukt (Work Product) Ein Arbeitsprodukt (Work Product) in Automotive SPICE ist ein ergebnisorientiert geschriebenes Kriterium in einem Prozessassessmentmodell, das herangezogen werden kann, um zu beurteilen, ob ein Prozess seine Ergebnisse (Outcomes) erfüllt, d.h. den Capability Level 1 erreicht. Stellt eine Alternative zu einer BP dar.

ASIL Automotive Safety Integrity Level

Assessmentsponsor Der Fachbegriff der ISO/IEC 15504 und ISO/IEC 33002 für diejenige Person, die den Auftrag für das Assessment gibt und Empfänger des Assessmentergebnisses ist.

Baseline Das Ziehen einer Baseline (auch *Freeze*) bedeutet das Kennzeichnen von bestimmten Versionen bestimmter Dokumente/Konfigurationselemente als eine Einheit. Die Kennzeichnung wird dabei »Label« genannt. Ein solches Markieren wird daher auch als *tagging*, *baselining* oder *labeling* bezeichnet. Eine Baseline ist, einmal gezogen, nicht mehr veränderbar, und auch die Dokumente/Konfigurationselemente darin nicht. Benutzt werden Baselines, um Informationsstände zu sichern und später wieder darauf aufsetzen zu können, oder um sie einer anderen Partei zur weiteren Verarbeitung/Benutzung zu übergeben.

Baukasten siehe Kapitel 2, S. 5

BP (Basispraktik, Base Practice) Eine Basispraktik in Automotive SPICE bezeichnet ein tätigkeitsorientiert geschriebenes Kriterium eines Prozessassessmentmodells, was herangezogen werden kann, um zu beurteilen, ob ein Prozess seine Ergebnisse erfüllt, d.h. den Capability Level 1 erreicht. Stellt eine Alternative zu einem Arbeitsprodukt dar.

Build Ein in der Softwareentwicklung automatischer Vorgang, der typischerweise aus der Kompilierung des Quellcodes und dem Linken des kompilierten Codes an Bibliotheken besteht und ein ausführbares Programm erzeugt.

CAN Controller Area Network

Capability-Profil Zeigt die Capability Level aller assessierten Prozesse, die aus den Bewertungen (N,P,L,F) ihrer Prozessattribute zustande gekommen sind.

CCB — Change Control Board

CI — Configuration Item, Konfigurationselement

CL — Capability Level, Grad des individuellen Fähigkeitsniveaus eines einzelnen Prozesses.

Clock — Taktsignal mit einer bestimmten Taktfrequenz, das auf Basis eines Oszillators auf der Elektronikplatine erzeugt wird. Für Mikroprozessoren bestimmt es die Geschwindigkeit, mit der sie Daten verarbeiten können.

CMMI® — Capability Maturity Model Integration®, Prozessbewertungsmodell des Software Engineering Institute der Carnegie Mellon Universität.

CR — Change Request

Definierter Prozess Ein Standardprozess muss nicht unverändert in einem Projekt genutzt werden. Es ist Anpassung erlaubt (siehe auch *Tailoring*). Dafür nutzt Automotive SPICE den Begriff *definierter Prozess*, um ihn vom Begriff *Standardprozess* abzugrenzen.

Design Constraint (Einschränkung für den technischen Entwurf) Eine Anforderungsspezifikation darf keine Aspekte technischer Umsetzungslösungen enthalten, sondern sie muss designfreie Erwartungshaltungen an ein Produkt als *black box* spezifizieren. Der Grund dafür liegt darin, *nicht zu früh in Lösungen zu denken*, vollständig bzgl. der wirklichen Erwartungen zu sein und sich gleichzeitig nicht um Optimierungsmöglichkeiten zu bringen. Dennoch enthalten Kundenlastenhefte in der Praxis oft technische Vorgaben über reine Anforderungen hinaus. Diese sind vom Zulieferer prinzipiell infrage zu stellen, und nur die wirklich notwendigen technischen Vorgaben sind als *Design Constraint* gekennzeichnet in die eigene Systemanforderungsspezifikation zu übernehmen.

DIA — Development Agreement Interface, Entwicklungsschnittstellen-Vereinbarung. Stellt (oft in tabellarischer Form) dar, welche zusammenarbeitende Partei gegenüber welcher anderen für welche Gewerke, Informationen und Dokumente verantwortlich ist, der Erstellung zuarbeiten muss, an wen zu verteilen hat und zustimmen/abnehmen muss.

Dokumentenmanagement Elektronische Ablage und/oder Archivierung von digitalen oder digitalisierten Dokumenten. Durch die Möglichkeit von Ordnerstrukturen, Verschlagwortung, Indizierung und/oder kontextsensitive Suchfunktionen können die Dokumente aufgefunden und nach Inhalten durchsucht werden. Das inhaltsabhängige Vergeben von Zugriffsrechten ist eine sinnvolle Funktionalität. Dokumentenmanagementsysteme bieten oftmals auch Versionierung von Dokumenten an, verfügen aber im Gegensatz zu Konfigurationsmanagementsystemen nicht über Sperrung (Check-in/Check-out) einzelner Dokumente oder das Ziehen von Baselines.

A   Abkürzungen und Glossar

EMV   Elektromagnetische Verträglichkeit. Diese ist für ein technisches Gerät gegeben, wenn es andere Geräte nicht durch ungewollte elektrische oder elektromagnetische Effekte negativ beeinflusst.

ESD   Bei elektrostatischer Entladung (Electrostatic Discharge) handelt es sich um kurzzeitige Entladungen, die zwischen zwei verschiedenen Spannungsniveaus (Potenzialdifferenz) entstehen. Die Energie dieser Stromimpulse kann elektrische und elektronische Komponenten schädigen.

Exploratives Testen   Bezeichnet das Definieren von Tests, die nicht auf dokumentierten Anforderungen einer Spezifikation, sondern auf der Produkt- und Domänenerfahrung der Tester basieren. Sie ergänzen die anforderungsbasierten Tests aufgrund der Prämisse, dass Anforderungen nie zu 100 % vollständig sein werden.

F (Fully implemented)   Einer der vier Werte, den ein Prozessattribut bekommen kann. Wird vergeben, wenn der Umfang der Leistung etwa 85 % bis 100 % entspricht.

Fault Injection, Fehlerinjektion, Fehlereinbringung   Gezielte Manipulation des Testobjekts, um z. B. die Zuverlässigkeit, Robustheit oder das Greifen von Fehlerbehandlungen und deren Effektivität überprüfen zu können. Die Manipulation kann vor dem Test oder während des Testens geschehen. Dies kann z. B. erreicht werden für die Softwareebene durch Verfälschung von Variableninhalten, Inhalten von Mikrocontroller-Registern oder Inputdaten, für Softwareschnittstellen durch präparierte Parametersätze, durch Verzögerung von Tasklaufzeiten und falsche oder unterdrückte Busbotschaften. Für die Hardwareebene sind Beispiele das Erzeugen von Kurzschlüssen auf der Platine oder Pins von Mikrocontrollern oder Verfälschen der Konfiguration von IO-Registern.

FEM   Finite-Element-Methode

FMEA   Failure Mode and Effects Analysis

FMEDA   Failure Mode, Effects, and Diagnostics Analysis

GP (Generische Praktik, Generic Practice)   Generische Praktik. Kriterium für einen Prozess, um einen Capability Level höher als 1 zu erreichen.

Hardware-in-the-Loop   siehe HW-in-the-Loop

HiL   siehe HW-in-the-Loop

HW-in-the-Loop   Ein Verfahren, bei dem ein Steuergerät oder eine mechatronische Komponente getestet wird und die Sensorik und Aktuatorik oder auch die Last selbst von einem Simulationsmodell nachgebildet wird. Solch eine HiL-Simulation erzeugt die Sensordaten und speist sie in die analogen oder digitalen Eingänge des Steuergeräts bzw. der mechatronischen Komponente ein und liest ggf. auch deren Ausgänge zurück.

IEC International Electrotechnical Commission, Internationale Normungsorganisation für Normen im Bereich der Elektrotechnik und Elektronik. Einige Normen werden gemeinsam mit der ISO herausgegeben.

Inkrementell Einem Produkt, Dokument, Arbeitsprodukt, Prozessbeschreibung etc. etwas stufenweise hinzufügen, was vorher noch nicht existiert hat, oder etwas stufenweise entfernen, was vorher bereits Bestandteil war. Analogie: Hausbau.

IO Input/output für digitale oder analoge Informationen.

i.O. »In Ordnung«. Kennzeichnet das Ergebnis eines durchgeführten Testfalls, der positiv ausgegangen ist.

ISO International Standardization Organization, Internationale Organisation für Normung. Erarbeitet internationale Normen in allen Bereichen mit Ausnahme der Elektrik und der Elektronik (siehe IEC) und der Telekommunikation.

IT Informationstechnologie. Hier: (meist zentraler) Bereich eines Unternehmens, der sich um die Bereitstellung und Administration von PC-Arbeitsplätzen, Installation von Software und um Benutzerbetreuung kümmert.

Iterativ Inhalte eines Produkts, Dokuments, Arbeitsprodukts, einer Prozessbeschreibung etc., die bereist existieren, werden ergänzend und verfeinernd überarbeitet. Analogie: Meißeln einer Steinskulptur.

Konfigurationsmanagement Konfigurationsmanagement in der Produktentwicklung kann vereinfacht verstanden werden als die Bereicherung von Dokumentenmanagementsystemen um folgende Möglichkeiten:

- Verwaltung nicht nur von Dokumenten im klassischen Sinne, sondern jeder Art digitaler Arbeitsprodukte (z.B. Quellcodeelemente) oder Gruppierungen davon, beides sogenannte *Konfigurationselemente*
- Sperrung (Check-in/Check-out) einzelner Konfigurationselemente, um gesteuerte Bearbeitung zu garantieren
- Das Auswerten von Informationen und Status von Konfigurationselementen
- Das Ziehen von Baselines über Konfigurationselemente

L (Largely implemented) Einer der vier Werte, den ein Prozessattribut bekommen kann. Wird vergeben, wenn der Umfang der erwarteten Leistung etwa 50 % bis exklusive 85 % entspricht.

Label siehe *Baseline*

Legacy Bezeichnet insbesondere in der Softwareentwicklung Altlasten an Quellcode oder Bibliotheken, die nicht mehr neuen Anforderungen an Qualitätseigenschaften genügen, die aber nicht ohne erheblichen wirtschaftlichen Aufwand ersetzt und überarbeitet werden können und daher beibehalten und in Neuentwicklungen integriert werden.

A Abkürzungen und Glossar

Lessons Learned Das systematische Erfassen von negativen Erfahrungen und Lösungs- sowie Vermeidungsanleitungen dafür bzgl. fachlich-technischer Umsetzung, Methoden, Prozessen und Projektmanagementaspekten in Datenbanken, die nach Projekten oder Projektphasen erhoben und vor Beginn eines neuen Projekts oder einer Projektphase durchgegangen werden. Dies dient dazu, Fehler zu vermeiden, die andere bereits gemacht haben.

LIN Local Interconnect Network

MAN Managementprozesse in Automotive SPICE

MCAL Microcontroller Abstraction Layer

MISRA MISRA ist ein C-Programmierstandard aus der Automobilindustrie, der von der MISRA (The Motor Industry Software Reliability Association) herausgegeben wird, siehe *www.misra.org.uk*.

Mission Profile In der realen Einsatzumgebung eines Produkts unterliegt dieses bestimmten Beanspruchungen und Belastungen, z. B. klimatischen Bedingungen oder mechanischen Einwirkungen wie Vibration oder elektrischen Feldern. Beim Testen des Produkts während der Entwicklungszeit möchte man möglichst nah an diese Bedingungen herankommen. Daher werden diese Belastungen in Intensität und Wirkdauer in einem Mission Profile strukturiert zur Verfügung gestellt.

Modellbasierte Entwicklung Modellbasiert entwickeln bedeutet, aus grafischen oder auch rein sprachlichen, aber formalen Modellen direkt Code für vollständig lauffähige Software automatisch zu generieren. Diese Modelle sind hier tatsächlich nicht nur eine abstraktere Dokumentation, die das Funktionieren des Quellcodes erklärt, sondern sie ersetzen das Programmieren mittels einer Programmiersprache selbst. Es existieren dabei eine Vielzahl von Modellierungssprachen, die je nach Domäne und Einsatzzweck verschiedene Stärken und Schwächen haben, z. B. Ausdrücken einer Architektur vs. das Modellieren von Reglern und Filtern.

MOST Media Oriented System Transport

Muster Ein fertiges oder auch teilfertiges Produkt, das nicht für das Inverkehrbringen am Markt an Endnutzer gedacht ist, sondern z. B. zu Zwecken der Ansicht und zum Ausprobieren oder Testen erzeugt wird.

N (Not implemented) Einer der vier Werte, den ein Prozessattribut bekommen kann. Wird vergeben, wenn der Umfang der Leistung auf Cability Level 1 etwa 0 % bis 15 % entspricht.

n.iO. »Nicht in Ordnung«. Kennzeichnet das Ergebnis eines durchgeführten Testfalls, der negativ ausgegangen ist.

NDA Non-Disclosure Agreement, Vertraulichkeitsvereinbarung

NVRAM Non-Volatile Random Access Memory

OEM   Original Equipment Manufacturer. Im Automotivebereich sind dies die Fahrzeughersteller.

OU   Organizational Unit, Organisationseinheit

Outcome   siehe Process Outcome

P (Partially implemented)   Einer der vier Werte, den ein Prozessattribut bekommen kann. Wird vergeben, wenn der Umfang der erwarteten Leistung etwa 16 % bis 49 % entspricht.

Process Outcome   Der Prozesszweck eines Prozesses in Automotive SPICE (siehe *Process Purpose*) ist in Unterziele verfeinert, die einzelne erwartete Leistungen des Prozesses auf CL1 darstellen. Diese werden Ergebnisse (*Outcomes*) genannt. Für die Beurteilung der Erreichung der Ergebnisse existieren Basispraktiken (BPs) und Arbeitsprodukte, siehe dort.

Process Purpose   In Automotive SPICE, also auf der WAS-Ebene (vgl. Abschnitt 3.2), sind Prozesse fachliche Themen. Der Prozesszweck ist ein einfacher Satz, der den Leser darüber informiert, welches Ziel dieses fachliche Thema verfolgt.

Purpose   siehe Process Purpose

PA   Prozessattribut. Die fachlichen Kriterien (d. h. generische Praktiken und generische Ressourcen) der CL2 bis 5 sind in zwei Untergruppen aufgeteilt. Die fachlichen Kriterien des CL1 bestehen nur aus einem Prozessattribut, dieses hat eine generische Ressource und nur eine generische Praktik, die wiederum als rein editoriale Referenz auf die Ergebnisse (Outcomes) eines Prozesses in Automotive SPICE verweist. Letzteres ist deshalb der Fall, da ISO/IEC 5504-2 sowie ISO/IEC 330xx formal verlangt, dass ein CL mindestens ein PA besitzt.

PEP   Produktentstehungsprozess

Produktlinie   siehe Kapitel 2, S. 5

Prozess   siehe Kapitel 3, S. 15

Prozessattribut   Prozessattribute sind Eigenschaften eines Prozesses, deren Erfüllung mit N, P, L oder F bewertet werden kann und die zur Beurteilung der Erreichung eines Capability Level eines Prozesses herangezogen werden.

Prozessprofil   Zeigt für jeden assessierten Prozess die Bewertungen (N, P, L, F) seiner Prozessattribute.

PWM   Pulsweitenmodulation ist eine Modulationsart zur Erzeugung eines Rechteckpulses, d. h. eines Pulses, der zwischen zwei Werten wechselt, verschiedener Frequenz.

QS   Qualitätssicherung

Refactoring, Refaktorisierung   Refactoring bedeutet das Umstrukturieren von Quellcode, ohne dass dabei aber die fachliche Logik geändert wird. Dabei geht es nicht um das Beheben von Fehlern oder um reine Ästhetik, sondern darum, z. B. bessere

A Abkürzungen und Glossar

Verständlichkeit und Wartbarkeit zu erreichen, Wiederverwendung zu unterstützen, und damit bei zukünftigen Erweiterungen dafür zu sorgen, dass weniger Fehler gemacht werden bzw. zukünftige Fehlersuche erleichtert wird.

Repository Aus dem Lateinischen entlehnt bedeutet das Wort *Quelle*, *Lager* oder auch *Depot*. Insbesondere im Bereich der Elektronik- und Softwareentwicklung meint es die elektronische Ablage und Speicherung von digitalen Informationen eines Softwarewerkzeugs. Dies bezeichnet nur den Teil der physischen Ablage und impliziert nicht zwingend Versionierung oder eine andere Art von Verwaltung – dies hängt von Zweck, Aufgabe und Leistungsumfang des Softwarewerkzeugs ab.

Resident Engineer Ein Repräsentant der eigenen Firma, der auf technischer Ebene als fester Ansprechpartner für einen Kunden zuständig ist. Oft ist er dauerhaft vor Ort zum Kunden entsendet.

Security Im Englischen wird zwischen *Security* (Schutz vor absichtlicher oder unabsichtlicher Manipulation eines Betrachtungsgegenstands von außen) und *Safety* (Schutz vor negativen Auswirkungen, die von Fehlern oder Versagensfällen im Innern des Betrachtungsgegenstands ausgehen) unterschieden. Das Deutsche besitzt hier keine verschiedenen Begriffe.

SIG Special Interest Group, Interessengruppe

SiL siehe SW-in-the-Loop

Software-in-the-Loop siehe SW-in-the-Loop

SOP Start of Production

SPI Serial Peripheral Interface ist im Bereich der eingebetteten Systeme ein De-facto-Standard für eine synchrone serielle Datenbusschnittstelle.

Sponsor siehe Assessmentsponsor

Stakeholder Generischer Begriff für Interessenkreise, Personenkreise oder Individuen, die von einem Prozess betroffen sind, indem sie z. B. Input liefern oder Output geliefert bekommen müssen, Vorgaben liefern wollen oder müssen, in ihren Aufgaben von den Prozessergebnissen mittelbar oder unmittelbar betroffen sind oder sie sogar anteilig oder ganz rechtfertigen müssen.

Stakeholder-Repräsentant Ein bestimmter ausgewählter Repräsentant aus den Stakeholdern, der Entscheidungs- und Zustimmungsbefugnis besitzt.

Standardkomponente siehe Kapitel 2, S. 5

Statische Softwarebibliothek Durch einen Compiler vorübersetzte Programmteile, die erst durch den Link-Vorgang mit anderen kompilierten Programmteilen zusammengefügt werden, sofern sie von diesen kompilierten Programmteilen auch tatsächlich aufgerufen werden. Es vergrößert sich so die erzeugte Programmdatei.

Stub Möchte man eine bestimmte Softwarefunktion testen, die Aufrufe weiterer Funktionen besitzt, wobei diese aber
- noch nicht implementiert sind
- oder je nach Testzweck die Hauptfunktion von diesen Unterfunktionen isoliert werden soll
- oder die durch die Unterfunktionen gelieferten Inputs aufwendiger simuliert werden müssten,

dann kann man diese Unterfunktionen durch *Stubs* ersetzen, wodurch der Build gelingt. Die Stubs liefern dann einen gesetzten, für den Testfall der Hauptfunktion notwendigen Rückgabewert.

SUP Supportprozesse in Automotive SPICE

SW-Element Abkürzendes Wort, stellvertretend für *SW-Unit* und *SW-Komponente*

SW-in-the-Loop Wenn eine Software getestet wird und dabei die reale Mikroprozessorumgebung von einem wiederum aus Software bestehenden Simulationsmodell nachgebildet wird, spricht man bei dieser Simulationsumgebung von Software-in-the-Loop. Diese SiL-Umgebung kann dabei auf einem PC oder auch innerhalb eines echten Mikroprozessors ablaufen. Kennzeichnend bleibt, dass die Mikroprozessorumgebung und der Zugriff auf Register und Peripherie etc., für die zu testende Software simuliert ist.

SWE Softwareprozesse in Automotive SPICE

SYS Systemprozesse in Automotive SPICE

System Clock siehe Clock

Systemingenieur siehe Kapitel 2, S. 5

Tailoring Auch im Deutschen als Fachwort etablierter englischer Begriff, der das Anpassen von Standardvorgaben meint, sodass die Standardvorgabe sehr viel besser für ein Projekt passt (Maßschneidern). Dies stellt keine Verletzung der Vorgabe dar, sondern einen Normalfall, da Vorgaben, um übergreifend gültig sein zu können, immer allgemeiner formuliert werden müssen als konkrete Situationen.

Target Bezeichnung für die echte, operative Betriebs- und Einsatzumgebung einer Software (das Target wäre hierfür der Mikroprozessor), einer Hardware (das Target wäre hier die mechatronische Komponente) oder einer mechatronischen Komponente (das Target wäre hier ein Muster des Gesamtprodukts).

Traceability Rückverfolgbarkeit. Verweise zwischen Inhalten in Arbeitsprodukten auf Basis von Links, Verweisen oder Namenskonventionen, um auszudrücken, welcher Inhalt sich auf welchen anderen bezieht oder aus ihm entstand. Dies ist notwendig, da ab einer bestimmten Komplexität aller Produktinformationen und -dokumentation niemand mehr auswendig beurteilen kann, wo sich beabsichtigte Änderungen auswirken würden, ob jede Anforderungen getestet wurde, jeder Test auch eine Anforderung hatte etc.

A Abkürzungen und Glossar

Translation Unit Der finale Input für einen Compiler nach erfolgter Makro-Expansion und Zusammenfügen aller durch `#include`- und `#ifdef` zu übernehmenden Codeelemente, aus denen dann Object Files generiert werden.

UC Use Case, siehe Kapitel 2, S. 5

Use Case siehe Kapitel 2, S. 5

Web-Feed Web-Feed (oder auch *News-Feed*) ist ein auf bestimmten Dateiformaten (z. B. RSS, Really Simple Syndication) basierender Mechanismus, mit dem Änderungen auf Webseiten wie z. B. Nachrichtenseiten, Blogs, Foren, Wikis etc. veröffentlicht werden können. Um einen Feed automatisiert zu empfangen, muss sich der Empfänger explizit für ihn registrieren.

WP (Work Product) siehe Arbeitsprodukt

B   Referenzen

[ASPICE3]   Automotive SPICE® Process Assessment/Reference Model, VDA QMC Working Group 13/Automotive SIG, Version 3.0, *www.automotivespice.com*

[Besemer et al. 14]   Besemer, F.; Karasch, T.; Metz, P.; Pfeffer, J.: Clarifying Myths with Process Maturity Models vs. Agile. White Paper, 2014, verfügbar unter *http://www.intacs.info/index.php/110-news/latest-news/183-white-paper-spice-vs-agile-published*

[Bühler & Metz 16]   Persönlicher fachlicher Austausch mit Matthias Bühler, Brose Fahrzeugteile GmbH & Co KG, 2016

[Clements & Northrop 02]   Clements, P.; Northrop, L.: Software Product Lines: Practices and Patterns. SEI Series in Software Engineering, Addison-Wesley, 2002

[Dornseiff & Metz 15]   Persönlicher fachlicher Austausch mit Manfred Dornseiff, 2015

[Etzkorn 11]   Etzkorn, J.: Suppliers, SPICE & Beyond – A Decade's Experience Report. VDA Automotive SYS Conference, 5. Juli 2011, Berlin

[Fuchs & Metz 13]   Persönlicher fachlicher Austausch mit Thorsten Fuchs, 2013

[Gamma et al. 96]   Gamma, E.; Helm, R.; Johnson, R.; Vlissides, J.: Design Patterns: Entwurfsmuster als Elemente wiederverwendbarer objektorientierter Software. Addison-Wesley, 1996 und mitp Professional Verlag, 2014

[Grabs & Metz 12]   Grabs, P.; Metz, P.: A Critical View on 'Independence' in ISO 26262-2. 4th EUROFORUM conference »ISO 26262«, Sept 12th-14th, 2012, Leinfelden-Echterdingen

[Gulba & Metz 07]   Persönlicher fachlicher Austausch mit Urs Gulba, 2007

[Hamann & Metz 15]   Persönlicher fachlicher Austausch mit Dr. Dirk Hamann, 2015

[IEC 61882]   IEC 61882:2016 Hazard and operability studies (HAZOP studies) *https://webstore.iec.ch/publication/24321*

[intacsPA] Standardisiertes Trainingsmaterial für die Ausbildung von intacs™-certified Provisional Assessoren, Arbeitsgruppe geleitet bis 2015 von Pierre Metz. Inhalte für das Modul über Capability Level 2 und 3 und deren Interpretation wurden aus [Metz 09] entnommen.

[Jacobson et al. 92] Jacobson, I.; Cristerson, M.; Jonsson, P.; Övergaard, G.: Object-Oriented Software Engineering – A Use Case Driven Approach. Addison-Wesley, 1992

[Maihöfer & Metz 16] Persönlicher fachlicher Austausch mit Matthias Maihöfer, 2016

[Metz 09] Metz, P./SynSpace: »Tutorial – Process-specific Interpretations of Capability Levels 2 and 3«, SPICE Days 2009, Stuttgart

[Metz 12] Metz, P.: Experience Report – Functional Safety Standard Conformance Via Process Monitoring Using A Product Line Approach. 6. Int. IQPC Konferenz »International Conference Experiences with ISO 26262«, Darmstadt, 2012

[Metz 14] Metz, P.: Experience Report – Entwicklung sicherheitsrelevanter mechatronischer Automotivesysteme – Faktor Mensch und Organisation gegenüber Technik und Prozess. Talk im Park, Fa. Methodpark, München, 2014

[SophBl] Sophist Blog http://www.sophist.de/index.php?id=180&tx_ttnews%5Byear% 5D=2011&tx_ttnews%5Bmonth%5D=11&tx_ttnews%5Bday% 5D=09&tx_ttnews%5Btt_news%5D=514&cHash= cfb62e5864007c51bb7cd388520c6129

[Umbach & Metz 06] Umbach, H.; Metz, P.: Use Cases vs. Geschäftsprozesse – Das Requirements Engineering als Gewinner klarer Abgrenzung. Informatik Spektrum 29(6): 424-432 (2006)

[VDA_BG] Verband der Automobilindustrie (VDA): Automotive SPICE® Guideline and Recommendations – Process Assessment Using Automotive SPICE® In The Development of Software-Based Systems. Blau-Gold-Band, 1st edition, VDA (geplant ist ein Erscheinungsdatum Ende 2016/Anfang 2017)

Index

A

Ablagestruktur 68
Abnahme 71
abonnieren 224
Aktivität 205
Aktivitätsbeschreibung 213
Analyse
　Impact-~ 179
　Muster 128
Änderungsmanagement 73
Anforderung
　funktionale 97
　nichtfunktionale 97
Anti-Pattern 128
Anwenderfeedback 224
Applikation 198
Applikationsparameter 222
Applikationssoftware 8, 171
Arbeitsanleitung 198
Arbeitsanweisung 213
Arbeitsergebnis-Ernte 231
Arbeitsfluss, integrierter 203
Arbeitsumgebung 231
Argument, risikobasiertes 64, 105
ASIL *siehe Automotive Safety Integrity Level*
Aufwandsbuchungsposten 36, 144
Aufwandsposten 37
Aufwandsschätzung 84
Aufwandsziel 37
Ausbildungsmaterial 216
autogeneriert 131
Automotive Safety Integrity Level (ASIL) 38, 219
AUTOSAR MCAL 119

B

Baseline 37
Basissoftware 152
Baukasten 8
Bearbeitungshistorie 106
Befugnis 230
Befundliste 75
Benutzbarkeit 58
Benutzeranleitung 215
Beschaffung 184
Bewertungshilfe 239
BPMN *siehe Business Process Modelling Notation*
buchen 50
Buchungsgranularität 36
Buchungsposten 175
Burndown-Chart 30
Business Process Modelling Notation (BPMN) 204

C

CAD 109
CAN *siehe Controller Area Network*
Capability Maturity Model Integration (CMMI) 43
Change Request 198
Checkliste 63
CMMI *siehe Capability Maturity Model Integration*
Codemetrik 128
Coderichtlinie 131
Common causes of variation 21
Compatibility *siehe Kompatibilität*
Controller Area Network (CAN) Stack 129

D
designfrei 104
Development Agreement Interface (DIA) 166
DIA *siehe Development Agreement Interface*
Dokumentenmanagement 68

E
Ebene
   TUN-~ 16
   WAS-~ 16
   WIE-~ 16
Effizienz 58
Eincheckkommentar 117
eindeutig 104
Einkauf 136
Einsatzzeit des Standardprozesses 236
Elektronik 162
elektronische Unterschrift 72
Elfenbeinturm 225
Entwicklungstyp 220
Entwicklung, modellbasierte 131
Entwurfsmuster 128
Erfolgsfaktor 225
Erweiterbarkeit (Expandability) 61
Eskalation 164
Expandability *siehe Erweiterbarkeit*
exploratives Testen 141

F
Fähigkeitsbeschreibung 215
Failure Mode and Effects Analysis (FMEA) 5
Failure Mode, Effects, and Diagnostics Analysis (FMEDA) 214
Fallbeispiel 216
Fault Injection 141
Feedback 225, 236
Fehlerbaum 214
Feldbeobachtung 152
FEM *siehe Finite-Element-Modell*
Fertigung 152, 157
Finite-Element-Modell (FEM) 109
   Berechnung 110
FMEA *siehe Failure Mode and Effects Analysis*
FMEDA *siehe Failure Mode, Effects, and Diagnostics Analysis*

Freigabe 71
Freigabestrategie 115, 144
funktionale Anforderung 97
Funktionalität 58
Funktionsänderung 140, 144
Funktionsbibliothek 129

G
gehaltsbonusrelevantes Ziel 226
Granularität 35
Gültigkeitsdauer 73

H
Helpdesk 189

I
Idiom 128
Impact-Analyse 179
Informationsfluss 246
Infrastruktur 231
Instanz 148
intacs^{TM} (International Assessor Certification Schema) 151, 173
integrierter Arbeitsfluss 203
International Assessor Certification Schema *siehe intacs^{TM}*
Interrupt 126
Interviewplanung 47
Intra-Prozess-Traceability 62
ISO TS 16949 146
ISO 26262 209
ISO/IEC 15504 178
ISO/IEC 25010 60
ISO/IEC 330xx 178
IT-Abteilung 189

K
klassifiziert 104
Kompatibilität (Compatibility) 58, 61
Kompetenz 230
Komplexität 132
Konfigurationselement 181
Konfigurationsmanagement 27
Konfigurationsmanagementsystem 27
korrekt 104
Kritikalität 180
Kultur 228
Kunde 164
Kundenprojekt 221
Kundenrepräsentant 108

L

Laufwerkablage 68
Lebenszyklus 69
Lessons Learned 95
Linienmanagement 163
Linienvorgesetzter 193
Logistik 184

M

Machbarkeitsprüfung 245
Management Commitment 229
Managementreview 228
Matrixorganisation 36, 164
Mechanik 151
Mechanikkonstrukteur 102
Mechatronik 151
Mentoring 228
Methodenbeschreibung 213
Mitarbeiterziel 225
modellbasierte Entwicklung 131
Modellierungsrichtlinie 131
Modellierungsspezialist 204
Modellierungssprache 128, 204
Modularität (Modularity) 35, 60
Modularity *siehe Modularität*
Multiprojektmanagement 202
Muster 120
    Analyse~ 128
    Bau 151
    Lösung 216
    Phase 164
    Planung 119, 144

N

Namenskonvention 140
NDA *siehe Non-Disclosure Agreement*
Neuentwicklung 198
nichtfunktionale Anforderung 97
Nominalverhalten 101
Non-Disclosure Agreement (NDA) 166
Nutzbarkeit (Usability) 61
Nutzungszeitraum 236

O

Objektivität 168
OEM *siehe Original Equipment Manufacturer*
Open-Source-Software 129
Original Equipment Manufacturer (OEM) 157

P

Patentabteilung 189
patentrechtlich 173
Pattern 128
Peer-Review 105
Performance-Ziel 32
pilotieren 220
Planungsdaten 85
Planversion 53
Plug-in-Konzept 41
Portabilität 35, 58
Portability *siehe Portierbarkeit*
Portierbarkeit (Portability) 61
Problemlösungsmanagement 27
Process Change Management 225
Process flatlining 240
Produkt
    Bewertung 77
    Dokumentation 35
    Freigabe 178
    Haftung 184
    Linie 5
    Linienentwicklung 198
    Linienprojekt 202
    Reife 172
    Sicherheit 157
    Variante 140
Produktion 164
Projekt
    Fortschritt 160
    Handbuch 34
    Management 27
    Schnittstelle 80
    Typ 98

Prozess
    Anwender 198
    Beschreibung 198
    Durchdringung 240
    Effektivität 223
    Eignung 229
    Einhaltung 226
    Infrastruktur 231
    Modellierer 198
    Profil 77, 240
    Referenzmodell 195
    Reife 172
    Standardisierung 225
    Standard~ 91
        Beschreibung 197
        Einsatzzeit 236
        Redakteur 220
        Release 220
        Verantwortlicher 220
    Tailoring 220
    Verbesserung 223
    Verbesserungsprojekt 225
    Werkzeug 199
Prüfabdeckung 63
Prüffrequenz 63
Prüfhäufigkeit 74
Prüfmethode 63
Prüfmittel 146
Prüfpartei 63

Q
Qualifikation 230
Qualitätsmanagement 172
Qualitätsplaner 189
Qualitätssicherung 27
Qualitätssicherungsbeauftragter 172
Qualitätssicherungsplan 66
Qualitätssicherungsstrategie 66, 233
Qualitätsziel 32
Quality Gate 10

R
realisierbar 104
Rechtsabteilung 189
Redakteur 224
Redaktionssystem 224
Refactoring 128
Regelkreis 236
Release 215
Releaseplanung 98

Resident Engineer 189
Ressourcenknappheit 94
Ressourcenschätzung 165
Reusability *siehe Wiederverwendbarkeit*
Revisionshistorie 75
risikobasiertes Argument 64, 105
Risikomanagement 245
Rolle 212
Rollendefinition 46
Rückläufer 172

S
Safety Manager 212
Scalability *siehe Skalierbarkeit*
Schätzdatenbasis 37
Schulungsmaterial 216
Security 58
Serienänderung 157
Serienprojekt 198
Sicherheits-Integritätslevel 219
Sicherheitskopie 74
Simulation 109
Skalierbarkeit (Scalability) 60
Software
    Applikations~ 8, 171
    Basis~ 152
    Leistung 118, 135
    Open-Source-~ 129
Special causes of variation 20
Sprachprofil 131
Sprint 30
Stakeholder 31, 43
    Repräsentant 43
Standardprozess 91
    Beschreibung 197
    Einsatzzeit 236
    Redakteur 220
    Release 220
    Verantwortlicher 220
Standardsoftwarekomponente 7
Standard-Tailoring 217
Standardvorlage 91
Status 69
Steuerkreis 164
Strategie
    Freigabe~ 115, 144
    Test~ 139
    Verifikations~ 138
strukturelle Vorgabe 56
Stückliste 184

SysML 113
Systemingenieur 8
systemisch 111
Systemleistung 115

T

Tailoring 19, 219
    Entscheidung 220
Template *siehe Vorlage*
testbar 104
Testen, exploratives 141
Testfahrer 157
Teststrategie 139
Training 230
TUN-Ebene 16

U

Übernahme 198
Übernahmeentwicklung 8, 109
Übernahmeprojekt 8
UML 204
Unabhängigkeit 145
Unterschrift, elektronische 72
Usability *siehe Nutzbarkeit*
Use Case 10

V

Variante 6
Variantenausprägung 105
Verantwortlichkeit 230
Verantwortungsübernahme 212
Verbesserungsregelkreis 196
Verbesserungsvorschlag 225
verfolgbar 104
Verifikation 134
Verifikationsstrategie 138
versionieren 67

Versionierung 68
Vertrieb 164
Vetorecht 108
vollständig 104
Vorgabe, strukturelle 56
Vorlage (Template) 57
Vorqualifizierung 134
Vorschlagswesen 225

W

Wartbarkeit 58
WAS-Ebene 16
WBS *siehe Work Breakdown Structure*
Web-Feed 224
Werk 172
Wiederverwendbarkeit (Reusability) 61
Wiederverwendung 117
WIE-Ebene 16
WIKI 224
Wissensmanagement 224
Wissenssystem 224
Work Breakdown Structure (WBS) 34

Z

Zeitplan 34
Ziel
    Aufwands-~ 37
    gehaltsbonusrelevantes 226
    Performance-~ 32
    Qualitäts~ 32
Zugriffsrecht 68
Zulieferer 164
Zuständigkeit 212
Zustandsmaschine 125
Zustandssemantik 125
Zuverlässigkeit 58

Markus Müller · Klaus Hörmann ·
Lars Dittmann · Jörg Zimmer

Automotive SPICE® in der Praxis

Interpretationshilfe für Anwender und Assessoren

2., aktualisierte und erweiterte
Auflage, 2016,
418 Seiten, Festeinband
€ 46,90 (D)

ISBN:
Print   978-3-86490-326-7
PDF   978-3-86491-998-5
ePub   978-3-86491-999-2
mobi   978-3-96088-000-4

Automotive SPICE ist ein ISO/IEC-15504-kompatibles, speziell auf die Automobilbranche zugeschnittenes Assessmentmodell. Die Herausforderung bei der Einführung und Umsetzung von Automotive SPICE besteht darin, die Norm richtig zu interpretieren und auf eine konkrete Problemstellung anzupassen.

Dieses Buch gibt die dafür notwendigen Interpretationshilfen und unterstützt dabei, Prozessverbesserung Automotive-SPICE-konform zu betreiben. Es liefert einheitliche Beurteilungsmaßstäbe. Der Buchaufbau entspricht der Struktur der Norm.

Die 2. Auflage wurde auf Automotive SPICE 3.0 aktualisiert und ergänzt um aktuelle Themen wie praxistaugliche Assessments gemäß intacs™- und VDA-Anforderungen, Herausforderungen bei Prozessverbesserungen, agile Entwicklung und funktionale Sicherheit nach ISO 26262.